Springer

先进核科学与技术译著出版工程

核能系统运行与安全系列

Risk Based Technologies
风险指引的工程分析技术

〔印〕普拉巴卡尔·瓦尔登

〔印〕拉古·普拉卡什　　编著

〔印〕纳伦德拉·乔希

王　航　译

U0285102

哈尔滨工程大学出版社
Harbin Engineering University Press

黑版贸审字 08－2020－110

First published in English under the title
Risk Based Technologies
edited by Prabhakar V. Varde, Raghu V. Prakash and Narendra S. Joshi
Copyright © Springer Nature Singapore Pte Ltd., 2019
This edition has been translated and published under licence from
Springer Nature Singapore Pte Ltd.

图书在版编目(CIP)数据

风险指引的工程分析技术／(印)普拉巴卡尔·瓦尔登(Prabhakar V. Varde)，(印)拉古·普拉卡什(Raghu V. Prakash)，(印)纳伦德拉·乔希(Narendra S. Joshi)编著；王航译.—哈尔滨：哈尔滨工程大学出版社，2020.10
ISBN 978－7－5661－2826－3

Ⅰ.①风… Ⅱ.①普… ②拉… ③纳… ④王… Ⅲ.①系统可靠性－研究 Ⅳ.①N945.17

中国版本图书馆 CIP 数据核字(2020)第 219119 号

选题策划　石　岭
责任编辑　张　彦　于晓菁
封面设计　李海波

出版发行　哈尔滨工程大学出版社
社　　址　哈尔滨市南岗区南通大街 145 号
邮政编码　150001
发行电话　0451－82519328
传　　真　0451－82519699
经　　销　新华书店
印　　刷　哈尔滨市石桥印务有限公司
开　　本　787 mm×1 092 mm　1/16
印　　张　14.5
字　　数　372 千字
版　　次　2020 年 10 月第 1 版
印　　次　2020 年 10 月第 1 次印刷
定　　价　98.00 元
http://www.hrbeupress.com
E－mail:heupress@hrbeu.edu.cn

前　言

多年来,传统的基于确定论分析的技术被广泛用来设计与分析工程系统和相关部件的安全问题,如被广泛应用于核电站、航天航空、工业等领域中。纵深防御、系统冗余、组件及故障安全组件等安全原则构成了安全保障的基本框架。传统的确定论方法忽略了分析假设中的不确定性,因此过度保守地考虑了"安全因素"。

过去十年,基于概率风险评估和风险指引相关技术的应用研究迅速增长。目前,这些技术已经有了坚实的基础,并可以与确定论方法相辅相成,达到优势互补的效果。这些新技术在本质上是进行定量分析,并且已经在核电站等复杂系统的风险分析中得到了较为有效的应用。除了金融领域,如今风险分析或风险管理技术已成功地应用于航天航空、核电站、化工厂等工程系统。

本书涵盖了在工程领域中基于风险分析的一些主题。同时,本书中假定读者熟悉基于风险分析的相关主题和方法。本书从相关工程结构中的基本构件(如工程材料等组成部分)的可靠性分析开始。

《钠冷快堆的材料可靠性分析》重点分析了核电厂中材料可靠性分析的相关问题,同时也介绍了一些与钠冷快堆有关的问题。

《电子元件的物理失效及其寿命预测与健康管理》概述了电子元件的物理失效分析方法及各种退化与失效机制。了解了这些机制之后,实时异常检测和分析预测就可以为电子系统提供持续不断的分析。这种方法被称为寿命预测与健康管理,有助于预测电子元件的失效,从而进一步避免灾难性故障发生。

第三代先进核电站几乎可以避免任何事故的发生,其主要通过非能动安全系统提高了核电站的可靠性和可维护性,可以依靠自然驱动力(如物体的重力)而不需要任何人工干预,同时也不需要任何外部电源或者移动部件。《先进核反应堆非能动安全系统的可靠性设计》分析了非能动安全系统的可靠性。

不确定性表征是风险分析工程的重要组成部分。《非线性动态系统的时域载荷不确定性建模》和《失效概率的不确定性量化和基础设施老化的动态风险分析及维修决策》介绍了不确定性建模分析的相关方法。这两篇文章用基于风险的方法分析了不确定性的相关性,特别是在不确定性下进行决策分析的相关内容。前者指出了结构工程不确定性的主要来源。后者主要对一个具有40年历史的核电站主冷却剂管道系统进行失效概率随时间变化的动态风险分析,并给出不确定性估计的分析结果。

《国防战略系统的风险和可靠性管理方法》论述了战略防御系统风险和可靠性分析的

重要性。这些复杂的系统包括传感器、导弹、坦克、潜艇、飞机等,这些系统需要在各种条件下保持相关功能。风险管理能够识别、量化风险并采取措施减轻风险。本篇文章还列出了在风险评估和安全分析中所使用的不同工具。

《基于风险指引的核电厂调试阶段项目调度和预测方法:基于系统理论和贝叶斯框架》介绍了风险指引的项目管理方法,该方法解决了快堆的时域问题及预算计划。本篇文章涉及理论模型、贝叶斯估计和预测技术,可以改进甘特图/PERT 图的不确定性估计。

在风险评估中,关键任务之一就是了解人类的行为即人类模型。人因可靠性分析是一门关注于理解和评估人与复杂工程系统交互过程中行为的学科。《人因可靠性模型的差异》和《人因可靠性评估——任务和目标相关行为的研究》关注人因可靠性分析的最新研究成果,以及风险评估和预测模型的改进,并根据一系列科学的标准对其进行了评估分析。

《铁路无损检测的可靠性:实践与新趋势》着重介绍了可靠性技术在无损检测方法中的应用。选用无损检测程序并不意味着组件中所有可能的缺陷都将被识别出来,即使为特定类型设计了特定的检查程序,也不能保证在给定情况下所有的缺陷都能被发现。特别地,材料本身、检测技术、环境条件和人为因素的影响表明无损检测技术具有统计性质,因此需要对无损检测技术进行可靠性评估。

准确可靠的寿命预测是电厂、交通运输和离岸结构等安全关键系统中的工程师面临的挑战之一。疲劳是机械失效的主要原因之一,因此《使用疲劳测试评估疲劳性能并估计关键部件的使用寿命》介绍了用类似于勺状试样的小体积试样估算材料疲劳性能的研究进展。

软件可靠性是软件质量的一个重要方面。可靠的软件在建立耐用的和高安全性的计算机系统方面起到至关重要的作用。《基于改变开发和测试变更点的策略进行软件发布与测试》提出,应该让软件开发人员尽早发布产品,并在操作阶段继续进行测试;然后,进一步讨论了通过处理两个标准(即可靠性和成本)来确定软件上市时间和测试持续时间的最佳软件发布策略。

即使选择了工程解决方案或管理方法来控制风险,它们也将对操作计划产生直接影响,该计划应该在预算范围内交付预期工作,并获得预期的投资回报。在《基于 MIRCE 科学的运行风险评估》中,可靠性理论已经被用来解决这一需求。本篇文章演示了如何使用其介绍的知识来评估任何给定功能系统在预期寿命内发生操作中断的风险。

《基于有限监测数据的混凝土桥梁预应力损失 Polya Urn 模型》介绍了混凝土收缩徐变、预应力钢在使用寿命内的松弛等与时间相关的预应力损失,这些问题可能导致现有预应力混凝土桥梁主梁存在较大挠度及相关使用性能问题。Polya Urn 模型被用来评估桥梁体系预应力损失。

《地震下随机动力荷载作用的结构元模型可靠性分析》阐述了以地震为重点的结构元模型可靠性分析。虽然基于蒙特卡罗仿真的结构可靠性分析方法允许对结构进行更真实的安全评估,但它涉及大量的动态分析,使其在计算上具有挑战性,而元模型化技术在这方面则更加有效。

可靠性分析本质上是基于概率和统计原理的,因而数学原理作为可靠性和风险分析的基础得到了广泛应用。因此,科学家和工程师面临的挑战是为一个物理问题推导出一个良好的数学模型,然后用可用的数学工具来解决它。这一基本原则对于任何科学、工程或非工程学科(包括政治学、社会学、运动机能学或医学等学科)都是通用的。《可靠性和相关数学原理在工程中的应用》通过一些案例讨论了以数学为基础进行跨学科研究的基本原则。

衷心感谢孟买巴巴原子能研究中心原子能委员会主席兼主任 K. N. Vyas 先生、孟买反应堆项目组 BARC 主任 S. Bhattacharya 先生的支持。

我们要特别感谢所有作者在较短时间内提供的所有文章。

普拉巴卡尔·瓦尔登

拉古·普拉卡什

纳伦德拉·乔希

关 于 作 者

　　普拉巴卡尔·瓦尔登(Prabhakar V. Varde)于 1983 年在雷瓦的 APS 大学获得了机械工程学士学位,加入孟买的巴巴原子能研究中心并成为核研究反应堆的操作工程师,并于 1996 年在印度理工学院孟买分校获得了博士学位(可靠性领域)。三十多年来,他一直在 BARC 的核反应堆运营和安全领域工作。他的专长是概率安全评估(PSA)和基于风险分析的相关应用技术开发。他是印度原子能管理委员会 PSA 委员会(二级和外部活动)的联合主席。他是韩国原子能研究所博士后,美国马里兰大学客座教授。同时,他曾在许多国际论坛担任印度专家代表,包括维也纳国际原子能机构和巴黎核能机构。他是可靠性和安全学会的创始人,以及《生命周期可靠性与安全工程》的主编。他一直在组织安全和可靠性领域的国家级与国际级会议,并编辑了五卷多的会议记录。他与 Michael Pecht 合著了一本名为《基于风险的工程:复杂系统的综合方法——核电站的特别参考》的著作,由施普林格出版社出版。他还在国际和国家期刊、会议上发表了 220 多篇论文,还撰写了一些书籍和技术报告。他是一名研究员、工程师、教师、管理员、作家和领导者。目前,他在孟买巴巴原子能研究中心的霍米·巴巴国家研究所(Homi Bhabha National Institute at Bhabha Atomic Research Centre, Mumbai)担任副主任、反应堆小组高级教授。

　　拉古·普拉卡什(Raghu V. Prakash)教授现任印度马德拉斯理工学院机械工程系教授。他的专业领域包括疲劳、材料断裂(金属、复合材料、混合材料)、结构完整性评估、运输和能源领域关键部件的剩余寿命预测。他具有 25 年以上疲劳断裂领域的专业经验,曾经在 100 多个期刊和 100 多个会议上发表论著,并撰写了 3 部专著。在班加罗尔 BISS 研究所担任技术总监期间,他开发了用于学术研发和工业应用的测试系统。同时,在印度马德拉斯理工学院,他教授断裂力学、先进材料设计、产品设计、DFMA 等课程。他是美国材料实验协会(ASTM)国际技术委员会 D-30、E-08 和 E-28 的投票权成员,也是美国机械工程师协会(ASME)材料部门材料加工技术委员会的副主席。他在期刊《结构寿命》《IGF》和《生命周期可靠性与安全工程》的编辑委员会任职。他在印度马德拉斯金第(现钦奈)工程学院获得机械工程学士学位,并在印度班加罗尔理工学院获得了机械工程系的硕士学位和博士学位。他是印度结构完整性学会、失效分析学会、印度金属学会的成员,获得过包括比纳尼金牌、印度金属学会奖学金和伊拉斯谟·蒙德斯奖学金等在内的一些著名奖项,是 2015 年国际计算与实验科学工程会议(ICCES)的杰出研究员。

纳伦德拉·乔希(Narendra S. Joshi)先生在卡拉德政府工程学院获得机械工程学士学位,于 1990 年加入 BARC。同时,他也是可靠性和安全协会的秘书与创始人,并担任国际期刊《生命周期可靠性与安全工程》的常务编辑。他成功组织了 2005 年和 2010 年在孟买以及 2015 年在瑞典举行的可靠性、安全和危害国际会议(ICRESH)。在学术成果方面,他在期刊和会议上发表了 20 多篇论文。他目前负责人力资源开发、模拟器培训、反应堆重大事件的根本原因分析等活动。他从事反应堆运行和维护工作 13 年,并参与研究反应堆和其他核设施的概率风险评估。

译 者 序

在核电站、航天航空等工业领域，安全问题一直是重中之重。近年来发生的福岛核事故以及其他影响深远的安全事故给我们带来了一次又一次深刻的教训，因此有必要针对目前关注的系统、设备、元件的可靠性与安全分析问题，对相关理论和方法进行深入探讨。本书基于这一目的，专注于风险分析的相关技术，力求为提高工程系统和设备的安全性与可靠性提供一定的参考资料，使读者和相关研究人员在现有研究基础上获得更多创新性、实用性研究成果。

目前，我们普遍采用传统的基于确定论分析的相关技术设计和分析工程系统、相关部件的安全问题，其中纵深防御、系统冗余等安全原则构成了安全保障的基本框架。但是，传统的确定论方法忽略了在工程实际中分析假设的不确定性，因此过度保守地考虑了"安全因素"。这在一定程度上影响了相关工程系统和部件的安全性与经济性，不利于运行人员和维护人员掌握工程系统的实际运行状态，无法做到"摸边探底"。

随着基于风险分析相关技术的出现，基于概率风险评估和风险指引相关技术的应用研究迅速发展。目前，这些技术可以避免确定论分析计算过程中的保守假设，通过在风险分析过程中考虑影响因素并以一定的概率密度函数设置随机变化，可以更为真实地分析工程实际中的安全问题。在数据量充足的情况下，这些新技术可以进行定量分析，可以与确定论分析技术起到相辅相成、优势互补的作用。

需要注意的是，目前基于风险分析的相关技术还处于发展的初级阶段，这也就意味着，并不能立刻将本书提到的相关技术知识直接应用到具体的工程项目中。但是，本书中的典型案例和应用场景可以给读者提供一套相对完整的知识体系与架构，帮助各位读者在本书所列的有限场景中了解基于风险分析的技术内涵、研究方法、研究思路和技术可行性。在此基础上，读者可以根据自己的应用领域，结合本书所展示的分析方法和思路进行独立自主的理论研究与工程应用研究。

最后，作为译者，我希望自己的努力可以为基于风险分析的相关技术在核工业及其他大型系统和设备运行场景中的普及起到积极的推动作用，希望读者可以从本书中有所收获。本书涉及的专业面较广，此次翻译从 2019 年 8 月开始，历经 5 个月的艰苦努力，终于全部完成。本书在翻译风格上力求忠于原著，尽全力保证专业词汇表达准确，但是一些专业术语的译法难免存在偏颇，敬请广大读者批评指正。若有术语处理方面的建议，以及对相关技术方法理解和掌握不明确之处，请与我联系，E – mail：heuwanghang@ hrbeu. edu. cn.

王　航

2020 年 1 月

目　　录

钠冷快堆的材料可靠性分析

························· Arun Kumar Bhaduri，Subramanian Raju （ 1 ）

电子元件的物理失效及其寿命预测与健康管理

······························· Abhijit Dasgupta （ 11 ）

先进核反应堆非能动安全系统的可靠性设计

································· A. K. Nayak （ 17 ）

非线性动态系统的时域载荷不确定性建模

······························· Achintya Haldar （ 35 ）

失效概率的不确定性量化和基础设施老化的动态风险分析及维修决策

························· Jeffrey T. Fong，James J. Filliben，

N. Alan Heckert，Dennis D. Leber，Paul A. Berkman，Robert E. Chapman （ 46 ）

国防战略系统的风险和可靠性管理方法

················· Chitra Rajagopal，Indra Deo Kumar （ 59 ）

基于风险指引的核电厂调试阶段项目调度和预测方法：基于系统理论和贝叶斯框架

································· Kallol Roy （ 73 ）

人因可靠性模型的差异

································· C. Smidts （ 88 ）

人因可靠性评估

——任务和目标相关行为的研究 ················· Oliver Sträter （ 99 ）

铁路无损检测的可靠性：实践与新趋势

································ Michele Carboni （ 120 ）

使用疲劳测试评估疲劳性能并估计关键部件的使用寿命

································ Raghu V. Prakash （ 134 ）

基于改变开发和测试变更点的策略进行软件发布与测试

··············· P. K. Kapur，Saurabh Panwar，Ompal Singh，Vivek Kumar （ 146 ）

基于 MIRCE 科学的运行风险评估

······························ Jezdimir Knezevic （ 156 ）

基于有限监测数据的混凝土桥梁预应力损失 **Polya Urn** 模型

·· K. Balaji Rao，M. B. Anoop（178）

地震下随机动力荷载作用的结构元模型可靠性分析

······················ Subrata Chakraborty，Atin Roy，Shyamal Ghosh，Swarup Ghosh（194）

可靠性和相关数学原理在工程中的应用

··· Chandrasekhar Putcha（208）

钠冷快堆的材料可靠性分析

Arun Kumar Bhaduri, Subramanian Raju

摘要 核能项目中的材料可靠性并不只是冶金学家、材料科学家和质量审计人员面临的孤立的问题。相反,它是相关因素的综合,从设计理念和规范的清晰明确开始,通过组件制造和检查技术的实现,集成相关技术并评估功能,经过反复的实践和经验积累后最终建立起整个技术体系。因此,尽管选择反应堆部件中相关重要组成部分的材料是设计决策中非常重要的环节,但是保证材料的可靠性仅依靠材料工程中成熟的安全知识是远远不够的。即使是一种很好的材料,如果它们在工厂中组装和装配的工艺较差,也会导致最终具有较差的可靠性。因此,材料可靠性只是保证相关组件可靠性的必要条件。当材料被组装成组件时,材料可靠性的评估必须考虑到多种因素,包括设计的具体限度和超过设计基准的预期表现等。在这样的背景下,本文对与钠冷快中子堆(SFR,简称钠冷块堆)相关的某些材料问题进行了调查和研究,描述了冶金学家和材料科学家在核反应堆设计与运行中的作用,概述了在事故和异常情况下对反应堆安全与材料可靠性的要求。此外,本文介绍了第四代反应堆——钠冷快堆相关的材料问题,重点关注影响整体可靠性的造材横截研发问题。

1 研究目的和意义

在 2011 年 3 月 11 日日本福岛核事故意外发生之后,核工业被推向了世界风暴的中心。从那时起,政策制定者、安全及监管部门相关人员、设计工程师、材料研究人员、燃料废物处理人员不得不解决和处理相关问题。目前,核能社会面临的挑战是公众和政府对核能安全的信任度迅速下降,质疑核能是否能作为替代能源且是否应该继续发展[1]。提高安装过程中的整体可靠性,以及根据安全法规提高核反应堆的安全性和经济性等理念,如根据第四代先进反应堆设计概念[2-7]及后续应对人为和自然灾难性事件的设计考虑等因素,共同为提高世界范围内公众对核工业的信任度和消除大众恐惧做出了贡献。近年来,核工业也对发展路线进行了大幅度调整,将提高核安全放到了前所未有的重要位置,力求通过寻找新的技术解决方案解决原有安全隐患,最终达到增强可靠性、持续提高安全标准的目标,从而尽可能延长现有反应堆的使用寿命[8-13]。本文从材料可靠性的角度探讨了这一问题。

2 核反应堆材料设计

材料科学家在核反应堆相关部件和仪表系统的概念设计过程中,经常参与采购选择、制造,且提供材料解决方案,并在现场进行适当的改进选型,最终使相关的材料可以满足温度、压力、燃料、主冷却剂和水化学之间的特殊作用需求,同时可以使反应堆内特殊位置的组件和反应堆本身达到预期寿命。

虽然不是显而易见的,但是核电站中一回路和二回路的许多材料可靠性问题,以及与之相关的制造与检验的技术规格和要求都是非常高的。这是因为在福岛核事故之后,世界核工业相关产业必须团结成一个整体来保持核电厂的可靠性和安全性。

除此之外,还有来自核不扩散要求的压力,这是一种战略防御要求,就像核潜艇反应堆的要求一样,从设计的角度来看,必须包括额外的安全保障措施。这样来看,核材料工程与技术的可靠性是一个复杂的、多方面的、跨学科的综合性问题,如图1所示。考虑到这一点,本文试图触及少数几个典型问题,这些问题主要涉及钠冷快堆的封闭式燃料循环技术,如印度设想的解决方案[14]。本文简要说明和阐述钠冷快堆与其他先进堆型的材料问题[3,10]。

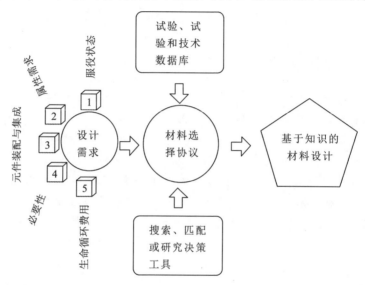

图1　基于知识的现代材料设计基本架构

注意,输入设计需求会形成一个复杂的矩阵,其中一些所需的高成熟度知识库可能不存在。在这种情况下,决策过程仍然需要大量的经验投入,这通常会破坏可靠性。

3　钠冷快堆的材料可靠性问题

在核电厂设计、执行和安全运行的背景下,材料可靠性研究本质上转化为开发一个成熟的材料知识库,如图2所示。确保高可靠性的材料设计实际上是一个关键的决策过程,即关于材料选择、组件制造、质量审核和在使用过程中可能出现退化的决策,并确保其在预定的使用寿命之后安全退役。尽管已经有广泛可用的各种材料综合数据集,还有设计分析程序 ASME 和 RCC – MRx 来提供指导,但是在一般情况下,核工业仍然需要以知识为基础的、较为成熟的、考虑不同因素(包括地震作用下的材料性能、改变了使用寿命或者由新监管规定所引起的安全裕度扩展而最终导致的性能变化等)的知识库。除了简单的数据库[6],对各种元器件的大量三维试验可以继续为核环境下分析材料可靠性做出重要贡献,如图2和图3所示。

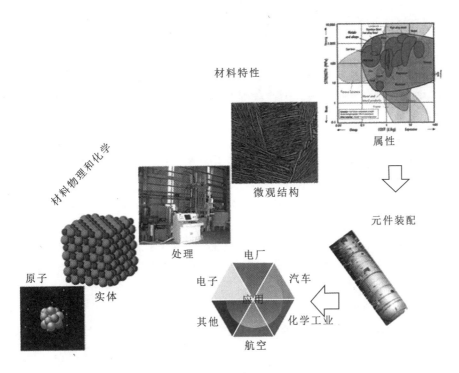

图 2　材料组合的多层次性质

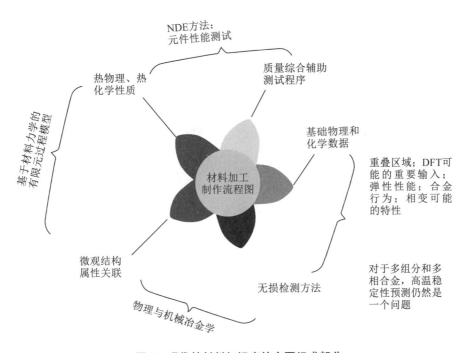

图 3　现代核材料知识库的主要组成部分

对于图 2 中每层，都非常适合理解其材料行为的现象学结构。现代材料顾问必须利用与不同层次有关的工具和信息，为特定的材料设计问题建立一个整体框架或知识库。

4 材料可靠性在危急情况下的意义

在发生事故等危急情况下,对材料可靠性的期望会超过所有安全应急事件。例如,当一个快裂变核反应堆的主冷却系统和备用冷却系统发生故障时,冷却剂(液态钠)水位下降,温度在很短的时间内快速升高,燃料棒曝露在高温环境中(在任何反应堆中都不是理想的情况)。在这种情况下,燃料包壳和反应堆压力容器的材料稳定性或耐久性极限决定后续事件的发展过程[1]。

对于这个例子,我们进一步假设堆芯的50%曝露在高温(900 ℃左右)下,这当然不是安全运行的钠冷快堆。若以奥氏体不锈钢为燃料包壳材料,则在900 ℃时,不锈钢将失去其所有的机械性能,并且会发生膨胀导致部件弯曲并在许多地方断裂,在这个过程中会将高放射性的裂变产物(最初包含在燃料和燃料包层间隙中)释放到整个冷却剂回路中。随后,在钠冷快堆中会引发 U – Zr 或 U – Pu – Zr 链式反应。在900 ℃以上时,U 和 Zr 与奥氏体不锈钢组件的相互反应会导致低熔点共晶体的形成(这些会导致材料腐蚀和融化)。因此,我们可以得到如下化学反应:

$$U - Pu - Zr + Fe \longrightarrow U + U(Fe, Zr)_2 + 放热$$

如果同样的事情发生在压水堆锆合金燃料包壳和混合氧化物(MOX)燃料中,则相关的化学反应如下:

$$Zr + H_2O \longrightarrow ZrO_2 + H_2 + 放热$$

反应过程中释放的热量会导致温度进一步升高,致使整个序列发生灾难性事故。如果反应堆堆芯的温度达到1 600 ℃,甚至更高,则整个堆芯都将发生融化,进而导致爆炸使裂变产物释放到大气中。

在以上假设场景中,真正的挑战是在意外情况下选择可以承受非常高温度的材料[2]。大多数金属材料无法在意外情况下承受如此高的温度。高熔点氮化硅(熔点为3 245 ℃)等材料正被推广为一种有潜力的燃料包层,但是氮化硅和金属的连接仍然是一门发展中且尚不成熟的科学,因此这一选择需要研究将金属盖端密封到覆盖物上的其他辅助材料和加工方法。

碳组元件和功能梯度复合材料[12]、氮化硅陶瓷、球形填料或多层球形燃料被认为是有潜力的事故容错燃料包覆材料。然而,所有这些可能的选择仍然处于论证阶段。任何新的材料解决方案在成为可接受的技术之前,都需要对其进行大量的研发和论证,特别是在开发适当的检查和质量审核程序方面。

然而,最重要的是,每个事故场景都有具有参考价值的经验教训,这些为思考如何在新的反应堆设计中更新材料提供了机会,比如在小型模块化反应堆中替代冷却剂的选择方面,钠冷快堆可以使用熔化铅作为冷却剂。所有这些都是在替代能源选择性较多和核安全管理当局控制严格的情况下,使核能成为一种安全可行的选择。因此,下文主要对钠冷快堆的概念和各种材料选择问题进行简明扼要的说明[2,3,7]。

5 第四代反应堆的概念、材料问题和可靠性

由于有必要进行改进并设计更具经济效益的核反应堆,美国正在引进超越各反应堆类型的第四代反应堆概念。同样地,欧洲国家也开始采取类似的举措。表1列出了第四代反应堆的一些重要的、基础广泛的设计特性[3]。在设计层面,这些先进的概念设想以较低的

成本提高安全性,但最终取决于各种材料问题。下面重点介绍几个说明性的观点。

表1 第四代反应堆的一些设计特性

反应堆类型	反应堆冷却剂进口温度/℃	反应堆冷却剂出口温度/℃	最大剂量/dpa	压力/MPa	冷却剂材料
超临界水堆(SCWR)	290	500	15～67	25	水
超高温气冷堆(VHTR)	600	1 000	1～10	7	氦气
钠冷快堆(SFR)	370	550	200	0.1	钠
铅冷快堆(LFR)	600	800	200	0.1	铅
气冷快堆(GFR)	450	850	200	7	氦气/二氧化碳
熔盐堆(MSR)	700	1 000	200	0.1	熔盐
压水堆(PWR)	290	320	100	16	水

5.1 钠冷快堆堆芯内部所使用的材料简介[2,3,5,10-12]

主冷却剂化学和辐照所导致的与燃料机械兼容性、膨胀、偏析、氢/氦脆化等是主要的研发问题[2,3]。参考文献[2]中指出,通过改进V形缺口冲击试验可以精确量化断裂韧性,并标定韧脆转变温度(DBTT)的位移[2]。然而,在成功地对反应堆压力容器进行资格鉴定以阻止辐照引起的脆化之前,仍有相当多的技术问题。

堆芯内部结构必须能够耐受钠在500℃以上的运行要求;而燃料包层和管道材料可能需要在相同的200 dpa冷却剂中存活。其中,抗膨胀覆层材料的研制和鉴定是主要问题。在世界范围内,基于氧化物弥散强化(ODS)的新一代铁素体-马氏体钢正被考虑用于高辐照环境,但是它们还未在废旧包壳的再处理方面得到认可。

类似的问题还有轻水堆核电厂二次侧的晶间应力腐蚀开裂(在钠冷快堆中不是一个主要问题);蒸汽发生器二次侧的管道焊缝和材料一般采用690合金代替600合金(在品质合格前需要仔细研究)。在目前的钠冷快堆中,正在考虑改型的9Cr-1Mo钢。其他有潜力的下一代材料没在设计师的考量范围之内。还需要对反应堆安全壳的长期耐用性进行研究,以抵御自然和诱发的化学攻击,以及海啸灾难等类似的异常情况。相对于修订后的第四代反应堆安全规定,这是一个研究较少的领域。因此,还必须设计新的质量评估和在线审计程序,以持续监测安全壳的完整性。

一般来说,堆芯结构的完整性指导守则涉及预期和设计所覆盖的意外情况。然而,在长期运行过程中,由于运行条件的意外波动和自然灾害,所有第四代反应堆的材料可靠性研究仍处于起步阶段。作为一个典型的例子,表2列出了一些拟采用的钠冷快堆概念与材料规格。虽然最早也要到2030年[3]才能部署,但是它们在各方面的差异是显而易见的。

表 2 一些拟采用的钠冷快堆概念与材料规格

设计参数		PRISM	ARC - 100	TWR - P	ABR
开发者		GE - H	ARC,LLC	Terra power	DOE
功率(MWt/MWe)		471/165 或 840/311	250/100	1 475/600	1 000/380
主系统类型		Pool	Pool	Pool	Pool
燃料形式		Metal	Metal	Metal	Metal
燃料组成	启动堆芯	U - Zr	U - Zr	U - Zr	U - Zr
	平衡堆芯	U - TRU - Zr	U - Zr	U - Zr	U - TRU - Zr
冷却剂出口温度/℃		约 500	550	510	510
能量转换		蒸汽	蒸汽/超临界 CO_2 布雷顿循环	蒸汽	蒸汽
平均燃耗/(GWd·t^{-1})		66	TBD	<15%	100
包壳材料		HT - 9	HT - 9	HT - 9	HT - 9
主冷却剂钠泵		EM	Mechanical	Mechanical	Mechanical

5.2 钠冷快堆的金属燃料[5]

由于金属燃料具有制作简单、导热系数高、生产能力强、密度高等优点,因此被广泛用于早期的快堆(如 EBR - Ⅰ、EBR - Ⅱ 和 Fermi - Ⅰ)中。可以通过允许足够的空间来容纳肿胀(较低的涂片密度)以解决在早期反应堆操作中观察到的燃烧限制。研究人员对添加到 U 或 U - Pu 金属中的 Mo、Al、Zr、fissium(一组裂变产物元素)等多种合金元素进行了测试,以达到提高性能的目的。

用于钠冷快堆的先进金属燃料正在全球范围内被广泛开发。使用先进金属燃料的总目标是通过必要的技术,在安全、经济、可靠并被广泛接受的封闭式燃料循环基础上,为核燃料的可持续管理进行商业部署。先进的燃料除了铀外,还能容纳燃料形式中的 TRU 元素。在铁素体 - 马氏体钢包层中,与锆基金属燃料合金相关的先进技术是发展的重点。

在 EBR - Ⅱ 和 FFTF 中有 13 万根金属棒受辐照,其中 U - Zr 燃料和 U - Pu - Zr 燃料的平均燃耗为 10%,使用 D9 或 HT - 9 包层的燃料可达到 20% 的燃耗[5]。超包层破壁(RBCB)试验表明,金属燃料与钠冷却剂相容,没有证据表明破壁燃料在正常运行过程中传播。在进行商用之前,剩余的研发工作包括记录辐射数据和对之前的 U - Zr 和 U - Pu - Zr 燃料进行分析。革命性的概念包括以其他合金系统为基础的金属燃料、无钠环形燃料、添加少量合金的燃料以固化的有助于燃料与燃料包壳之间化学作用的裂变产物,以及有或没有涂层/内衬的先进钢。就目前印度的钠冷快堆项目而言,废金属燃料的再处理技术还没有完全标准化,这可能会决定印度未来钠冷快堆中金属燃料的早期应用。

5.3 钠冷快堆的堆芯材料(用于 MOX 和金属燃料内核)[2,3]

先进材料如铁素体 - 马氏体钢、改性 9Cr - 1Mo 和元件紧固的 D - 9 奥氏体不锈钢、ODS 钢已经广泛流行,以支持设计、许可金属燃料和混合燃料的长期运行。对先进或改进的新材料进行资格鉴定的主要动机是在本土化的基础上提高钠冷快堆的经济竞争力。先进材料相对较高的强度可以起到降低管道壁厚和商品要求的作用,从而降低工厂的成本。较高的蠕变强度也使结构组件能够承受较高的循环和持续载荷,从而有望消除过去设计中采用的昂贵附加硬件,并进行其他设计创新和简化。如果想要提高蒸汽温度,同时使反应堆的寿命达到或超过60年,就必须重新评估历史上使用过的材料兼容性和热老化性,并保证使用具有更高强度和更抗高温的先进材料。根据目前的数据库和从以前运行经验中吸取的教训可知,304和316不锈钢和改进的9Cr-1Mo(在有限的范围内)已投入商业使用,它们的可靠性得到了较高的评价。

然而,在世界范围内运行的反应堆中也发现了一些技术问题,即改性的9Cr-1Mo钢从未用于任何曝露于钠的部件中;此外,改进的9Cr-1Mo钢已用于PFBR(印度)和JSFR(日本)。已经确定的问题包括与60年使用寿命有关的钢脆化、高温开裂、二次相变影响、热裂纹及蠕变疲劳断裂、钠环境下的腐蚀及性能退化、焊件安全性评价等。毫无疑问,这些都是老问题,但需要根据日益严峻的运行状况进行新的分析。尽管有上述限制,但是如果材料的可靠性问题得到满意的解决,则钠冷快堆技术仍然是一个潜在的有效方案,特别是印度的钠冷快堆,表3比较了第四代反应堆——两种钠冷快堆的相关设计(铅和钠冷却)在法国、日本和美国的现状[3]。

表3 第四代反应堆中快堆的部分优点和缺点[11]

国家		法国	日本(JAERI)	美国(ANL)
铅冷快堆	优点	设计简化	设计简化	设计简化
	缺点	·冷却剂属性(Pb的熔点高,Bi的稀缺性和活性低) ·腐蚀控制问题 ·不确定的安全性行为(组件/控制棒弹射) ·检测和修复技术	·厂房大小受抗震设计要求的限制 ·腐蚀控制问题 ·氮化物燃料开发 ·不确定的CDA行为	·冷却剂的性质,如密度对管道和容器的尺寸与质量的影响 ·结构材料的腐蚀问题
钠冷快堆	优点	·基于现有条件(氧化物燃料和燃料循环) ·有改进的潜力 ·在工业部署之前清楚地知晓剩余问题	·基于现有条件 ·经济性有提高的潜力 ·在工业部署之前清楚地知晓剩余问题	·技术成熟(反应堆和燃料的类型) ·固有安全性 ·更好的燃料利用率
	缺点	·经济(投资成本高,缺货时间长) ·检验和修理技术有待开发	成本高于轻水堆技术	—

6 钠冷快堆堆芯的整体技术成熟度[3]

虽然最好指定设计相关的问题,但材料工程的作用在确保钠冷快堆堆芯组成部分可靠性和运行成功方面是非常重要的。鉴于此,我们在这里着重介绍一些堆芯部件的选择。

6.1 主冷却剂钠泵:材料和制造

机械离心泵已被广泛应用于在美国运行的钠冷快堆中。在国际上,除了俄罗斯的BOR－1反应堆,机械泵已在之前操作的或目前在运行的钠冷快堆中得到使用。因此,尽管对泵的试验测试是重要的,但是对于商用来说,机械泵的制造和运行经验应该是充分可靠的。然而,由于电磁泵有诸多好处(包括维修方便、成本降低、绝缘子寿命延长),一些先进的钠冷快堆概念已经建议使用电磁泵来进行主冷却剂钠的循环。在国际上,BOR－10(俄罗斯)使用了电磁泵。但是,电磁泵的制造和运行经验是有限的,同时需要额外的研发工作以进行耐力测试和辐射硬化绝缘/屏蔽开发。

6.2 中间热交换器

中间热交换器在池式反应堆容器中占据了大量的空间,因此研发重点是将这些设备最小化,而相应的先进材料正在研发过程中。例如,使用先进的高铬铁钢可以使传热区域的热量转移范围最小。此外,相关研究还提出了使用肾形中间回路换热器的方法,也建议使用弯管中间回路换热器来最小化中间回路换热器的大小并证明其对反应堆容器大小的影响。这些创新的中间回路换热器概念在原型或测试反应堆中没有被证明,但对未来钠冷快堆的成本降低可能会产生实质性效果。对于更先进的钠冷却系统,正在考虑使用超临界二氧化碳涡轮电力转换系统,用一种紧凑的热交换器来对超临界二氧化碳进行钠循环将会产生很明显的效果。目前,在石油化工行业广泛使用的热交换器(包括印刷电路和平板型设计热交换器)可能适合于核能开发应用,但目前没有任何设计或检查规则通过 ASME 认证。因此,迫切需要研发适用于核动力系统的相关热交换技术,以及开发他们的设计代码和检查规则。

6.3 能量转换

朗肯循环是核电站中广泛采用的一种能量转换系统,美国在运行的钠冷快堆和商业运行的轻水反应堆都采用朗肯循环。钠冷快堆在二次侧有较高的温度和蒸汽压力,而在一次侧有较高的温度和较低的蒸汽压力,施工及材料必须符合钠和水的环境,除此之外,钠冷快堆的蒸汽发生器技术类似于轻水反应堆中的相关技术。由于钠－蒸汽的相互作用,EBR－Ⅱ采用了双壁管蒸汽发生器(实际上使用了两种不同类型的蒸汽发生器),但需要进一步研究该技术在较大型反应堆中的适用性。

蒸汽发生器的可靠性是决定整个核电厂性能的一个重要因素,因为单个蒸汽发生器传热管的故障将导致钠－水反应(如果没有及早发现),因此需要进行事故管理并关闭反应堆。为提高蒸汽发生器的可靠性,节约成本,研究人员提出了高铬铁素体钢等先进材料在蒸汽发生器上的应用。

超临界 CO_2－布雷顿循环作为一种先进的电力转换系统正在开发中。使用超临界 CO_2－布雷顿循环的主要动机包括消除潜在的钠－水反应,从非常小的涡轮机械中节省大量的资本成本,以及从理论上得到更高的热效率。然而,仍然需要大量的研发来证明超临界 CO_2－布雷顿循环在高温钠环境下与钠冷快堆相结合的有效性,包括材料相容性的研究、二氧化碳和钠之间的反应,以及二氧化碳对涡轮机械和密封材料的影响。这个选项还没有出现在印度 FBR 程序的设计表中。表 4 列出了一份建议的研发议程,以提高在役检验技术和增强材料的可靠性。

表4　建议的研发议程

在役检验技术
·压力容器内底部钠的运行温度显示系统——可在堆芯出口温度下运行的在线监测系统； ·反应堆压力容器和安全壳的检测机器人——自动检测技术； ·快堆应用过程中的修复技术

增强材料的可靠性
·反应堆结构材料——支持增加 ASME 锅炉和压力容器规范的研发； ·在现有数据库的基础上，扩展 ASME 规范允许和设计参数，以支持304 和316 不锈钢及其相关焊接件的60 年设计寿命； ·评估现有数据库，将不可替代的不锈钢元件在钠辐照环境中的使用寿命延长至60 年； ·解决304、316 不锈钢和铬钼及其相关焊接件的结构完整性问题； ·开发高温缺陷评估方法，以支持长期运行； ·继续开发和鉴定先进材料（改性9Cr-1Mo 和 ODS 钢、镍基合金），通过大幅度简化结构设计和提高热效率，提高未来商用钠冷快堆的经济竞争力； ·为了使核电更具竞争力，不仅要设计新的反应堆（小型模块化反应堆），更重要的是材料采购、零部件制造的标准化以及高度本土化； ·详细的材料研发和可靠性评估

7　结论

（1）材料的可靠性是核电发展的基本要素。

（2）材料不是一个需要材料学家和质量控制人员单独处理的问题；相反，这是一个几乎与反应堆工程所有方面高度耦合的问题。

（3）在满足设计基本要求的基础上，材料性能的不断提高取决于许多正在进行的重点研发任务。然而，为了满足未来新一代反应堆对材料的要求，提高安全性和可靠性标准，有必要采用新的材料和部件制造方法。

（4）每个新增加的材料知识库也应发展相应的新资格程序。事实上，就核反应堆技术而言，必须将材料开发和部件鉴定视为一个无缝对接的整体。

参考资料

［1］　WRAY P. Materials for nuclear energy in the post Fukushima era［J］. American Ceramic Society Bulletin,2011,90(6):24-28.

［2］　ALLEN T,BUSBY J,MEYER M,et al. Materials challenge for nuclear systems［J］. Materials Today,2010(13):14-23.

［3］　KIM T K,GRANDY C,NATESAN K,et al. Research and development roadmaps for liquid metal cooled fast reactors［R］. ANL Report,ANL/ART,2017.

［4］　BAUER T H. Behavior of modern metallic fuel in TREAT transient overpower tests［J］. Nuclear Technology,1990(92):325-352.

［5］　CRAWFORD D C,PORTER D L,HAYES S L. Fuels for sodium-cooled fast reactors:US perspective［J］. Journal of Nuclear Materials,2007(381):202-231.

［6］　IAEA. Fast Reactor Database 2006 Update［R］. IAEA series report,IAEA – TECDOC – 1531,2006.

［7］　HILL D J. Global Nuclear Energy Partnership Technology Development Plan［R］. Idaho National Laboratory（INL）,No. INL/EXT – 06 – 11431,2007.

［8］　LOEWEN E,TOKUHIRO A T. Status of research and development of the lead – alloycooled fast reactor［J］. Journal of Nuclear Science and Technology,2003（40）:614 – 627.

［9］　NATESAN K,LI M,CHOPRA O K,et al. Sodium effects on mechanical performance and consideration in high temperature structural design for advanced reactors［J］. Journal of Nuclear Materials,2009（392）:243 – 248.

［10］　NATESAN K,LI M. Materials performance in sodium – cooled fast reactors:Past, present,and future［C］// International conference on fast reactors and related fuel cycles:Safe technologies and sustainable scenario,March 10 – 15,2013. Paris:Springer,2013.

［11］　SAKAMOTO Y. Selection of sodium coolant for fast reactors in US France,and Japan ［J］. Nuclear Engineering and Design,2013（254）:194 – 217.

［12］　SHORT M P,BALLINGER R G. A functionally graded composite for service in high temperature lead and lead – bismuth cooled nuclear reactors – I:design［J］. Nuclear Technology, 2012（177）:366 – 381.

［13］　WOLF D. ARC – 100:Advanced Small Modular Reactor（ASMR）［J］. Advanced Reactors,Technical Summit IV,U. S. Nuclear Infrastructure Council,2017（1）:1 – 12.

［14］　CHIDAMBARAM R,SINHA R K. Importance of closing the nuclear fuel cycle［J］. Nuclear Energy,2006（1）:90 – 91.

电子元件的物理失效
及其寿命预测与健康管理

Abhijit Dasgupta

摘要 本文将讨论可靠性物理方法和人工智能算法在异构集成时代电子系统中的作用。电子系统被认为是高度复杂的多物理和多尺度系统,从毫米尺度一直延伸到纳米尺度。这些系统必须在生命周期、环境压力和操作压力的复杂组合下可靠地运行。为了保证其可靠运行和高可用性,需要系统的协同设计,通过结合电气、机械、热力和化学分析,设计性能、可制造性、可测试性、可靠性、可支持性/可用性和可购性。为了实现这些协同设计目标,必须将可靠性、物理学和人工智能(基于数据分析的机器学习算法)有效地结合起来。本文将介绍其基本原理和几个简单的说明性示例。

1 研究目的和意义

随着物联网时代对电子产品功能日益增长的需求,摩尔定律的局限性日益显现,这正推动设计师们向异构集成(HI)(在文献中有时被称为"比摩尔更多")发展。异构集成需要复杂的体系结构,其中使用了大量系统集成电路(SIP)的概念打包电子芯片,并在具有不同功能和不同技术的多个主动与被动设备之间进行高密度互联。这种系统在有源器件包内可能具有复杂的 2.5D 和 3D 叠层模组配置。同时,这样的系统还必须以非常低的缺陷密度来满足极端的性能期望。这种不断增加的系统复杂性,再加上不断向小型化发展的趋势,将带来新的挑战,需要新的方法来满足和验证客户的可靠性目标。尽管存在固有缺陷和随机变量,但是未来的系统将把高弹性设计与自我监控、自我认知以及一定程度的自适应重构和自修复能力结合起来,实现高可靠性和可用性。传统技术允许在供应链的不同部分(如在传统半导体制造团队(前端、中端和后端流程)、一级包装团队和二级包装团队)之间方便地分配可靠性实践。然而,复杂异构集成系统的可靠性需要在相同的异构集成团队中采用集成方法,否则最终产品可能无法在每个系统经历的生命周期中满足客户的可靠性目标。这种可靠性的综合方法需要一个严格的、跨学科的、协同设计的策略。本文讨论一些可靠性物理和数据分析工具,可支持异构集成时代电子产品的开发并提高鲁棒性。

2 电子系统的可靠性物理方法

可靠性是指产品在整个使用寿命内达到预期性能目标的概率。可靠性风险来自产品老化磨损和生命周期中意外的过度事件。根据产品技术特性,通过了解可靠性期望、产品微观/宏观环境以及环境对磨损行为的影响,可以获得最佳的可靠性。关于这种方法的更多细节可以在参考文献[1]至[4]中找到。

如图1所示,对于过应力机制,可靠性风险通常被视为应力－强度干扰,不可靠性来源于所施加的"应力"超过产品固有"强度"的可能性。在磨损(累积损伤)机制中,老化是一种依赖于时间的现象,因为"损伤"级别缓慢增长,并越来越多地干扰到材料的"耐久性"级别。可靠性管理的任务包括有效地量化这些分布(以及它们在整个生命周期中的演化),并平衡它们之间的交互作用(作为产品设计和服务功能的一部分),以确保最终的可靠性边界满足客户的期望。

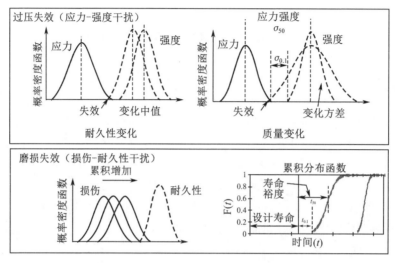

图1　压力－强度干扰和损伤－耐久性干扰[4]

量化和管理"应力－强度"或"损伤－耐久性"干扰的过程需要基于科学的多物理、多尺度协同设计方法,这些方法利用了多物理模拟、可靠性物理(RP)和人工智能(AI)的相关知识。"应力"和"损伤"分布必须基于多物理模拟及数据驱动的人工智能方法以达到准确识别。人工智能方法必须建立在利用数据分析和深度学习技术的复杂机器学习方法基础上。这一"应力分析"的结果将有助于在整个产品的预期生命周期中确定电、热、机械和化学场的强度。

同时,确定相应的多物理"强度"和"耐久性"分布需要基本的可靠性物理模型与人工智能方法的组合。可靠性物理模型是使用一种"自下而上"的方法来实现基于关键点的主要退化/失效机制的评估并分析设计裕度,而本文将提供一种补充的"自上而下"的方法来评估和量化系统级别的风险。其概念示意图如图2所示,其中传统的系统级可靠性"浴缸曲线"如图2(a)(b)所示,图2(c)强调了"自下而上"的可靠性物理视角,系统级的故障信息实际上是许多相互竞争的退化/故障机制的结果。在复杂的多物理多尺度异构集成系统中,系统开发人员必须利用这两种方法来确保系统的健壮性和弹性。

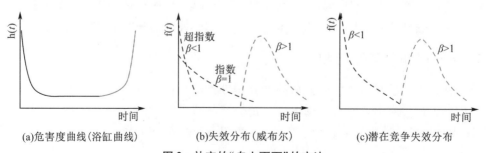

图2　补充的"自上而下"的方法

图3提供了电子系统中主要的多物理退化机制示例清单。"过度应力"机制是在突发的灾难性应力事件作用下触发的,而"磨损"机制则是由于日常的操作和环境应力曝露而在整个生命周期中逐渐积累损伤的过程。图中列出的每一种机制都代表了丰富的专家知识,包括用于评估设计裕度和加速因子的定量模型、用于不同材料系统的模型常数和用于量化新材料模型常数的方法。这些模型需要在多物理协同设计仿真工具中无缝集成,这样可靠性评估才能真正成为一个与功能标准并行的设计标准,一个完全集成的环境中涉及以下方面:

(1)可靠性设计。

(2)评估在可靠性制造(MfR)时制造缺陷如何影响设计裕度。

(3)在可靠性鉴定(QfR)时,为加速应力测试设计加速因子。

(4)在进行健康管理和寿命预测(PHM)时,促进剩余使用寿命(RUL)的预测与评估。

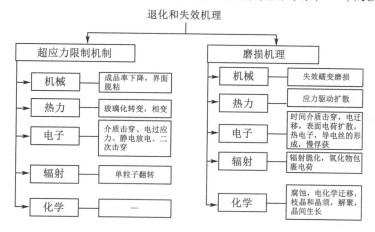

图3 电子系统在超应力和磨损应力暴露下多物理退化/失效机制[4]

为了方便起见,与应力-强度和损伤-耐久性分布量化和管理相关的典型可靠性任务如图4所示,并在下文进一步讨论。

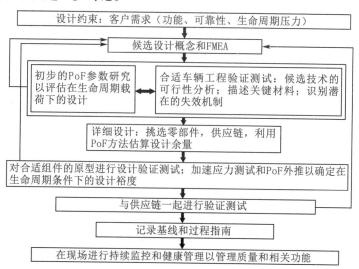

图4 可靠性风险管理任务流程图[4]

（1）识别不同市场和不同技术领域的客户可靠性目标，识别生命周期用户模型，包括预期生命周期、环境/操作压力概况和对系统配置的理解。

（2）可靠性设计（DfR）任务使用可靠性物理（RP）、人工智能（AI）方法（基于数据分析和机器学习）、材料中心方法、协同设计模拟方法和容错设计方法。这包括总体概念设计以及后续的详细设计。

（3）利用加工条件对影响材料性能的因素进行可靠性制造（MfR）；了解工艺质量、缺陷和良好率；使用适当的过程计量；基于人工智能进行过程控制并采取必要的压力筛选方法。

（4）可靠性鉴定（QfR），包括基于知识的加速应力测试方法、工程验证测试（EVT）、设计验证测试（DVT）和过程验证测试（PVT）。

（5）针对健康管理和寿命预测（PHM）问题，实现实时检测早期异常和故障；系统诊断及预测、动态自适应愈合/重新配置，实现可靠性物理模型和数据驱动人工智能模型的融合。

（6）管理和整合整个供应链的可靠性实践。

解决复杂异构集成系统中的可靠性问题需要讨论硬件可靠性、软件可靠性及其相互作用，以便部署和支持可靠的固件，本文主要关注硬件可靠性问题。硬件可靠性可以大致分为三个子主题：有源及无源组件的可靠性、基板/板和互连/组装。

前沿技术的开发人员持续进行异构集成（HI）的改进，如集成了多核处理器和多物理传感器/设备的超大规模 SOC、超大规模 SIP /SOP 与 3D IC 的集成组件，所有相互关联的结构尺寸都在纳米范围内而不在微米范围内。这种大规模的集成需要在材料、工艺、设备和计量方面做出重大改变，需要高度集成和复杂的供应链，以管理这种复杂的可靠性挑战。在如此小的尺寸上，随机过程下材料的变异性将对整个系统的可靠性影响显著。除了尺寸缩放和新材料带来的技术复杂性，以及日益复杂的芯片与封装交互技术（CPI）之外，技术开发周期变短与生产速度加快将迫使该行业在协同设计环境中采用有效的可靠性设计、特性描述、评估和监控方法。

为了解决异构集成技术中可能出现的可靠性挑战，我们需要基于可靠性物理、人工智能和机器学习算法进行综合分析，为设计师提供正确的模型和工具集，以实现可靠性设计。解决方案的实施需要了解超复杂先进半导体系统在超小型尺度下的基本退化物理规律。在产品协同设计过程中，设计师必须以并行的方式预先考虑可靠性问题。在功能设计完成后，可靠性不再是一个单独的评估过程。

工艺和材料变化对硬件可靠性的影响必须结合实际经验、基本的可靠性物理方法和人工智能方法进行研究，在未来基础设施制造过程中尤其如此，因为与减少工艺制造技术相比，增加工艺制造方法会产生完全不同的材料缺陷和结构缺陷。过程控制策略必须建立在这种定量理解的基础上，以最小化缺陷密度和最大化成品率。

也需要特别考虑为设计验证和确认而进行的加速压力测试。基于个别设计的细节、生命周期使用条件和可靠性目标，需要工具来定制这样的加速测试方法。这种基于知识的定制化测试在整个供应链中普遍采用，并且定制应该基于可靠性物理和人工智能的加速模型。对于这样复杂的系统/技术，盲目标准化、一刀切的测试方法是不能令人接受的，同时也是没有竞争力的。超小的长度和超高的功能密度要求我们必须系统地规划测试策略与能力。

如果整个行业不得不过渡到复杂的多物理微系统，那么严格的供应链培训将是必不可少的。企业必须开发新的知识产权模型，以便关键概念可以与供应链共享，以保持高质量的物料供应和生产制造。

3 支持电子系统的健康管理和寿命预测(PHM)方法

实时个性化健康管理和寿命预测(PHM)将成为零缺陷时代管理与支持系统可靠性的标准方法。集成的 PHM 系统必须成为自我认知、智能、仿生硬件的常规特征,从而使这些硬件能够生存并发挥作用,进而"优雅地老去",而不是意外地在服役中失败。内置的异常检测和实时诊断/预测应该成为固件设计的一个主要特性。系统必须开发具有广泛适应性的系统重构能力和动态自愈能力,以应对整个生命周期中的功能退化。随着成本/晶体管和成本/设备的降低,大量的冗余可能成为弹性系统设计者可用的手段。管理复杂系统的 PHM 需要如图 5 所示的多维方法。

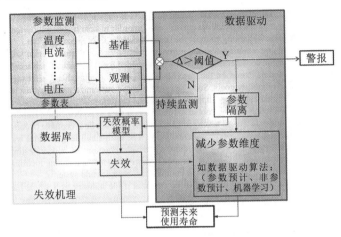

图 5　多维 PHM 方法[4]

如图 6 所示,PHM 包含一组任务。这些任务包括:(1)数据收集/管理/处理;(2)复杂数据集特征提取;(3)异常检测和故障诊断;(4)故障预测和剩余使用寿命评估(RUL);(5)决定支助建议。PHM 的大规模实现需要一套如表 1 所示的机器学习算法。

表 1　基于机器学习(数据分析)算法的健康管理与寿命预测[4]

数据管理	数据处理	特征提取	故障诊断	故障预测	决策支持
距离测量	时域分析	生成分分析	粒子滤波	自回归积分移动平均线	实物期权
多粒度偏差因子	频域分析	Mahalanobis 距离	自组织映射	粒子滤波	投资回报
	小波分析	统计度量(均方根、峰度、波峰因子)	序列概率比检验	隐式马尔可夫链	DS 证据理论
	Box Cox 转换	包络检波	贝叶斯支持向量机	支持向量回归	决策权

表1(续)

数据管理	数据处理	特征提取	故障诊断	故障预测	决策支持
		协方差估计	神经模糊系统	神经模糊系统	
			K 近邻分类	分类回归树	
			SPC 控制图	高斯过程回归	
			分类回归树		
			时序时间序分析		
			K 近邻聚类		
			贝叶斯信念网络		

4 结论

复杂异构集成电子微系统的可靠性、健康管理与寿命预测需要基于可靠性物理的协同设计能力。本文列出潜在的困难挑战、解决方案方法和必要的基础设施,我们将其视为实现最终目标的重要步骤,以使未来的异构集成硬件技术高度安全和可靠。

参考文献

[1] DASGUPTA A. Contributor,Integrated Circuit,Hybrid,and Multichip Module Package Design Guidelines[M]. Pecht:Wiley Interscience,1994.

[2] DASGUPTA A. Contributor, Plastic Encapsulated Microelectronics [M]. Pecht:Wiley,1994.

[3] DASGUPTA A. Product Reliability, Maintainability, and Supportability Handbook, Chapter 5[M]. Pecht:CRC Press,1995.

[4] CALCE Technical reports[R/OL]. [2015 - 06 - 11]https://calce.umd.edu/articles.

先进核反应堆非能动安全系统的可靠性设计

A. K. Nayak

摘要 在三里岛核事故(TMI-2事故)发生后,先进的轻水反应堆增加了非能动安全系统来加强防御深度,这些核反应堆被称为第三代反应堆和"第三代+"反应堆。非能动安全系统的工作原理是利用自然驱动力,而不需要外部能源或人为干预来驱动,这些特点使它们即使在极端条件下也比第一代轻水反应堆更安全、更可靠。除了设计简单之外,非能动安全系统被认为比主动安全系统更加可靠。但是,由于若干技术问题,它们的功能和运行仍存在一些不足,如缺乏电厂运营经验,缺乏从整体测试设施或从单独效果测试中获得足够的试验数据,缺乏对这些系统失效模式的公认定义,很难对这些系统的某些物理行为进行建模。这就产生了"非能动安全系统的可靠性"问题,解决这个问题是一项艰巨的任务,需要对这些现象的物理性质有透彻的理解,因为这些现象驱动着系统的功能、行为,包括系统的故障。目前,最佳估算程序被用来分析和预测非能动安全系统的性能。然而,由于缺乏足够的试验数据,这些规范并没有很好地验证其对非能动安全系统的适用性,这在评估非能动安全系统性能时引入了很大的不确定性和误差。历史回顾表明,过去已经开发了一些方法(如REPAS、RMPS和APSRA),用于评估非能动安全系统的可靠性。虽然这些方法有一些共同的优点,但是它们在处理过程参数与其标称值的偏差和最佳估计程序的模型不确定性方面存在显著差异,而最佳估算程序对评估此类系统的可靠性至关重要。非能动安全系统性能受工艺参数与其标称值偏差的影响较大。在极端事件中,这些过程参数的演化可能会增加/减少构件的事件发生概率和故障率。此外,非能动安全系统的组件可以在任何操作的过程中发生故障,而不是传统的两种状态故障假设。目前的研究方法缺乏对非能动安全系统部件动态失效特性的研究。在未来的非能动安全系统可靠性分析中,还需要注意处理大气温度等独立过程参数的动态变化。本文主要讨论在核反应堆新设计中采用非能动安全系统的必要性,以及在性能建模、失效行为和可靠性方面存在的问题。

1 目的和意义

在TMI-2和切尔诺贝利事故的余波中,核工程师们努力设计新的反应堆。在这些反应堆中,堆芯熔毁的担忧几乎可以消除,即使真的发生了,也将得到缓解。最终,任何核电站都不会对公众造成影响。这促使人们设想了更先进的反应堆,"设计更安全、更简单""经济且寿命更长""运行和安全系统的可靠性更高"——这就是所谓的第三代反应堆和"第三代 + "反应堆的特性。因此,先进轻水反应堆的设计目标是比现有大型轻水反应堆具有更大的安全裕度、更高的可靠性、更好的可维护性、更低的成本并更容易操作和施工。延长至少 72 小时的"宽限期"是其设计的标准之一。为了实现这些目标,反应堆设计中加入了"非能动安全系统"。

非能动安全系统的定义如下:

根据 IAEA[1]的说法,非能动安全系统被定义为"完全由非能动部件和结构组成的系统,或者以非常有限的方式使用主动部件启动而后续都可以采用非能动操作的系统"。IAEA[1]根据功能需求将非能动安全系统分为 A、B、C 和 D 四类。

A 类非能动安全系统或部件在没有任何外部驱动力的情况下工作,也不使用任何移动机械部件或移动工作液。

B 类非能动安全系统广泛应用于第三代反应堆和"第三代 + "反应堆。与 A 类非能动安全系统类似,它们在没有任何外力的情况下工作,也不使用任何移动的机械部件。然而,他们使用移动的工作液。例如,由于反应堆冷却液与应急冷却水注入处外部水源存在压力差,因此通过反应堆应急冷却系统注入冷水;反应堆正常运行时,堆芯自然循环冷却;安全壳自然循环冷却,如 AP1000;采用浸没在水池中的冷凝器进行长期冷却。

C 类非能动安全系统使用可移动的机械部件,而不管它们是否采用可移动的工作液。例如,在发生冷却剂丧失事故(LOCA)时,从蓄能装置向反应堆堆芯紧急注入冷却剂;基于溢流阀释放流体的超压保护;由破裂盘激活的安全壳过滤通风系统;使用机械执行机构,如止回阀、弹簧减压阀等。

D 类非能动安全系统需要外部能源来触发非能动过程。例如,基于重力驱动或压缩氮气驱动流体循环的紧急堆芯冷却/注入系统,由故障保险逻辑和电池驱动电动阀或气动阀;紧急堆芯冷却系统中基于重力驱动的水流使阀门根据需要被打开(如果能够确定合适的执行机构资格认证过程)。表 1 是 IAEA 给出的非能动安全系统的分类。

表 1　非能动安全系统的分类

	A 类	B 类	C 类	D 类
输入信号、外部电源、驱动力	没有	没有	没有	有
移动机械部件	没有	没有	有	有
移动工作液	没有	有	有/没有	有/没有
举例	堆芯冷却系统采用辐射/导热传热方式; 防止裂变产物释放的物理屏障	自然循环堆芯冷却	由蓄能器、储罐和带有止回阀的排放管路组成系统; 使用机械执行机构,如止回阀和弹簧减压阀	紧急堆芯冷却系统基于重力/压缩氮气驱动的水流,由电池驱动的阀门激活; 机械关闭控制棒

非能动安全系统的优点如下：

——简单易用。例如，像 AP1000 这样的非能动反应堆大大减少了安全阀、泵、安全管道、电缆的数量，与相同额定功率的常规压水堆电站相比可以减小体积。

——其功能不需要人为干预、外部电源或能源设备，因此很容易达到新反应堆安全要求的指标。

——可消除与活动组件故障相关的假定事件。

以下举例说明非能动安全系统在先进核反应堆中的应用。印度的先进重水堆（AHWR）[2] 和经济简化型沸水堆（ESBWR）[3] 广泛使用这种系统，正常运行时的裂变热是通过热虹吸冷却方式来消除的，即这些反应堆没有再循环泵。在核电厂长期停电的情况下，堆芯产生的蒸汽被送往一组冷凝器，而这些冷凝器浸在较高的大型水池中以产生足够的浮力，通过这种方式消除衰变热来冷却堆芯。在 AHWR 中，高海拔的重力驱动的水池（GDWP）储罐可容纳约 8 000 m^3 的水，可使堆芯冷却数月。在先进的压水堆（如 AP - 1000[4]）或重水反应堆（如印度 700MW 重水堆[5]）中也采用了类似的理念。印度 PFBR - 500[6] 采用风冷换热技术，在较长时间内去除一次钠的衰变热。印度 AHWR、ESBWR 等一些先进的反应堆，通过大量的非能动容器对安全壳进行冷却。印度 AHWR 还通过在通风管道中形成 U 形密封结构，在冷却剂丧失事故中非能动地隔离相关设备。表 2 以 AHWR 为例，展示了先进反应堆非能动安全系统的设计特点和目标。

众所周知，为了满足安全要求，第二代轻水反应堆（轻水堆）使用"主动"安全系统。这些安全系统的可靠性取决于主动部件的可靠性和操作人员的及时行动，因此受到限制。此外，非能动安全系统是根据浮力、重力等自然驱动力运行的，因此与主动安全系统相比具有更高的可靠性。例如，ESBWR 的堆芯损伤频率估计为 10×10^8 级，比传统的 GE 重水反应堆（重水堆）低至少 20 年，甚至比 ABWR 低 10 年，见表 3。

类似地，第一代压水堆的堆芯熔毁概率为 10^{-5}，而对于先进压水堆（如 APR 1400 或 APWR），堆芯熔毁概率可以降低到 10^{-6}，对于 AP - 1000[8]，进一步降低到 10^{-7}。

2 非能动安全系统是否会失效

非能动安全系统的工作原理是依靠自然驱动力，它们不需要任何外部能量输入或力，特别是需要注意 B 类非能动安全系统，因为它们的性能与流体的运动有关，流体的运动可能是由重力或浮力引起的，因此，被认为比主动部件更可靠。然而，仍然存在一个问题，De Vine 教授在这方面的一项重要研究是：虽然非能动自然循环系统在简化过程中具有很大的优势，但是与交流驱动离心泵的主动冷却系统相比，它明显丧失了灵活性。在这种情况下，系统组件设计人员必须确保非能动安全系统在被调用时能够正常工作。

非能动安全系统会失效吗？

·可能不会——例如，引力不会失效，浮力不会失效，换句话说就是"机构不会失效"。

·可能会——例如，机制可能不会失效，但是相关系统可能无法在需要的时候执行要求的目标。

表 2　先进反应堆非能动安全系统的设计特点和目标

#	设计特点	目标
	第 1 级	
1	正常运行和停机条件下的自然循环堆芯冷却	消除流动危险的损失
2	反应性的微负孔隙系数	
3	堆芯功率密度相对较低	
4	负反应性燃料温度系数	减少暂态过载事故的程度
5	由于使用 Pu – Th 为基础的燃料和在线补充燃料,因此具有低过剩反应性	
	第 2 级	
1	主冷却系统中存在大量冷却剂	增加热惯性;较慢的瞬变过程
2	采用先进信息技术的数字控制系统	提高控制系统的可靠性
3	使用人工智能和专家系统进行诊断	增加操纵员的可靠性
4	两套独立多样的系统:一套基于机械控制棒;另一套采用液体毒物注入低压慢化剂且具有 100% 关闭容量	反应堆停堆
	第 3 级	
1	安全壳内有大量的水	延长堆芯冷却与增加宽限期
2	先从蓄能器,然后从头顶的 GDWP 非能动注入冷却水,通过四个独立的平行通道直接注入燃料组件	增加应急堆芯冷却系统的可靠性
3	非能动衰变热去除系统,利用自然对流将衰变热转移到 GDWP	增加余热排出的可靠性
4	两套独立多样的关机系统:一套基于机械控制棒;另一套采用液体毒物注入低压慢化剂且具有 100% 关闭容量	提高反应堆关闭的可靠性
5	使用蒸汽压力的额外非能动毒物注射	提高反应堆关闭的可靠性
	第 4 级	
1	把慢化剂用作散热器	一种额外的散热方式
2	LOCA 后会注满反应堆腔体	防止堆芯熔化
3	双层安全壳	防止向环境释放放射性物质;外部事件防护
4	非能动安全壳隔离系统	防止向环境的释放
5	非能动安全壳冷却系统	防止安全壳长时间增压过度

表2（续）

#	设计特点	目标
6	GDWP 中的蒸汽抑制	防止主冷却系统和安全壳在恶劣条件下发生故障
7	非能动无源自动降压系统	在发生 SBLOCA 的情况下,使用集成电路对 MHTS 进行降压,以便通过 ECCS 注入以促进堆芯冷却
8	主容器 V1 和 V2 体积的非能动结合	在 GDWP 出现裂纹时,GDWP 水迁移到 V1 和 V2,可以非能动地进行均衡以长时间消除衰变热
9	非能动慢化剂冷却	将慢化剂系统非能动地冷却至少 7 天,以增加缓冲时间
10	非能动端罩冷却系统	非能动地冷却端护罩系统至少 7 天,以提高宽限期

第 5 级

1	1~4 级的设计特点足以实现第 5 级纵深防御的目标	消除由于电厂内部发生事故而在电厂边界以外的公共领域进行任何干预的需要
2	安全壳过滤通风系统	防止安全壳的过压释放到环境中
3	堆芯夹具	长时间冷却熔融芯体,消除混凝土烧蚀和地面污染
4	PARs	氢浓度降至爆炸极限

表 3　传统 BWRs 与先进 BWRs 的堆芯熔毁概率比较

参数	BWR/4	BWR/6	ABWR	ESBWR
功率（MWth/MWe）	3 293/1 098	3 900/1 360	3 926/1 350	4 500/1 550
压力容器高度/半径（m）	21.96/6.40	21.86/6.40	21.10/7.10	27.70/7.10
活动燃料的高度（m）	3.7	3.7	3.7	3.0
燃料包数量	764	800	872	1 132
功率密度（kW/L）	50.0	54.2	51.0	54.0
循环泵	2	2	10（内部）	0
安全系统泵	9	9	18	0
安全 DGs	2	3	3	0
堆芯熔毁概率	1×10^{-5}	1×10^{-6}	2×10^{-7}	3×10^{-8}

以上所说的失效被称为非能动安全系统的"功能失效",如果边界条件偏离了系统性能

所依赖的指定值,就会发生这种故障。这主要是因为非能动安全系统的驱动力很小,即使是很小的扰动或运行参数的变化也能改变非能动安全系统的驱动力。

非能动安全系统功能失效评估的难点主要有以下原因:

·非能动安全系统是最新部署在先进轻水反应堆的,因此没有太多经验和历史运行数据。为了验证这些非能动安全系统的功能行为,需要从整体设施或单独设施上获得测试数据,而目前这些数据还不够用。

·关于"非能动安全系统是如何失效的"存在着巨大的争论,因此没有很好地定义故障模式。

·非能动安全系统的热工水力特性建模是一个重要问题。例如,低流量自然循环中的流动没有得到充分的发展;自然循环流动可能伴有闪蒸、间歇泉、密度波、流型转变不稳定等不稳定性;流动不稳定性导致的临界热流;大口径压力容器温度分层导致池式沸腾;不凝气体对冷凝的影响。

由于目前的计算模型主要使用能动系统,因此无法为这些非能动安全系统建立所谓的"最佳估算程序",这些可能会给模型预测增加很大的不确定性。

3 非能动安全系统可靠性评估方法

对非能动安全系统可靠性评估方法的历史回顾表明,过去已经发展了一些方法,其中包括著名的 REPAS[9]、RMPS[10] 和 APSRA[11]。REPAS 通过考虑影响系统性能的重要物理参数和几何参数的认知不确定性,来预测非能动安全系统的失效概率。Jafari 等将该方法应用于自然循环试验回路。随后,Zio 等[13] 将该方法用于隔离冷凝系统(ICS)的可靠性分析,以 REPAS 为背景开发了 RMPS,该方法主要继承了 REPAS 的特点,并对其不足之处进行了改进。RMPS 通过层次过程分析和敏感性分析,考虑影响非能动安全系统性能的重要过程和几何参数。这些重要参数通过系统分析程序来预测瞬态下非能动安全系统的行为。RMPS 利用经典的数据拟合技术或专家判断,利用概率分布函数处理这些参数与标称值之间的变化。一旦确定了输入参数的分布,就可以使用蒙特卡罗抽样技术对这些参数进行大量抽样。该方法根据系统分析程序的运行结果,估计系统发生非能动故障的概率。Pagani 等[14] 采用类似的方法,使用更简单的保守分析程序对气冷快堆的自然循环系统功能失效进行了预测。Nayak 等在 2007 年开发了一种不同的方法,称为 APSRA[11]。与 RMPS 不同,APSRA 将非能动安全系统性能所依赖的输入参数变化归因于机械部件的故障。他们应用 APSRA 方法对印度先进重水堆(AHWR)热量输送系统(MHTS)、非能动安全壳隔离系统(AHWR)、AHWR 的仪控系统、非能动安全壳冷却系统的可靠性进行了评估。

3.1 APSRA 与 RMPS 比较评估

这两种方法有一些共同之处,例如:

——将功能故障视为系统的故障处理。

——识别功能失效标准。

——评估程序预测中的不确定性。

——考虑系统功能失效预测中的不确定性。

然而,它们也有不同之处,例如:

——处理造成故障的关键参数偏差。

——生成故障数据/表面。

——考虑测试数据/程序计算值之间的差异,以计算不确定性

1. APSRA 方法在 AHWR 非能动安全壳冷却系统中的应用实例

AHWR 中采用了双层安全壳结构,其本质是由次级安全壳结构包围主安全壳,如图 1[15]所示。主安全壳包含主要的热传输系统,由内部安全壳墙和圆顶组成。外部安全壳和圆顶构成二次安全壳。初级与次级安全壳之间的环形空间相对于初级安全壳和外部大气保持负压。

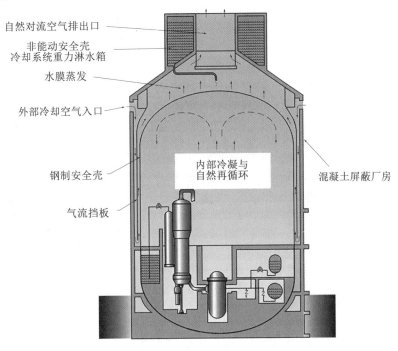

自然对流空气排出口
非能动安全壳冷却系统重力淋水箱
水膜蒸发
外部冷却空气入口
钢制安全壳
气流挡板
内部冷凝与自然再循环
混凝土屏蔽厂房

图1 非能动安全壳冷却系统示意图

主安全壳分为两个区域,分别是高焓区(V1)和低焓区(V2),高焓区包围着堆芯和主传热系统(MHTS),低焓区(V2)包围着主安全壳的其余部分。主安全壳顶部设有一个 8 000 m³ 的大型水池,称为重力驱动水池(GDWP)。它在发生 LOCA 期间充当抑制池。在正常情况下,V2 区域与外部大气直接联通。V1 区域通过淹没在 GDWP 中的通风孔和在正常运行中保持隔离的吹出板(BOP)与 V2 区域相连,仅在主安全壳 V1 和 V2 容积之间存在一定的压差时才开启。在正常运行中,通过连续的吹扫,V1 区域相对于 V2 区域保持在负压以下。在发生 LOCA 时,反应堆主热输送系统释放的蒸汽在 GDWP 罐内凝结,同时也凝结在反应堆建筑的冷壁上。为了长期冷却容器,AHWR 采用了非能动安全壳冷却器(PCCs)。非能动安全壳冷却器是一种热交换器,在 GDWP 罐下方的两个封头之间连接着大量的斜管。管道之间的倾角提供了高度差,以促进自然循环冷凝和冷却 LOCA 过程中释放的蒸汽,并使 GDWP 中的加热水维持在所需的水平[15]。因此,AHWR 非能动安全壳冷却系统(PCCS)的目的是在发生 LOCA 时以非能动模式对主安全壳进行冷却,从而限制主安全壳的压力,以在较长时间内保持安全壳结构的完整性。如前所述,在一定的电厂运行条件下,影响非能动安全壳冷却系统性能的参数可能会偏离其标称值,从而影响非能动安全壳冷却系统性能,并可能导致系统故障,无法达到预期的效果。

采用 APSRA 可对 AHWR 的非能动安全壳冷却系统进行可靠性评估,具体步骤如下:

步骤 1 :考虑非能动安全系统。

本评估所考虑的非能动安全系统是 AHWR 的非能动安全壳冷却系统。在局部冷却过程中,主安全壳冷却系统以自然循环方式进行维护,以便在冷却剂丧失事故(局部)后将主安全壳压力限制在设计要求范围之内,从而保持容器的完整性。

步骤 2 :确定影响操作的参数。

非能动安全壳冷却系统的性能取决于以下几个关键参数[15]:

①GDWP 的初始水位;

②GDWP 的初始水温;

③安全壳墙体的初始温度;

④通风井开口面积;

⑤B.O.P 流区;

⑥非能动安全壳冷却器的可用性。

步骤 3 :使用 RELAP5/Mod 3.2 程序对非能动安全壳冷却系统的运行特性和失效准则进行仿真。

表 4 提供了相关的失效准则和限值,考虑非能动安全壳冷却系统性能行为的参数范围(包括其失效)见表 5。

表 4　非能动安全壳冷却系统的失效准则和限值[15]

失效准则	失效限值
主安全壳压力	2.85 bar[1]

注:①1 bar = 100 kPa。

表 5　考虑非能动安全壳冷却系统性能行为的参数范围[15]

序号	参数	正常操作状态	波动范围
1	GDWP 水位/m	9.00	0 ~ 10
2	GDWP 水温/℃	40	30 ~ 95
3	安全壳墙体的温度/℃	30	30 ~ 100
4	通风井开口面积/%	100	0 ~ 100
5	B.O.P 流区/%	100	0 ~ 100
6	非能动安全壳冷却器的可用性/%	100	0 ~ 100

步骤 4 :识别可能导致故障的关键参数。

主要识别以下参数:

①GDWP 的初始水位;

②GDWP 的初始水温;

③安全壳墙体的初始温度;

④通风井开口面积;

⑤B.O.P 流区。

下面讨论上述参数对非能动安全壳冷却系统性能的影响。

图 2 显示了 GDWP 中初始水位从标称水位 9.0 m[15]变化而引起的安全壳压力的变化。从图 2 中可以看出,随着水位的升高,LOCA 过程中峰值包容压力和最终包容压力都略有降低。然而,水位的下降对峰值压力有不利的影响。可以看出,当水位为 8.13 m时,安全壳压力增加到 2.85 bar 以上,即约为正常值的 90.33%。这是因为 GDWP 中通风孔的淹没深度随着水位的降低而减小,从而降低了初始抑制量。

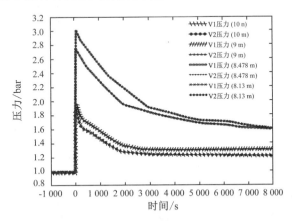

图 2 GDWP 水位对安全壳压力的影响(其他参数不变)

下面研究另一个重要参数(即 GDWP 中的初始水温)从 40 ℃的标准温度变化以了解其对容器行为的影响。图 3 显示了在 LOCA 之后安全壳压力的变化[15]。可以看出,当水温降低到标准值以下时,安全壳压力达到峰值,最终安全壳压力减小。但在运行后期,当水温高于标准温度时,峰值压力和安全壳压力均有所增加,当初始水温为 55 ℃时,达到 2.85 bar 的设计极限。

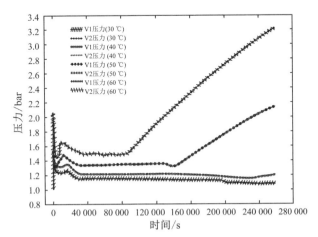

图 3 GDWP 水温对安全壳压力的影响(其他参数不变)

水温的升高降低了水池的抑制能力,使其不能吸收更多的能量。这导致安全壳压力比正常情况有所增加。此外,这也会影响非能动安全壳冷却器的散热,因为它使用来自GDWP 的同源水。

随后,在分析中考虑了 GDWP 水位和水温的各种组合,以了解它们对非能动安全壳冷却系统性能和安全壳行为的累积影响,如图 4 所示。

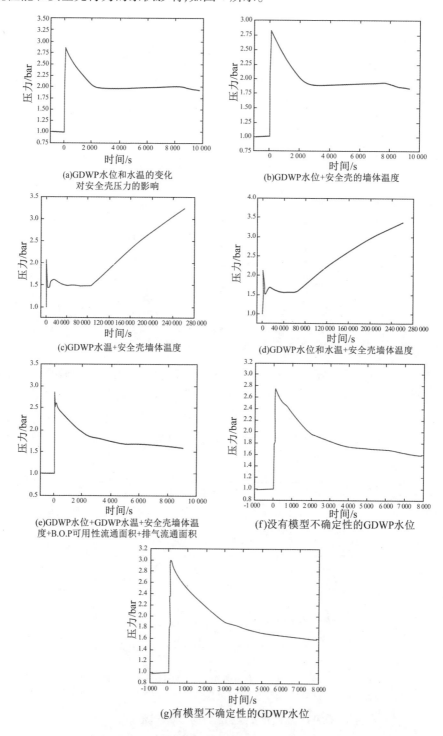

图 4　V1、V2 空间下 GDWP 水位和水温的组合对非能动安全壳冷却系统性能和安全壳行为的累积影响

图 4(a)为水平面 8.178 m、水池温度 50 ℃的典型失效情况。结果表明,安全壳结构温度对系统性能影响不大,但综合上述参数,即随着 GDWP 水位的降低和安全壳温度的升高,可能会导致系统故障。图 4(b)为水位 8.16 m、壁面温度 35 ℃时的典型失效情况。容器温度的升高与 GDWP 水温的升高也会导致系统故障。图 4(c)为围护体温度为 60 ℃、GDWP 水温为 53 ℃时的典型失效情况。

本文通过对三种工艺参数的变化进行分析,研究了它们对安全壳压力的影响。图 4(d)为 GDWP 水位为 8.2 m、温度为 50 ℃时系统发生故障的典型案例,考虑的安全壳温度为 60 ℃。其次,本文对相关参数(包括 GDWP 水位、GDWP 水温、安全壳结构温度、排风量、B.O.P 流区)的组合进行了计算以分析他们对系统性能的影响。典型的失效案例为 8.378 m 水位、50 ℃水温、50 ℃安全壳温度、40% 通风口可用性、0% B.O.P 流区可用性面积,如图 4(e)所示。

此外,模型的不确定性是通过考虑各种模型相关性的最坏组合来处理的。本次分析中考虑的模型不确定性见表 6,其分布见表 7。由于 RELAP5/Mod 3.2 中传热系数难以修改,因此通过修改与构件相关的传热表面积来处理传热不确定性。本试验为适应压降的不确定性,改变了接管能量损失系数;通过改变相关联的流区,实现了阻塞流的不确定性;考虑到 RELAP5/Mod 3.2 模型的不确定性,分析了退化参数的各种组合。图 4(f)显示了降低 GDWP 水位对系统性能的影响,在这种情况下没有考虑模型不确定性的影响。结果表明,安全壳压力是安全的且在 2.85 bar 的失效极限范围内。考虑模型不确定性的影响,发现系统超过了安全壳压力的失效极限(图 4(g))。

表 6　考虑模型不确定性进行分析[15]

序号	模型		不确定性
1	传热	Ⅰ. Dittus – Boelter 相关系数	±25%
		Ⅱ. Sellars – Tribus – Klein 相关系数	±10%
		Ⅲ. Churchill – Chu 相关系数	±12.5%
		Ⅳ. Nusselt 相关系数	±7.2%
		Ⅴ. Shah 相关系数	±25.1%
		Ⅵ. Chato 相关系数	±16%
		Ⅶ. Chen 相关系数	±11.6%
2	壁面摩擦	Ⅰ. Colebrook – White 相关系数与 Zigrang – Sylvester 近似	±0.5%
		Ⅱ. Lockhart – Martinelli 相关系数	±25.61%
		Ⅲ. HTFS 修正的 Baroczy 相关系数	±21.2%
3	内摩擦	Ⅰ. Chexal – Lellouche 相关系数(漂移流模型)	±15.25%
		Ⅱ. 阻力系数方法	±30%
4	阻塞流动		±5%
5	突变面积变化		N/A
6	逆流限流		±8.7%
7	修改后的能量项		N/A
8	分层		±20%
9	热跟踪		±13% ~ 19%

表7   模型不确定性分布[15]

序号	RELAP 5 相关模型	范围		参考值	分布	解释说明
		最小值	最大值			
1	传热	0.75	1.25	1.0	统一	测量误差
2	摩擦系数	0.7	1.3	1.0	统一	测量误差
3	壅塞流模型	0.95	1.05	1.0	统一	测量误差
4	面积突变模型	0	1	1	非参数	模型假设
5	CCFL 模型	0	1	1	非参数	模型假设
6	修正 PV 项	0	1	1	非参数	模型假设
7	分层	0	1	0	非参数	模型假设
8	热跟踪	0	1	1	非参数	模型假设

步骤5:失效表面的产生。

在分析各种退化因素组合的基础上,可以产生不同的失效点。图5(a)显示了两个失效表面对破坏/成功区域的包络和分离。图5(b)为模型不确定性下的失效阈值。可以看出,考虑模型不确定性的失效表面从没有模型不确定性的失效表面向下移动,导致破坏域增大。

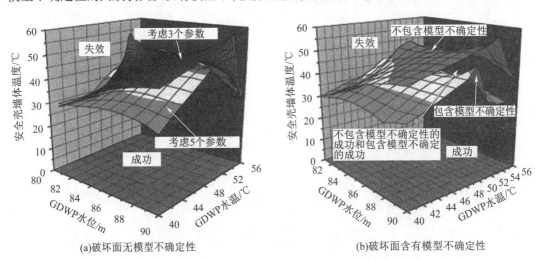

(a)破坏面无模型不确定性   (b)破坏面含有模型不确定性

图5   失效表面对破坏/成功区域进行包络和分离

步骤6:根原因诊断。

在 APSRA 方法中,建立失效面后,下一步就是找出最终导致系统失效的关键参数偏离原因。因此,需要使用根原因诊断方法。通过前面的分析发现,系统失效是由 GDWP 水位、GDWP 水温、排气井开口面积等单项参数的变化引起的。通风竖井无法使用的原因可能是管道被墙壁隔热板堵塞,也可能是 GDWP 上方管道曝露部分的泄漏。此外,上述管道中有65%以上同时不可用的可能性极低。因此,在进一步的分析中没有考虑到由于通风轴系统可用性降低而发生的故障。GDWP 的低水位和 GDWP 的高水温对非能动安全壳冷却系统的失效有一定影响。这些都被当作中间事件,而且故障树将针对这两种情况分别进行计算,直到找到根本原因。造成 GDWP 水温偏高的原因有再循环回路故障、联箱对池阀故障和池对池阀保持开启故障。

步骤7:非能动安全壳冷却系统失效概率评估。

采用 APSRA 方法,计算非能动安全壳冷却系统在不考虑模型不确定性的情况下安全壳结构完整性的失效概率为 $2.107\,9\times10^{-3}$。失效概率随工艺参数的变化如图6(a)所示。在模型不确定的情况下,非能动安全壳冷却系统安全壳结构完整性的失效概率为 $1.048\,8\times10^{-4}$,考虑模型不确定性的失效概率随工艺参数的变化如图6(b)所示。在不考虑模型不确定性的情况下,GDWP 高温、低水位等参数是相互独立的,各自的故障导致系统故障(图6(a)),这是一个保守的估计。模型存在不确定性时,当模型参数不确定性与主参数偏差同时发生时,系统会发生故障(图6(b)),这减少了失效的可能性。

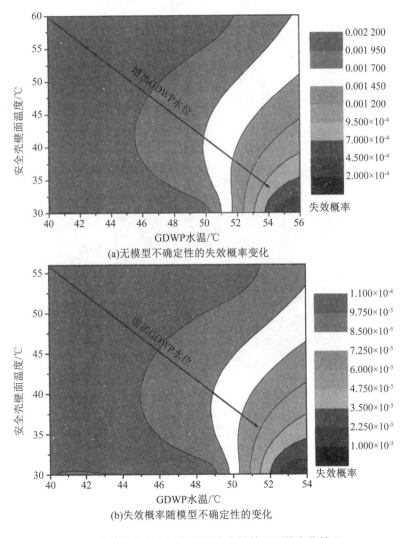

(a)无模型不确定性的失效概率变化

(b)失效概率随模型不确定性的变化

图6 失效概率在有无模型不确定性情况下的变化情况

2. APSRA 的其他应用

例如,AHWR 主传热系统的自然循环。在正常运行状态下,当燃料包壳表面温度超过

400 ℃(673 K),以及 CHF 发生或不发生流动不稳定性时,认为 AHWR 发生自然循环失效。自然循环破坏面和破坏频率分别如图 7(a)(b)所示。

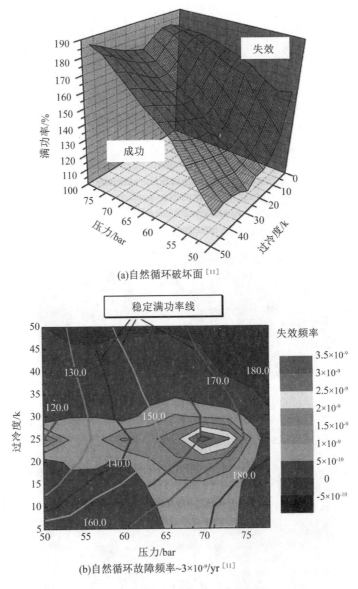

(a)自然循环破坏面[11]

(b)自然循环故障频率~3×10⁻⁹/yr[11]

图 7 自然循环破坏面和破坏频率

4 非能动安全系统可靠性分析方法中的问题

4.1 元件动态失效特性的处理

非能动安全系统的功能失效可以归结为工艺参数的偏差和部件的故障。在非能动安全系统执行过程中,过程参数可能会发生偏差,同时由于运行的动态性,部件可能会随机失效。这些硬件故障和过程参数偏差之间的复杂交互可能会进一步改变系统在剩余操作期间的预期行为方式,并可能导致确定性分析或静态可靠性分析无法预测的系统故障。在现有的非能动安全系统可靠性分析方法中,从未研究过程参数偏差与部件随机失效的综合效应。目前用于非能动安全系统可靠性评估的方法中没有考虑组件或过程的动态失效。在RMPS中，通过概率分布函数处理工艺参数的变化。假设这些概率分布函数在时间上是不变的(实际上，在非能动操作的演化过程中，参数与标准值可能是随时间变化的)。RMPS采用经典的事件树方法将非能动安全系统的失效概率集成到概率安全评估中。由于RMPS本身在非能动安全系统可靠性评估中不考虑硬件/组件故障以及它们的退化，因此当前版本的RMPS无法考虑硬件/组件故障特征的动态性。APSRA通过经典故障树和事件树计算构件的失效概率来处理工艺参数的变化。这两种方法都只考虑组件故障的二进制状态，即失败或成功状态；然而，像机械、电气、仪表和控制系统这样的部件在中间状态时也可能出现故障。

4.2　非能动安全系统可靠性分析中独立工艺参数变化的处理

从广义上讲，影响非能动安全系统性能的参数可分为两类：相关参数和独立参数。相关参数是指其偏差依赖于某些硬件或控制单元的输出或状态参数；这些相关参数有压力、过冷度和不凝结气体。许多相关参数并不是独立地只有自己的偏差；相反，它们是相互关联或相互依赖的。独立参数是指其偏差不依赖于某些分量的参数，即它们有自己的模式和偏差，这类参数的典型例子是大气温度。在许多非能动安全系统中，系统性能对这些参数的依赖性是非常显著的，如非能动余热排出系统的性能对进水温度、大气温度或环境温度非常敏感，这些参数随系统的运行时间而变化。环境温度随季节和作业时间(白天/晚上)呈现一定的规律，并有一定的随机变化。这些独立参数与时间有关，因此不能用随时间静态随机变化的概率分布来处理。处理这类参数的动态变化是非能动安全系统可靠性分析中另一个未解决的问题。

4.3　以统一方式处理模型的不确定性

目前还没有所谓的最佳估算程序(如RELAP5或CATHARE)是否适用于非能动安全系统性能评估及其故障的应用实例。当然，这些规范经过多年来使用来自不同设施和整体试验的测试数据得到了验证。现在我们已经很好地认识到，对于具有主动安全系统的传统水冷反应堆来说，它们是可以接受的。然而，对非能动安全系统使用这样的最佳估算程序仍然值得商榷。如前所述，RMPS方法使用失效概率函数来处理模型的不确定性，这些不确定性主要是通过专家判断得到的。在APSRA中，模型的不确定性是在修正试验装置试验结果的基础上考虑的；然而，在缺乏这些试验数据的情况下，APSRA与RMPS一样采用失效概率函数处理。因此，如何在非能动安全系统可靠性分析的背景下处理模型的不确定性，还需要进一步达成共识。

在"APSRA＋"方法论中，已经解决了其中的一些缺点。例如，在隔离冷凝系统中存在的不凝结气体会影响非能动安全系统的性能。需要注意的是，在APSRA[17]中，隔离冷凝系统中出现不凝结气体的概率被认为是一个常数[16]。然而，"APSRA＋"认为这个概率与操作开始时出现的不凝结气体含量有关。与"APSRA＋"相比，APSRA中的概率值是保守的。在APSRA中，不凝结气体的存在是由清洗阀的故障造成的。假设该阀是二值失效状态(即卡死关闭或卡死打开)，当阀门在卡死关闭模式下发生故障时，会导致不凝结气体积累。然而，事实上，阀门在中间位置也可能发生故障，部分故障并不总是会导致很高的不凝结气体积累。此外，在APSRA中分配不凝结气体的概率时，不考虑阀失效后的累计时间。为了估计存在不凝结气体的概率，"APSRA＋"中考虑了以下两个因素：清洗阀部分故障和阀门故障后的累计时间。考虑这些因素时，估计在隔离冷凝系统启动过程中出现不凝结气体的概率比 APSRA 中要小得多。

同样，GDWP 水位的下降导致隔离冷凝系统的管道曝露在大气中。GDWP 水位的影响可以直接用曝露的冷凝管来表示。因此，分析效果用冷凝曝露含量来表示。由于 GDWP 水位下降的主要原因是由多个阀组成的补气回路失效，因此采用类似于不凝结气体概率估计的仿真方法，并对这些阀的失效行为进行适当的修正，建立阀的失效行为模型[16]。由于在不凝结情况中提到类似原因，因此在这种情况下，APSRA 中考虑的概率值也显得非常保守和恒定。GDWP 的水温是通过循环回路的散热来维持的，因此，GDWP 水温升高的原因是由许多阀门组成的再循环回路失效。采用类似于不凝结气体概率生成的仿真方法，对这些阀的失效行为进行适当的修正。与上述两种情况不同，在这种情况下，APSRA 中考虑高 GDWP 水温的概率似乎小于"APSRA +"估计的概率。需要注意的是，当只考虑一个参数时，影响隔离冷凝系统性能的高 GDWP 水温范围为 80 ~ 90 ℃。然而，当与不凝结气体、GDWP 水位等工艺参数相结合时，即使在较低的 GDWP 温度（低至 50 ℃）下也会发生系统故障。

5　结论

许多先进反应堆的概念都是采用非能动安全系统设计的，目的是增强纵深防御的深度，使核电站即使在超出设计基准时（如出现地震、海啸和洪水等极端事件）也具有内在的安全性。由于消除了人为干预的需要，避免了外部供电等因素，因此非能动安全系统被认为比主动安全系统更可靠。但是，由于几个技术问题，在将这些系统纳入核反应堆之前，需要充分确定这些系统的性能。例如，目前缺乏电厂运营经验；缺乏从整体试验设施或从单独试验获得的足够试验数据，以便了解在正常运行、事故和瞬态期间这些非能动安全系统的性能特征；对这些系统的失效模式缺乏公认的定义；而且，很难对这些系统的某些物理行为进行建模。

非能动安全系统可靠性评价是一项具有挑战性的工作。它包括对系统现象、故障机理和物理性质的清晰理解，这是设计者在预测系统可靠性之前必须做的。目前，非能动安全系统的性能和故障是由所谓的"最佳估算程序"来预测的。然而，由于缺乏足够的试验数据，还没有很好地建立"最佳估算程序"在评估非能动安全系统性能和故障特性方面的适用性，因此在直接使用这些程序评估非能动安全系统的性能时，会带来很大的不确定性和误差。

历史回顾表明，在过去已经开发出来一些方法（如 REPAS、RMPS 和 APSRA），并应用于评估非能动安全系统的可靠性。有人指出，虽然这些方法有一些共同的特点，但它们在处理过程参数与其标准值的偏差和最佳估算程序中的模型不确定性方面存在显著差异，而最佳估算程序对评估此类系统的可靠性至关重要。

非能动安全系统性能受工艺参数与其标准值偏差的影响较大。在极端事件中，这些过程参数值的演化可能会增加/减少事件发生概率和故障率。此外，非能动安全系统的组件可以在任何操作的中间位置发生故障，而不是传统的二值状态假设。目前的研究方法缺乏对非能动安全系统部件动态失效特性的研究。在未来的非能动安全系统可靠性分析中，还需要注意处理大气温度等独立过程参数的动态变化。

本文讨论了在核反应堆新设计中采用非能动安全系统的本质，以及在性能建模、失效行为和可靠性方面存在的问题。

参考文献

［1］ IAEA. Safety related terms for advanced nuclear plant［R］. IAEA series report,IAEA TECDOC – 626,1991.

［2］ SINHA R K,KAKODKAR A. Design and development of the AHWR—the Indian thorium fuelled innovative Nuclear reactor ［J］. Nuclear Engineering and Design, 2006 (236):683 – 700.

［3］ CHEUNG Y K,SHIRALKAR B S,RAO A S. Design evolution of natural circulation in ESBWR［C］. ICONE – 6［C］//Proceeding of the 6th International Conference on Nuclear Engineering,1998.

［4］ Nuclear safety – unequaled design［EB/OL］. (2013 – 09 – 18)［2019 – 06 – 15］. http://www. westinghousenuclear. com/New – Plants/AP1000 – PWR/Safety/Passive – SafetySystems.

［5］ NAYAK A K,BANERJEE S. Pressurized heavy water reactor technology:Its relevance today［J］. ASME J. of Nuclear Rad. Sci. ,2017,3(2):020901.

［6］ Safety features of the PFBR［EB/OL］. (2013 – 09 – 18)［2019 – 06 – 15］. http://www. neimagazine. com/features/featuresafety – features – of – the – pfbr/.

［7］ HINDS D,MASLAK C. Next – generation nuclear energy:The ESBWR［R］. Nuclear News,2006.

［8］ CUMMINS W E,CORLETTI M M,SCHULZ T L. Westinghouse AP1000 advanced passive plant,May 4 – 7,2003［C］. Cordoba:Proceedings of ICAPP'03,2003.

［9］ D'AURIA F,GALASSI G M. Methodology for the evaluation of the reliability of passive systems［M］. Italy:University of Pisa,DIMNP,NT,2000.

［10］ MARQU'ES M,PIGNATEL J F,SAIGNES P,et al. Methodology for the reliability evaluation of a passive system and its integration into a probabilistic safety assessment［J］. Nuclear Engineering and Design,2005(235):2612 –2631.

［11］ NAYAK A K,GARTIA M R,ANTONY A,et al. Passive system reliability analysis using the APSRA methodology［J］. Nuclear Engineering and Design,2008,238(6):1430 –1440.

［12］ JAFARI J,D'AURIA F,KAZEMINEJAD H,et al. Reliability evaluation of a natural circulation system［J］. Nuclear Engineering and Design,2003(224):79 –104.

［13］ ZIO E,CANTARELLA M,CAMMI A. The analytic hierarchy process as a systematic approach to the identification of important parameters for the reliability assessment of passive systems［J］. Nuclear Engineering and Design,2003(226):311 –336.

［14］ PAGANI L P,APOSTOLAKIS G E,HEJZLAR P. The impact of uncertainties on the performance of passive systems［J］. Nuclear Technology,2005(149):129 – 140.

［15］ KUMAR M,CHAKRAVARTY A,NAYAK A K,et al. Reliability assessment of passive containment cooling system of an advanced reactor using APSRA methodology［J］. Nuclear Engineering and Design,2014(278):17 –28.

［16］ CHANDRAKAR A,NAYAK A K,GOPIKA V. Development of the APSRA + methodology for passive system reliability analysis and its application to the passive isolation condenser system of an advanced reactor[J]. Nuclear Technology,2016,194(1):39 −60.

[17] NAYAK A K, VIKAS J, GARTIA M R, et al. Reliability Assessment of Passive Isolation Condenser System of AHWR Using APSRA Methodology[J]. Reliability Engineering and System Safety,2009(94):1064.

非线性动态系统的时域载荷不确定性建模

Achintya Haldar

摘要 地震对结构造成的巨大破坏表明了结构设计的缺陷和不完善性。目前实践中存在的一些主要问题包括无法在公式中包含导致破坏的主要不确定性来源，以及预测特定场地结构在使用寿命期间的确切时程。为了避免过度的经济损失，美国正在提倡基于性能的抗震设计（PBSD）（特别是对于钢结构），这本质上是一个先进的基于风险的设计概念。本文提出了几个新的概念来估计潜在风险，采用随机有限元概念考虑非线性和不确定性的主要来源。然而，目前还没有复杂确定性分析下时域受地震荷载激励时实际非线性结构的风险分析程序。为了使设计更能承受地震荷载，需要考虑多个地震时程，将不确定性纳入频域。使用模拟来提取可靠性信息可能是不现实的，因为这需要计算机连续运行数年。本文提出了几种模拟的替代方案，并提出了几个提高结构抗震性能的相关课题。

1 研究目的和意义

第四届国际可靠性、安全与危害会议（ICRESH—2019）的参与范围、内容、规模、水平清楚地表明了风险和可靠性领域的成熟度。它已经成为多学科交叉创新领域。虽然相关领域的发展相对较新，但值得注意的是，国际社会已普遍接受风险为基础的概念[1-5]。可靠性、安全性与危害（RSH）已经成为大多数设计准则的基础，尤其是土木工程。至少在美国，它已经成为工程教育不可或缺的一部分。事实上，所有本科生在毕业前都必须按照工程与技术认证委员会（ABET）的建议，完成一门关于这个主题的必修课。

不出所料，众多学者为可靠性、安全性与危害的发展做出了贡献。以下将简要描述有关领域的发展情况。然而，目前还没有应用于复杂确定性分析所需的时域受地震荷载激励下实际非线性结构系统的风险分析程序。为了使特定设计更能承受地震荷载，需要考虑多个地震时程并将不确定性纳入频域。使用模拟来提取可靠性信息可能是不现实的，因为这可能需要计算机连续运行数年。基于这一主题，本文提出了几种提取信息的方法[6-14]。

2 背景

风险或安全总是根据期望或要求的性能级别进行评估。这在文献中通常被称为极限状态函数（LSF）。它本质上是所有与电阻和负载相关的随机变量及设计要求准则的一个函数。极限状态函数是显式的还是隐式的与强度及可用性相关。如果它是显式的，那么它对所有随机变量的偏导数都是可用的，可以使用常用的一阶可靠度方法（FORM）或二阶可靠度方法（SORM）来提取可靠度信息。不过，对于实际的土木工程结构，极限状态函数被认为是隐式的。例如，大型结构体系顶部的侧向位移可能不是用所有与阻力和载荷相关的随机变量来表示的。如果在公式中适当地加入非线性项,那么极限状态函数将变成隐式的。对于动态加载,极限状态函数也应该是隐式的。与确定论分析相比,基于可靠性设计的缺点之一是它不能包含现实加载条件和相应的结构行为。复杂结构确定性响应评估要求考虑非线性的主要来源,并将地震荷载应用于时域。对于这类问题,极限状态函数是隐式的,常用的基于一阶可靠度方法(FORM)或二阶可靠度方法(SORM)不能用于可靠性估计。

要使基于可靠性的设计被确定论方法的拥护者接受,必须遵循确定论的所有流程,但是这些流程必须将所有主要的不确定性来源都包含在设计变量中。其中,基于有限元法分析是一个非常强大的工具,可以用于许多工程学科的结构分析。用有限元来表示一个复杂的大型结构系统,考虑复杂的几何排列和所使用材料的本构关系、现实连接、支撑条件、各种非线性源及破坏的荷载路径是相对容易和直接的。对于一组假设的变量值,它给出了非常合理的结果,但无法在其中包含关于不确定性的信息。正如前文提到的,大多数基于可靠性方法的问题是它们不能包含现实的结构行为。这促使作者将这两个概念进行整合,提出了随机有限元法(SFEM)的概念。它本质上是一种基于形式的有限元结构一阶可靠度估计方法。

随机有限元法的基本概念可以描述如下:一般地,极限状态函数可以表示为 $g(x,u,s)=0$,其中 x 为基本随机变量集,u 为位移集,s 为荷载效应集(位移除外,如内力)。位移 $u=QD$,其中 D 为全局位移矢量,Q 为变换矩阵。对于用一阶可靠度方法(FORM)进行可靠性计算,将 x 变换为标准法向空间 $y=y(x)$,使 y 的元素在统计上相互独立,且具有标准正态分布。基于一阶近似,利用迭代算法确定极限状态函数上的设计点(最可能的故障点)。在每次迭代中,利用有限元分析计算结构响应和响应梯度向量。可以使用下列迭代公式来寻找设计点的坐标,即

$$ y_{i+1} = \left[y_i^t \alpha_i + \frac{g(y_i)}{|\nabla g(y_i)|} \right] \alpha_i \tag{1} $$

式中

$$ \nabla g(y) = \left[\frac{\partial g(y)}{\partial y_1}, \cdots, \frac{\partial g(y)}{\partial y_n} \right]^t, \quad \alpha_i = -\frac{\nabla g(y_i)}{|\nabla g(y_i)|} \tag{2} $$

为了实现算法,梯度 $\nabla g(y)$ 极限状态函数的标准正态空间可以衍生为[5]

$$ \nabla g(y) = \begin{bmatrix} \dfrac{\partial g(y)}{\partial s} J_{s,x} + \\ \left(Q \dfrac{\partial g(y)}{\partial u} + \dfrac{\partial g(y)}{\partial s} J_{s,D} \right) J_{D,x} + J_{y,x}^{-1} \\ \dfrac{\partial g(y)}{\partial x} \end{bmatrix} \tag{3} $$

$J_{i,j}$ 为变换的雅可比矩阵(如 $J_{s,x}=\partial s/\partial x$);$y_i'S$ 为统计上独立的随机变量,如前所述。式(3)中物理量的计算取决于所考虑的问题(线性或非线性、二维或三维等)和所使用的性能函数。随机有限元法的基本数值是 $\partial g/\partial s$、$\partial g/\partial u$、$\partial g/\partial x$ 三个偏导的取值,以及四个雅可比矩阵 $J_{s,x}$、$J_{s,D}$、$J_{D,x}$ 和 $J_{y,x}$ 的值。它们可以通过参考文献[5]中建议的程序进行评估。一旦设计点 y^* 的坐标通过预选的收敛判据进行确定,就可以评估可靠性指标 β,即

$$ \beta = \sqrt{(y^*)^t (y^*)} \tag{4} $$

式(4)的计算取决于所考虑的问题和所使用的极限状态函数。失效概率 P_f 为

$$P_f = \phi(-\beta) = 1.0 - \phi(\beta) \tag{5}$$

式中,ϕ 为标准正态累积分布函数。式(5)可视为符号失效概率的计算公式,其值表示可靠性指标越大,失效概率越小。

3 基于随机有限元法的可靠性评估实施过程中面临的挑战

20 世纪 80 年代早期,基于随机有限元法的可靠性评估方法得到充分发展。当一本关于这个主题的书出版时,它引起很大关注,甚至在现在也被广泛引用。然而,读者反馈的主要问题是他们无法使用作者及其团队开发的计算程序。目前,考虑到可用的各种先进计算平台,重写程序可能是不切实际的。为了更广泛地应用和满足计算需要,随机有限元法的基本概念可能需要改进。一般情况下,利用时域激励对实际动力结构进行非线性响应评估是费时费力的。这些问题使得使用随机有限元法概念进行可靠性评估变得极具挑战性。一个合理的替代方案是使用基本数值模拟。然而,在实际应用中,对结构进行一次确定性分析可能需要大约 1 h 的计算时间。对于 10 000 次模拟(对于低概率事件非常小),它将需要 10 000 h 甚至是计算机连续运行大约 1.14 年。因此,基本数值模拟不是一个可接受的替代方案,我们需要一种数值模拟的替代方法。为了将不确定性信息纳入动态方程,可以采用经典的随机振动概念。然而,在时域内应用动态载荷是不现实的,它们通常用功率谱密度函数表示。所以,非线性的主要来源可能不会像确定论分析所期望的那样适当地包含在公式中。

上述讨论清楚地表明,对于包括地震荷载在内的时域动力系统,需要一种新的可靠性评估技术。该方法有望为经典的随机振动方法和基本的数值模拟方法提供一种新的选择。

4 一种新的非线性动力系统可靠性分析方法——时域载荷法

正如预期的那样,这类问题的极限状态函数在本质上是隐式的。响应面(RS)概念可以用来表示隐式极限状态函数。响应面可以用线性函数或多项式函数表示。它通过以下指定的方案来确定响应的估计,然后基于所有生成的响应数据以近似的方式拟合多项式来表示所有设计变量。它一般表示为一个线性或二次多项式,并在破坏区域展开。显然,制定响应面所需的确定性评估总数是一个重要的考虑因素。这种方法的成功取决于许多因素,我们将在后面讨论。响应曲面的基本理念(RSC)尚未广泛应用于结构可靠性评估的主要原因是它忽略了随机变量分布信息(RVs);同时,它极难预测失效区域的现实结构;此外,最优数量的确定性评估需要生成一个可接受的多项式。在开发新概念的过程中,作者团队决定将响应面的基本理念与一阶可靠度方法结合起来,将随机变量的分布信息带入公式中,从而有效地定位破坏区域。

这可以通过前文讨论的随机有限元法的概念来实现,该概念使用有限元表示结构,并捕获它们破坏前在不同阶段的实际线性和非线性行为,这是确定论分析通常采用的方法。将两种方法集成可以消除前两个内在的缺陷。稍后将讨论消除与最佳确定评价数有关的不足,用这种综合方法生成的响应面将与相关文献中报道的有显著差异[15-17]。为了记录这些不同的特性,后文将其表示为显著修改的响应面。

为了保持计算效率,并考虑到线性显著修改响应面不足以表示一类动态问题的响应面,二阶多项式、无交叉项和有交叉项变得非常有吸引力。多项式可以表示为

$$\hat{g}(X) = b_0 + \sum_{i=1}^{k} b_i X_i + \sum_{i=1}^{k} b_{ii} X_i^2 \tag{6}$$

$$\hat{g}(X) = b_0 + \sum_{i=1}^{k} b_i X_i + \sum_{i=1}^{k} b_{ii} X_i^2 + \sum_{i=1}^{k-1} \sum_{j>i}^{k} b_{ij} X_i X_j \tag{7}$$

式中，$X_i(i = 1,2,\cdots,k)$ 为第 i 个随机变量的分布信息；b_0、b_i、b_{ii} 和 b_{ij} 为待确定的未知系数；k 为公式中随机变量分布信息的个数。这些系数需要根据响应面的基本概念进行多重确定性分析来评估。

在满足响应面概念的前提下，需要确定选取采样点的中心点位置，以及可用于选取采样点的试验方案。由于一阶可靠度分析是生成显著修改响应面的一个组成部分，所以本研究团队决定从所有随机变量分布信息的平均值开始迭代，给出中心点的初始位置，并将它们转换为标准的常规变量空间。经过几次迭代，中心点的位置预计收敛到最可能的故障点。大多数工程应用的采样方案是饱和设计(SD)和中心复合设计(CCD)[15]。饱和设计的精度较低，但效率更高，因为它只需要与定义显著修改响应面的未知系数总数相同的采样点。无交叉项的饱和设计由一个中心点和 $2k$ 个轴向点组成。因此，可以使用 $2k+1$ 个有限元分析生成二阶响应面。交叉项饱和设计由一个中心点、$2k$ 个轴向点和 $k(k-1)/2$ 个边缘点[18]组成，需要 $(k+1)(k+2)/2$ 个有限元分析。中心复合设计[19]由一个中心点、距离中心点 $h = \sqrt[4]{2^k}$ 处每个随机变量的分布信息轴线上两个轴向点和 $2k$ 阶乘设计点组成。这将需要总共 $2^k + 2k + 1$ 个有限元分析产生一个二阶显著修改响应面。中心复合设计精度更高，但效率低；它需要交叉项的二阶多项式，通过回归分析得到需要多个采样点的函数。

上述讨论清楚地表明，本文提出的程序本质上是迭代的。考虑到准确性和效率，团队决定在中间迭代中使用饱和设计，在最终迭代中使用中心复合设计。此时，重要的是考虑生成显著修改响应面所需的确定性有限元分析(DFEA)数量。使用无交叉项的饱和设计和有交叉项的中心复合设计生成显著修改响应面分别需要 $2k+1$ 个和 $2^k + 2k + 1$ 个确定性有限元分析，其中 k 为公式中随机变量分布信息的总数。对于相对较小的 k 值，比如 $k=5$，它将分别需要 11 个和 43 个确定性有限元分析。但是，如果 $k=50$，则分别需要 101 和 1.126×10^{15} 个确定性有限元分析。这一讨论清楚地表明，中心复合设计虽然具有许多优点，但其基本形式不能用于大型结构系统的可靠性分析。

本次讨论也分析了 k 在该算法中的重要作用及其实现潜力。结果表明，需要尽早减少公式中随机变量分布信息的总数。众所周知，不确定性从参数到系统级的传播并不等于公式中所有随机变量的分布信息。Haldar 和 Mahadevan(2000a) 建议，关于敏感性指数的信息很容易从表单分析中获得，并可以用于缩减 k 值。灵敏度指标相对较小的随机变量分布信息，在不显著牺牲算法精度的前提下，在各自均值下都可以被认为是确定性的。将减少的随机变量分布信息数量表示为 k_R，在目前开发的所有方程中，随机变量分布信息总数将从 k 减少到 k_R，中心复合设计的实现可能性随着这一减少而显著提高。根据处理随机有限元法的经验[8,20-23]，作者认为生成显著修改响应面的计算效率将显著提高，但仍然需要数千个有限元分析，需要计算机连续运行数月。这不能满足主要目标，因此必须进行更多的改进。

迭代过程采用中心复合设计，它由一个中心点、$2k_R$ 个轴向点和 2^{k_R} 个阶乘点组成。为了进一步提高效率，仅对最显著的随机变量分布信息按灵敏度指标的顺序考虑交叉项和必要的采样点，直到可靠性指标收敛到预定的容差水平为止。这可能导致回归分析因缺乏数据而表现不佳。为了防止病态，在多项式表达式中只考虑 m 个最重要变量的交叉项。在此基础上,确定性有限元分析需要使用上文提出的方法提取可靠性信息,经过统计分别需要 $2^{k_R} + 2k_R + 1$ 个和 $2^m + 2k_R + 1$ 个。

5 移动最小二乘法和 Kriging 法

在此阶段,利用时域动态加载进行非线性有限元分析,将得到数百个响应数据。为了在最后迭代中使用中心复合设计生成显著修改响应面,需要通过它们拟合一个多项式。为此,研究小组研究了移动最小二乘法和 Kriging 法。

回归分析一般采用最小二乘法(LSM)。最小二乘法本质上是一种全局逼近技术,其中所有采样点都被赋予了相同的权重因子。研究小组认为,随着采样点和显著修改响应面之间距离的增加,权重因素应该会产生衰减,结合这个概念我们可以得到移动最小二乘法。在移动最小二乘法中,对于不同的采样点,我们采用不同权重因子的广义最小二乘技术生成显著修改的响应面[24-29]。

移动最小二乘法是一个显著的改进,然而因为它是基于回归分析的,所以生成的显著修改响应面是平均意义上的,而这一缺点需要进一步改进。该团队使用代理元模型(如 Kriging)来生成适当的显著修改响应面,它将通过所有样本点。Kriging 预测技术本质上是显著修改响应面的最佳线性无偏预测逼近方法,其梯度可用于提取未观测点的信息。Kriging 对本研究的重要意义在于它提供了空间相关数据的信息。文献[30][31]报道了几种 Kriging 模型。研究小组决定使用通用 Kriging 法,因为它能够将外部漂移函数作为补充变量[32]。下面对其进行简要讨论。

$\hat{g}(X)$ 代表一个显著修改的响应面,这个概念可以表示为

$$\hat{g}(X) = \sum_{i=1}^{r} \omega_i Z(X_i) \tag{8}$$

式中,$\omega_i \in R(i = 1, 2, \cdots, r)$ 为观测向量 $\mathbf{Z} \equiv [Z(X_i), i = 1, 2, \cdots, r]$ 的权重,通过 r 维确定性有限元分析来评估。观测向量 $\mathbf{Z}$ 包含系统在试验采样点的响应。

假设高斯过程 $Z(X)$ 为非平稳确定性漂移函数 $u(X)$ 与残差随机函数 $Y(X)$ 的线性组合,则其数学表达式为[33,34]

$$Z(X) = u(X) + Y(X) \tag{9}$$

式中,$u(X)$ 为一个带交叉项的二阶多项式;$Y(X)$ 本质上是一个零均值、带有底层 γ_Y 方差图功能的固定函数。这种关系可用变差函数来表示。假设两个样本点的响应之差只取决于它们的相对位置,这样就可以生成方差函数。利用变差图云中相同距离的差异,可以生成试验变差图。不同函数可以表示为

$$\gamma^*(l_i) = \frac{1}{2} [Z(x_i + l_i) - Z(x_i)]^2 \tag{10}$$

式中,$\gamma^*(l_i)$ 是第 i 个随机变量分布信息的不同函数间隔距离;x_i 代表样本点的坐标在第 i 个随机变量分布信息的轴。由于不同函数对于 l_i 是对称的,因此只考虑 l_i 的绝对值。变差云图是不同函数作为 l_i 函数的图形表示。试验方差图可以看作相同距离 l_i 在不同之处的平均值。相关文献描述了几种参数变差函数,包括熔核效应、指数、球面和有界线性模型。一般采用最小二乘法和加权最小二乘法对模型进行方差拟合。稳定各向异性变差模型族可以表示为[31]

$$\gamma_Y(\boldsymbol{l}) = b\left\{1 - \exp\left[\sum_{i=1}^{k} -\frac{|l_i|^q}{a_i}\right]\right\}, 0 < q < 2 \tag{11}$$

式中,$\boldsymbol{l}$ 为 l_i 分量的向量;a_i 和 b 为待确定的未知系数;k 为随机变量分布信息的数量。这些模型渐近于 b,通常称为基参数。参数 a_i 称为参数范围,代表 i 正交方向范围的变差函数 $\gamma_Y(\boldsymbol{l})$ 几乎超过限值的95%。由于式(11)中 $q = 2$ 是不现实的,所以在本研究中没有考虑。所有模型均生成方差图,选取确定系数最高的模型[4],利用式(8)生成显著修改响应面。

在式(8)中估算权重因子 ω_i 时,统一的无偏性可以确保满足通用性条件[34]

$$\sum_{i=1}^{r} \omega_i f_p(X_i) = f_p(X_0), p = 0,1,\cdots,P \tag{12}$$

式中,$f_p(X_i)$ 为具有交叉项的二阶多项式的普通回归函数;X_i 为第 i 个采样点坐标;X_0 为需要预测结构响应的未采样点坐标。对于每个回归变量 X_i,收集 r 组数据,每组数据由 P 个观测值[4]组成。利用拉格朗日乘子和最优性准则,使预测误差方差最小,从而得到权重因子

$$\begin{pmatrix} \omega \\ \lambda \end{pmatrix} = \begin{pmatrix} \Gamma_Y & \boldsymbol{F} \\ \boldsymbol{F}^T & 0 \end{pmatrix}^{-1} \begin{pmatrix} \gamma_{Y,0} \\ f_0 \end{pmatrix} \tag{13}$$

假设 $\boldsymbol{F}$ 是一个全列秩矩阵,即所有列向量都是线性无关的,Wackernagel[31] 表明式(13)可以得出唯一解。为提高计算效率,避免反向求解式(13),可推导出未知权值的闭式解为

$$\omega = \Gamma_Y^{-1}[\gamma_{Y,0} - \boldsymbol{F}(\boldsymbol{F}^T \Gamma_Y^{-1} \boldsymbol{F})^{-1}(\boldsymbol{F}^T \Gamma_Y^{-1} \gamma_{Y,0} - f_0)] \tag{14}$$

将式(14)代入式(8),可以得到[35]

$$\hat{g}(X) = [\gamma_{Y,0} - \boldsymbol{F}(\boldsymbol{F}^T \Gamma_Y^{-1} \boldsymbol{F})^{-1}(\boldsymbol{F}^T \Gamma_y^{-1} \gamma_{Y,0} - f_0)]^T \Gamma_Y^{-1} \boldsymbol{Z} \tag{15}$$

由式(15)得到所需极限状态函数的显式表达式,可以使用一阶可靠度算法[4]估计底层的可靠性。为了简单起见,这里不讨论实现一阶可靠度的步骤。其程序将在下文中记作 Kriging 方法,而使用 Kriging 方法生成的显著修改响应面应该是准确的。

6 改进的 Kriging 方法

如果随机变量分布信息的数量很大,那么使用中心复合法生成 Kriging 方法的显著修改响应面可能是不可行的。在这种情况下,我们可以遵循以下策略:在最后的迭代中,只需要考虑最显著的随机变量分布信息的交叉项和必要的采样点,按其灵敏度指标的顺序进行分析,直到可靠性指标收敛到预定的容差水平。Azizsoltani 和 Haldar 对此进行了更详细的讨论[13,14]。修改后的 Kriging 方法记作改进的 Kriging 方法。在使用改进的 Kriging 方法估计可靠性时,其精度将有较大的提高。

7 通过典型案例进行验证

任何新的可靠性评估程序都需要经过验证才能被接受。为了验证这一观点,作者使用了一个有良好文档记录的案例和用于验证的50万次蒙特卡罗仿真(MCS)进行分析。本研究以位于圣费尔南多谷南部的一座13层钢框架建筑为例。这座建筑在1994年的北岭地震中遭受了严重的破坏,破坏情况如图1所示[36]。

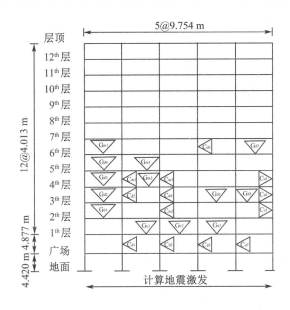

图 1 1994 年北岭地震对钢结构房屋的破坏情况

材料性能 E 和 F_y 的平均值分别为 1.999×10^8 kN/m^2 和 3.261×10^5 kN/m^2。据报道，地震发生时典型楼层和屋顶的重力荷载平均值分别为 40.454 kN/m 和 30.647 kN/m。

框架在地震中遭受了不同程度的破坏。如图 1 所示，7 根梁（$G_{d1} \sim G_{d7}$）和 7 根柱（$C_{d1} \sim C_{d7}$）遭受的破坏最为严重（严重破坏）。在这些构件附近，三根梁（$G_{m1} \sim G_{m3}$）和三根柱（$C_{m1} \sim C_{m3}$）被中度破坏。三根完全未损坏的柱子（$C_{u1} \sim C_{u3}$）和三根严重损坏的柱子附近没有任何损坏迹象的梁（$G_{u1} \sim G_{u3}$）可以用来检查拟定程序的能力。该研究在建筑物附近进行了大量的地震时间记录。根据 Canoga Park 车站北岭地震的时间历程，对 13 层钢框架进行 20 s 的外力作用，图 2 中所示是离建筑最近的车站，其表现出类似的土壤特征。

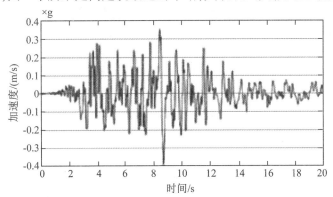

图 2 在 Canoga Park 车站测得的北岭地震时间历程

对于可用性极限状态，需要 72 个随机变量分布信息来表示框架。对于柱和梁的强度极限状态，分别需要 157 和 101 个随机变量分布信息。通过进行灵敏度分析，研究人员发现其中 7 种状态对材料的使用性能和强度极限状态最敏感。随后，研究人员将识别出的梁和柱作为梁柱单元考虑其强度的可靠性。为了研究使用性能要求，考虑允许的层间偏移不超过各自高度的 0.7%。根据 ASCE/SEI 7 - 10[37] 标准，允许值增加了 125%。

采用改进的 Kriging 法对柱、梁的失效概率进行估计,计算结果见表1。此外,一层与广场之间、七层与六层之间的失效概率估算见表2。为了确定其准确性,我们用一台计算机连续运行约 1 461 h,并利用经典蒙特卡罗仿真进行了 50 万次循环,结果也显示在相应的表格中。

表1 柱、梁强度可靠度(以 13 层钢框架建筑为例)

改进的 Kriging 法(MKM)							
	柱				梁		
要素		P_f	DFEA	MCS	要素	P_f	DFEA	MCS
严重受损元件	C_{d1}	$1.405\ 9 \times 10^{-1}$	349	$1.409\ 2 \times 10^{-1}$	G_{d1}	0.587 6	237	0.588 1
	C_{d2}	$3.327\ 2 \times 10^{-2}$	364	$3.378\ 0 \times 10^{-2}$	G_{d2}	0.515 5	222	0.516 7
	C_{d3}	$9.107\ 8 \times 10^{-2}$	349	$9.210\ 2 \times 10^{-2}$	G_{d3}	0.194 7	237	0.195 1
	C_{d4}	$3.179\ 0 \times 10^{-2}$	364	$3.196\ 8 \times 10^{-2}$	G_{d4}	0.129 1	237	0.129 5
	C_{d5}	$9.063\ 0 \times 10^{-2}$	349	$8.991\ 8 \times 10^{-2}$	G_{d5}	0.803 8	237	0.789 1
	C_{d6}	$4.130\ 9 \times 10^{-2}$	424	$4.213\ 4 \times 10^{-2}$	G_{d6}	0.620 0	237	0.608 1
	C_{d7}	$1.568\ 1 \times 10^{-1}$	349	$1.571\ 0 \times 10^{-1}$	G_{d7}	0.141 5	237	0.141 9
中度受损元件	C_{m1}	$4.277\ 9 \times 10^{-3}$	379	$4.338\ 0 \times 10^{-3}$	G_{m1}	$5.980\ 2 \times 10^{-2}$	282	$6.137\ 7 \times 10^{-2}$
	C_{m2}	$4.667\ 8 \times 10^{-2}$	364	$4.820\ 0 \times 10^{-2}$	G_{m2}	$7.053\ 5 \times 10^{-2}$	237	$7.086\ 4 \times 10^{-2}$
	C_{m3}	$6.422\ 7 \times 10^{-3}$	364	$6.480\ 0 \times 10^{-3}$	G_{m3}	$7.031\ 5 \times 10^{-2}$	237	$7.060\ 4 \times 10^{-2}$
无损伤元件	C_{u1}	$1.479\ 5 \times 10^{-4}$	379	$1.640\ 0 \times 10^{-4}$	G_{u1}	$2.934\ 3 \times 10^{-2}$	376	$2.870\ 6 \times 10^{-2}$
	C_{u2}	$2.644\ 1 \times 10^{-4}$	452	$2.900\ 0 \times 10^{-4}$	G_{u2}	$2.778\ 8 \times 10^{-2}$	391	$2.848\ 3 \times 10^{-2}$
	C_{u3}	$1.713\ 6 \times 10^{-5}$	394	$2.000\ 0 \times 10^{-5}$	G_{u3}	$2.940\ 4 \times 10^{-2}$	376	$2.989\ 1 \times 10^{-2}$

表2 层间位移可靠性(以 13 层钢框架建筑为例)

改进的 Kriging 法(MKM)			
楼层	P_f	DFEA	MCS
广场至一层	0.297 1	179	0.297 5
六层至七层	0.527 2	183	0.528 5

表1 和表2 的结果表明,失效概率值与蒙特卡罗仿真得到的数值非常相似,表明它们是准确的。评估的失效概率与损伤程度(严重、中等和无损伤)明显相关。研究结果令人鼓舞,并证明失效概率估计值与不同的损伤状态具有相关性。研究结果还证明了该算法对严重、中等、无损伤状态下失效概率评估的鲁棒性。对于严重、中度受损的柱和梁,其失效概率不在可接受的范围内。广场与一层之间、六层与七层之间的层间位移失效概率明显不能满足层间位移的要求。我们可以假设框架是通过满足所有圣费尔南多谷南部的设计标准来设计的。本文明确了其中的不足之处,并论证了北岭地震后改进设计准则的必要性。可

以看出,所有梁的失效概率都比柱高得多。它反映了在设计这些框架时采用了"强柱弱梁"的概念。然而,损坏梁的高失效概率是不可接受的,这表明了基础设计的不足。表2总结了适用于最小二乘法的失效概率,可以明显地看出它们非常高,不能满足可靠性要求。

实例研究表明,该方法大大提高了包括地震荷载在内的动力荷载作用下大型结构体系可靠度评估的水平。作者认为,他们通过有限元表示结构,明确考虑非线性和不确定性的主要来源,并在时域应用动态载荷,发展了新的可靠性评估概念。预期这些特性将满足确定论分析。

8 结论

本文利用先进的计算方法和数学平台提出并验证了一个新的概念;为了使显式生成必要的隐式性能函数,提出了一种改进的 SMRM 概念,Kriging 法是其主要的组成部分;为了保证精度并验证程序,通过使用 50 万次蒙特卡罗仿真比较了强度和使用极限的故障概率。本文提出的程序确定了结构构件的损伤状态;采用"强柱弱梁"的概念有利于动力(地震)设计。该研究极大地提高了动态荷载(包括地震荷载)作用下的大型结构体系可靠性评估的水平。该研究提出的大型复杂结构多重确定性动力响应分析概念基本是合理的和可实现的。作者认为,他们提出的替代随机振动方法和蒙特卡罗仿真已经能够满足需求。

致谢

作者要感谢所有团队成员,感谢他们长期以来对 RSH 整体研究概念的发展给予的帮助。感谢 Bilal M. Ayyub 教授、Sankaran Mahadevan 教授、Hari B. Kanegaonkar 博士、Duan Wang 博士、Yiguang Zhou 博士、Liwei Gao 博士、Zhengwei Zhao 博士、Alfredo Reyes Salazar 教授、Peter H. Vo 博士、Xiaolin Ling 博士、Hasan N. Katkhuda 教授、Rene Martinez-Flores 博士、Ajoy K. Das 博士、Abdullah Al-Hussein 教授、Ali Mehrabian 教授、Seung Yeol Lee 博士、J. Ramon Gaxiola-Camacho 教授、Hamoon Azizsoltani 博士及许多学生的帮助,在这里不一一列出。

本团队获得了许多资金支持,包括美国国家科学基金会、美国钢铁建设研究所、美国陆军工程兵团、伊利诺斯州理工学院、乔治亚理工学院、亚利桑那大学及许多工业来源的资助。最近,作者的部分研究成果由美国国家科学基金会资助出版(CMMI – 1403844)。本文所表达的所有观点、发现或建议都是作者的观点,并不一定反映资助者的观点。

参考文献

[1] FREUDENTHAL A M. Safety and the probability of structural failure[J]. American Society of Civil Engineers Transsactions,1956(121):1337 – 1397.

[2] American Society of Civil Engineers (ASCE). ASCE/SEI 7 – 10:Minimum design loads for buildings and other structures[R]. Reston:VA:ASCE Standard,2010.

[3] ANG H S,TANG W H. Probability concepts in engineering and design[M]. New York:Wiley,1984.

[4] HALDAR A,MAHADEVAN S. Probability, reliability, and statistical methods in engineering design[M]. New York:Wiley,2000.

[5] HALDAR A,MAHADEVAN S. Reliability assessment using stochastic finite element

analysis[M]. New York：Wiley，2000.

[6] HALDAR A，FARAG R，HUH J. A novel concept for the reliability evaluation of large systems[J]. Advances in Structural Engineering，2012，15(11)：1879 – 1892.

[7] FARAG R，HALDAR A. A novel concept for reliability evaluation using multiple deterministic analyses[J]. INAE Letters，2016(1)：85 – 97.

[8] FARAG R，HALDAR A，EL – MELIGY M. Reliability analysis of piles in multilayer soil in mooring dolphin structures[J]. Journal of Offshore Mechanics and Arctic Engineering，2016，138(5)：1 – 10.

[9] GAXIOLA – CAMACHO J R，HALDAR A，REYES – SALAZAR A，et al. Alternative reliability – based methodology for evaluation of structures excited by earthquakes[J]. Earthquakes and Structures，2018，14(4)：361 – 377.

[10] GAXIOLA – CAMACHO J R，AZIZSOLTANI H，VILLEGAS – MERCADO F J，et al. A novel reliability technique for implementation of performance – based seismic design of structures[J]. Engineering Structures，2017(142)：137 – 147.

[11] GAXIOLA – CAMACHO J R，HALDAR A，AZIZSOLTANI H，et al. Performance – based seismic design of steel buildings using rigidities of connections[J]. Civil Engineering，2017，4(1)：1 – 14.

[12] AZIZSOLTANI H，GAXIOLA – CAMACHO J R，HALDAR A. Site – specific seismic design of damage tolerant structural systems using a novel concept[J]. Bulletin of Earthquake Engineering，2018(16)：3819 – 3843.

[13] AZIZSOLTANI H，HALDAR A. Reliability analysis of lead – free solders in electronic packaging using a novel surrogate model and Kriging concept[J]. Journal of Electronic Packaging，2018，140(4)：1 – 11.

[14] AZIZSOLTANI H，HALDAR A. Intelligent computational schemes for designing more seismic damage – tolerant structures[J]. Journal of Earthquake Engineering，2018：1 – 28.

[15] KHURI A I，CORNELL J A. Response surfaces：Designs and analyses[J]. CRC press，1996(152)：1 – 12.

[16] BICHON B J，ELDRED M S，SWILER L P，et al. Efficient global reliability analysis for nonlinear implicit performance functions[J]. AIAA Journal，2008，46(10)：2459 – 2468.

[17] GAVIN H P，YAU S C. High – order limit state functions in the response surface method for structural reliability analysis[J]. Structural Safety，2008，30(2)：162 – 179.

[18] LUCAS J M. Optimum composite designs[J]. Technometrics，1974，16(4)：561 – 567.

[19] BOX G E，WILSON K. On the experimental attainment of optimum conditions[J]. Journal of the Royal Statistical Society Series B(Methodological)，1951，13(1)：1 – 45.

[20] HUH J，HALDAR A. Stochastic finite – element – based seismic risk of nonlinear structures[J]. Journal of Structural Engineering，ASCE，2001，127(3)：323 – 329.

[21] HUH J，HALDAR A. Seismic reliability of non – linear frames with PR connections using systematic RSM[J]. Probabilistic Engineering Mechanics，2002，17(2)：177 – 190.

[22] LEE S Y，HALDAR A. Reliability of frame and shear wall structural systems. II：

Dynamic loading[J]. Journal of Structural Engineering, ASCE, 2003, 129(2):233 – 240. ·

[23] HUH J, HALDAR A. A novel risk assessment for complex structural systems[J]. IEEE Transactions on Reliability, 2011, 60(1):210 – 218.

[24] KIM C, WANG S, CHOI K K. Efficient response surface modeling by using moving least squares method and sensitivity[J]. AIAA journal, 2005, 43(11):2404 – 2411.

[25] KANG S C, KOH H M, CHOO J F. An efficient response surface method using moving least squares approximation for structural reliability analysis[J]. Probabilistic Engineering Mechanics, 2010, 25(4):365 – 371.

[26] BHATTACHARJYA S, CHAKRABORTY S. Robust optimization of structures subjected to stochastic earthquake with limited information on system parameter uncertainty[J]. Engineering Optimization, 2011, 43(12):1311 – 1330.

[27] TAFLANIDIS A A, CHEUNG S H. Stochastic sampling using moving least squares response surface approximations[J]. Probabilistic Engineering Mechanics, 2012(28):216 – 224.

[28] LI J, WANG H, KIM N H. Doubly weightedmoving least squares and its application to structural reliability analysis [J]. Structural and Multidisciplinary Optimization, 2012, 46 (1):69 – 82.

[29] CHAKRABORTY S, SEN A. Adaptive response surface based efficient finite element model updating[J]. Finite Elements in Analysis and Design, 2014(80):33 – 40.

[30] KRIGE D. A statistical approach to some basic mine valuation problems on the Witwatersrand[J]. Journal of Chemical, Metallurgical, and Mining Society of South Africa, 1951, 52(6):119 – 139.

[31] WACKERNAGEL H. Multivariate geostatistics, an introduction with application[M]. 3rd ed. New York: Springer Science & Business Media, 2003.

[32] HENGL T. A practical guide to geostatistical mapping of environmental variables [M]. 2nd ed. Italy: Joint Research Centre, 2007.

[33] WEBSTER R, OLIVER M A. Geostatistics for environmental scientists[M]. 2nd ed. New York: Wiley, 2007.

[34] CRESSIE N. Statistics for spatial data[M]. New York: Wiley, 2015.

[35] LICHTENSTERN A. Kriging methods in spatial statistics [D]. Munich: Technical University of Munich, 2013.

[36] UANG C M, YU Q S, SADRE A, et al. Performance of a 13 – story steel moment – resisting frame damaged in the 1994 Northridge earthquake[R]. Technical Report SAC 95 – 04, SAC Joint Venture, 1995.

[37] American Society of Civil Engineers(ASCE). ASCE/SEI 7 – 10: Minimum design loads for buildings and other structures[R]. Reston: ASCE Standard, 2010.

失效概率的不确定性量化和基础设施老化的动态风险分析及维修决策

Jeffrey T. Fong,James J. Filliben,N. Alan Heckert,

Dennis D. Leber,Paul A. Berkman,Robert E. Chapman

摘要 风险是失效概率和失效导致的后果,这两个因素的综合考量已经被工程师和工作人员应用,并帮助他们做出关于老化电站的维护、新设施建设的规划这两个方面的相关决策。对老化的电站而言,故障发生概率比故障导致的后果更加难以估计。这是因为在服役多年之后,电厂复杂系统下硬件和软件中相关时变数据在不同程度上存在缺失。对于尚未建成的基础设施,还有一个不同的观点,即很难估计未来负荷和资源可用性的时变性。因此,使用时变失效概率及不确定性估计后果的动态风险分析方法,将是进行老化设施管理和新设施规划的合适方法。在本文中,我们首先通过一个钢管的多尺度疲劳数值模型实例来介绍时变失效概率的概念;随后对一个具有40年历史的核电站冷却管道系统进行检测策略的分析和应用,对决策的动态风险概念进行说明;最后对多尺度疲劳寿命模型及风险分析方法的意义与局限性进行了说明和讨论。

关键词 老化结构;覆盖;动态风险分析;工程决策;失效概率;疲劳;监测策略;维护工程;预测局限;可靠性;风险分析;静态分析;容许极限;不确定性量化

1 绪论

一个复杂工程结构(如大跨度悬索桥)的失效,或简单部件(如飞机窗户)的失效,都具有一个共同的特征,即一个或多个微观不连续点,如空洞、微裂纹等现象的发生和扩展。

为了说明这种被称为"疲劳"的常见失效形式的根源,我们在图 1 中展示了 Kitagawa 和 Suzuki 记录的钢腐蚀疲劳试样在寿命的三个阶段(48%、60%、100%)中微裂纹分布随裂纹长度的变化。在图 2 中,根据 Fong 等的报告,我们展示了在折叠疲劳试验中,80 000 挠度左右的纸币样本中纤维长度分布的统计表示。在图 3 中,我们展示了一系列由 Nisitani 等在微观尺度(第 1 级)下观察到的图片,以及一系列经受周期性压力测试的钢铁样本裂纹产生和生长的图像。此外,图 3 体现了结构疲劳试验中三个部分的基本模型。

第 1 部分:1 级微观数据集为 2 级试件的疲劳机理提供了科学依据,并进行了统计表示和分析。

第 2 部分:从 n 个样本采集到的 2 级试件疲劳破坏数据集,为无限个 2 级样本的疲劳寿命不确定性预测提供了统计依据。

第 3 部分:从 n 个样本示例中采集的一组 2 级疲劳失效数据集提供了预测的统计基础,同一材料的无限多个全尺寸结构或部件在 3 级试件上的疲劳寿命不确定度由"容许度"估计。

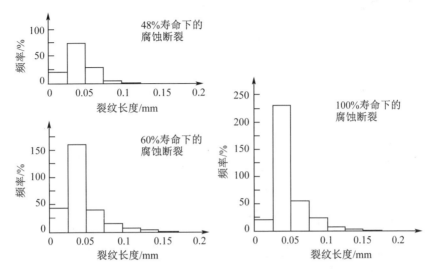

图 1　HT50 高抗拉强度钢在循环应力 12 ±12 kg/mm² 下选定疲劳阶段的微裂纹长度直方图

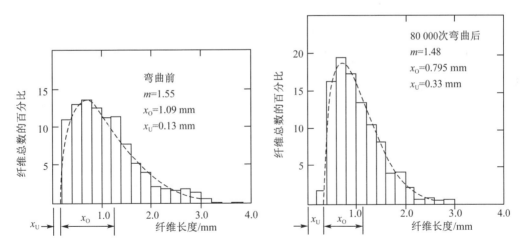

图 2　高档碎布纸弯曲前后纤维长度的频率分布[2]

模型的 2、3 部分为工程人员提供了基于有限个 2 级样本的疲劳测试数据,可以为 3 级全尺寸结构或者部件的疲劳寿命不确定性预测提供新方法。

通过将 3 级疲劳失效作为全尺寸结构疲劳失效的标准,我们可以推导出一个时变的 3 级疲劳失效概率模型,该模型可以作为相关分析的新方法和基础。

在第 2 部分中,我们提出分别计算 2 级和 3 级疲劳寿命"预测极限"与"容忍极限"的概念及方法。在第 3 部分中,我们提出了一个五步法的多尺度疲劳寿命模型。在第 4 部分中,

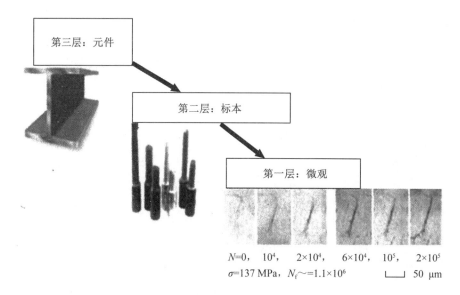

$N=0$, 10^4, 2×10^4, 6×10^4, 10^5, 2×10^5

$\sigma=137$ MPa, $N_f\sim=1.1\times10^6$ |___| 50 μm

图3　典型疲劳试验信息的多尺度表示

我们给出了一个多尺度疲劳寿命模型的数值算例,通过应用前三个步骤来估计第2级疲劳寿命(样本),并通过"预测极限"来估计其不确定性。在第5部分中,我们使用第4部分给出的数值例子,得到了疲劳寿命在第3级(组件)上的估计值,其不确定度由0.750~0.999覆盖范围的"公差极限"估计。在第6部分中,我们引入物理假设,即疲劳寿命在非常低的失效概率下不为负,当失效概率接近零时,疲劳寿命必须接近零。该假设的结果使我们能够用3个参数的非线性最小二乘模型来拟合第5部分的非负寿命结果,从而根据第2级疲劳试验数据获得第3级全尺寸组件的安全概率与失效时间曲线。在第7部分中,我们将新的时变失效概率结果应用于风险决策,从而支持关键结构或组件的维护。在第8部分中,我们介绍了多尺度疲劳寿命模型,以及风险分析方法的意义和局限性。一些结论则放在第9部分中。

2　多尺度疲劳模型的统计分析方法

我们首先介绍统计中"预测区间"的概念,该概念在疲劳模型的第二部分中使用,通过"预测极限"来估计二级不确定度。

让我们考虑一个二级疲劳破坏循环,其预测在95%的置信区间内,用符号 α 来表示,其定义是95% $= (1-\alpha)\times100\%$ 或者 $\alpha=0.05$。正如 Nelson 等所展示的[5],当正态分布的真实平均值 μ 和标准差 σ 未知时,所谓的 $(1-\alpha)\times100\%$ 预测区间由以下表达式给出:

$$\bar{y}\pm t(\alpha/2;n-1)s\sqrt{1+\frac{1}{n}} \qquad (1)$$

式中, $\bar{y}$ 为平均值的测量值; s 为标准差的测量值; n 为样本数量; t 为分布函数,其数量与置信水平 $(1-\alpha)\times100\%$ 有关。对于处理二级样本试验数据的工程师来说,公式(1)中给出的估计预测区间只在二级范围内有效,而在更高的范围内即全尺寸分量的范围内无效。简而言之,预测区间只对单一尺度模型有效。

要将二级估计值推断为更高的估计值,我们需要引入一个新概念,即"覆盖率"(coverage)p,p被定义为一个新统计区间所覆盖的比例,该统计区间被称为"容差区间"(tolerance interval)[5]。容差区间的上下限分别称为上公差限(UTL)和下公差限(LTL)。无论是寻找允许最低强度的材料结构设计还是最短疲劳破坏循环周期,工程师们最感兴趣的是一个给定的覆盖率p和置信水平$(1-\alpha) \times 100\%$下的下公差限。

选择单侧下公差限的原因是置信水平的统计量γ或者$(1-\alpha)$通常与工程可靠性相关。因此,这是一个最小结构强度或者考虑疲劳寿命设计中最低疲劳破坏循环周期下最小Nf假设的安全概念。

正态分布的单侧或双侧容差区间理论在统计学文献中得到了完善(如参考文献[5][6][7])。例如,正像 Nelson 等总结的,Nf_3即容差区间的疲劳寿命为在三级无限大尺寸组件下的正态分布,可以用测试样本的平均失效周期来表示,即为$\bar{y}$或者Nf_2,以及来源于n个二级样本试验数据下公差限样本标准差s或者$sdNf_2$,即

$$Nf_3 = \bar{y} \pm rus \qquad (2)$$

式中,$\bar{y} = Nf_2$;$s = sdNf_2$;另一个参数$r(n,p)$取决于样本容量n及覆盖率p;因素$u(df,\gamma)$取决于自由度df,由$n-1$定义,置信水平γ由$1-\alpha$定义。

正如 Natrella[7] 和 Nelson[5] 等的论述,在正态分布中,对于r、u两个参数,可以利用表格形式计算n、p、γ。不过,Nelson 等[5] 仅给出了双侧下公差限的表格,而 Natrella[7] 对双侧和单侧下公差限都给出了表格。正如之前提到的,对工程应用来说,我们更加感兴趣的是单侧下公差限。因此在本文中,我们仅使用 Natrella[7] 给出的表格去建立多尺度疲劳模型,其中在全尺寸部件级别(三级)上,疲劳寿命Nf_3的不确定性是利用式(2)的单侧下公差限公式量化的,并使用了平均疲劳寿命Nf_2和它的标准差$sdNf_2$。

3 建立多尺度疲劳模型的5个步骤

利用"预测区间"和"容差区间"的统计工具,我们分五个步骤建立一个多尺度疲劳模型。

1. 第二级寿命与压力模型:根据疲劳寿命公式,在试件水平(二级)上确定并采用疲劳模型。

2. 收集第二级试验数据:进行疲劳试验并获得失效周期Nf_2。它是外加应力振幅σ_a的函数,当没有可用的试验数据时,用步骤1中确定的方程以及二级试样试验数据或者资料确定的相关参数来计算Nf_2。

3. 在操作压力$(\sigma_a)_{op}$下量化二级寿命的不确定性:使用线性最小二乘匹配算法获取Nf_2与$(\sigma_a)_{op}$重对数坐标图,并在一些操作压力振幅$(\sigma_a)_{op}$下获取预测疲劳寿命的估计$(Nf_2)_{op}$及其标准偏差$(sdNf_2)_{op}$。

4. 在操作压力$(\sigma_a)_{op}$下量化三级寿命的不确定性:应用容差区间工具以及 Natrella[7] 的单侧容许公差下限表格来计算全尺寸部件在操作压力$(\sigma_a)_{op}$下的最小疲劳寿命$(minNf_3)_{op}$,其为样本容量n、置信水平γ及覆盖"失效"$Fp = (1-p)$的函数。

5. 在操作压力$(\sigma_a)_{op}$下的最小三级寿命以及最低的覆盖率失效:采用非线性最小二乘拟合算法和相关物理假设,即疲劳寿命单侧容许公差下限(LTL)为95%置信水平,我们估

计最小的失效周期（$\min Nf_3$）即覆盖率极低的覆盖率"失效"Fp 在 $10^{-7} \sim 10^{-3}$。

4　数值算例——建立钢管疲劳模型的 1～3 步

对于第 1 步，我们选择使用 Dowling[8] 描述的简单模型。如式（3）所示，恒幅疲劳断裂失效周期的数量 Nf 和外加应力振幅 σ_a 存在幂律关系：

$$\sigma_a = A \, (Nf)^B \text{ 或 } Nf = (\sigma_a/A)^{1/B} \tag{3}$$

式中，A 和 B 是两个材料属性的经验参数，可用线性最小二乘法通过一组对数 Nf、σ_a 粗略估计，或者从材料特性手册或特定材料数据库中得到。

二级（试样）寿命公式在步骤 1 中确定后，通过疲劳试验获得失效周期 Nf_2。外加应力振幅 σ_a 的函数可根据步骤 1 中确定的公式，以及二级试样试验数据或参考资料确定的相关参数来计算。

在本文中，我们分析 AISI 4340 合金钢制造的核电站关键部件最小失效周期。其疲劳寿命公式为幂律关系，如公式（3）所示。该材料根据 Dowling[8,9] 的疲劳试验数据见表 1。

表 1　AISI 4340 合金钢的疲劳数据

压力振幅 σ_a/MPa	失效周期 Nf_2/Cycles
948	222
834	992
703	6 004
631	14 130
579	45 860
524	132 150

在步骤 3 中，我们使用标准线性最小二乘算法（见 Draperand Smith[10]）首先获得 Nf_2 与 σ_a 的重对数坐标图，如图 4 所示。然后对于一些操作压力振幅 $(\sigma_a)_{op}$ 估算疲劳寿命的预测值 $(Nf_2)_{op}$ 及其标准偏差 $(sdNf_2)_{op}$，如图 5 所示。我们假设在数值算例中，操作压力振幅 $(\sigma_a)_{op}$ 是 398 MPa，相应的对数值 $\lg[(\sigma_a)_{op}]$ 等于 2.60。解决线性最小二乘拟合不确定问题的完整计算机代码，是利用开源语言 DATAPLOT[11,12] 编写的，可根据要求提供。

5　数值算例——建立钢管疲劳模型的第 4 步（三级寿命）

在第 4 步中，我们应用容差区间工具及 Natrella[7] 的单侧容许公差下限表格来计算全尺寸部件在操作压力 $(\sigma_a)_{op}$ 下的最小疲劳寿命 $(\min Nf_3)_{op}$，其为样本容量 n、置信水平 γ 及覆盖率失效 $Fp = (1-p)$ 的函数。我们使用图 5 所示程序的计算结果见表 2。

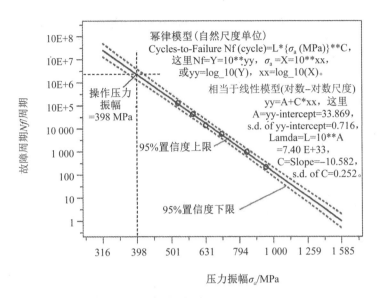

图4　6个疲劳试件数据的线性最小二乘拟合（根据 Dowling[8,9]）

```
--------------------------------------
       Y (log(Nf))      X (log(sigmaA))
--------------------------------------
       2.3464           2.9768
       2.9965           2.9212
       3.7784           2.8470
       4.1501           2.8000
       4.6421           2.7627
       5.1211           2.7193

* NOTE--
  SUBSET VARIABLE = X2
  SUBSET MINIMUM  = 0.2599997400E+01
  SUBSET MAXIMUM  = 0.2600002600E+01
  INPUT   NUMBER OF OBSERVATIONS  =        71
  NUMBER OF OBSERVATIONS IGNORED  =        70
  OUTPUT NUMBER OF OBSERVATIONS   =         1

--------------------------------------
       PRED2          SD2            X2
```

$$\log_{10}\{(Nf_2)_{op}\} = \quad 6.3560 \qquad 0.0844 \qquad 2.6000 \quad = \log_{10}\{(\sigma_a)_{op}\}$$

图5　在 DATAPLOT 中编写线性最小二乘拟合代码的屏幕输出（用于产生图4）

表2　单侧公差下限与$(1-p)$的关系$(p=0.750\sim0.999,n=6,\gamma=0.95)$

	置信水平 $\gamma = 0.95$				
覆盖率 p	0.750	0.900	0.950	0.990	0.999
覆盖"失效" $Fp = 1-p$	0.250	0.100	0.050	0.010	0.001
对 $n=6$					
由 Natrella K	1.895	3.006	3.707	5.062	6.612
由步骤3 $(Nf_2)_{op}$	$2.269\,86\times10^6$	$2.269\,86\times10^6$	$2.269\,86\times10^6$	$2.269\,86\times10^6$	$2.269\,86\times10^6$
由式(8)给出的特殊计算公式 $(sdNf_2)_{op}$	$0.441\,12\times10^6$	$0.441\,12\times10^6$	$0.441\,12\times10^6$	$0.441\,12\times10^6$	$0.441\,12\times10^6$
$K\times(sdNf_2)_{op}$	$0.835\,92\times10^6$	$1.326\,01\times10^6$	$1.635\,23\times10^6$	$2.232\,95\times10^6$	$2.916\,69\times10^6$
$(minNf_3)_{op} =$ one $-$ sided LTL $=$ $(Nf_2)_{op} - K\times(sdNf_2)_{op}$	$1.433\,93\times10^6$	$0.943\,85\times10^6$	$0.634\,63\times10^6$	$0.036\,91\times10^6$	$-0.646\,83\times10^6$

注:由 Nf_2 与 σ_a 的重对数坐标图得到标准差 $(Nf_2)_{op}$ 的测量值需要特别计算,其过程如下所示。

由图5我们得到了 $\lg[(Nf_2)_{op}] = 6.356\,0$ 和 $sd\{\lg[(Nf_2)_{op}]\} = 0.084\,4$。由误差传播统计理论[12],我们找到了标准偏差 $\ln(Nf)$、$sd[\ln(Nf)]$、$sd(Nf)$ 之间的封闭关系:$sd[\ln(Nf)] = [sd(Nf)]/Nf$。因为 $\ln(Nf) = \ln10\times\lg(Nf)$,则有 $\ln10\times sd[\lg(Nf)] = [sd(Nf)]/Nf$,$(sdNf_2)_{op} = \ln10\times sd[\lg(Nf_2)]\times Nf_2 = 2.302\,59\times0.084\,4\times2.269\,86\times10^6 = 0.441\,12\times10^6$。

6　建立钢管疲劳模型的第5步(覆盖率小失效下的寿命)

有趣的是,在步骤4中数量的估计 $(minNf_3)_{op}$ 在覆盖率失效时(比如 $Fp = 0.001$),结果是负的,这在物理上没有意义,因为工程产品的疲劳寿命不能是负的。在第5步中,我们首先忽略低 Fp(比如0.01和0.001)下 $(minNf_3)_{op}$ 的测量值,然后在一个合理的 Fp 范围(即在0.25和0.05之间)重新计算 $(minNf_3)_{op}$ 以获得表2的修正结果,见表3。

然后,我们使用非线性最小二乘算法和3参数逻辑函数[14,15]来拟合表3中 $(minNf_3)_{op}$ 与 Fp 的5个数据点,并假设在疲劳寿命的95%置信水平下,即当覆盖范围的缺失(Fp,定义为 $1-p$)接近于0时,全尺寸组件的最小周期失效 $(minNf_3)_{op}$ 接近于0。这种非线性拟合允许我们在覆盖率失效 Fp 极低时(即在 10^{-3} 和 10^{-7} 之间)估计 $(minNf_3)_{op}$。其结果如图6所示,这样我们就完成了对全尺寸构件或结构的5步多尺度疲劳寿命建模。

针对核电站旋转机械所使用的 AISI 4340 钢,图7和图8显示了 60 r/min 运行转速和 398 MPa 压力幅度下连续运行后多尺度模型的计算评估结果。我们还假设覆盖率失效(Fp)可以等同于疲劳失效概率(Fp),这意味着我们的多尺度模型可以作为风险分析的基础概率失效模型。

表 3　单侧 LTL 与 $(1 - p)$ 的关系 ($p = 0.75 \sim 0.95, n = 6, \gamma = 0.95$)

	置信水平 $\gamma = 0.95$				
覆盖率 p	0.75	0.8	0.85	0.90	0.95
覆盖率的缺乏或疲劳失效概率 $Fp = 1 - p$	0.25	0.2	0.15	0.10	0.05
对 $n = 6$					
由 Natrella K	1.895	2.265①	2.635①	3.006	3.707
由步骤 3 $(Nf_2)_{op}$	$2.269\,86 \times 10^6$	$2.269\,86 \times 10^6$	$2.269\,86 \times 10^6$	$2.269\,86 \times 10^6$	$2.269\,86 \times 10^6$
由步骤 4 式(8) $(sdNf_2)_{op}$	$0.441\,12 \times 10^6$	$0.441\,12 \times 10^6$	$0.441\,12 \times 10^6$	$0.441\,12 \times 10^6$	$0.441\,12 \times 10^6$
$K \times (sdNf_2)_{op}$	$0.835\,92 \times 10^6$	$0.999\,14 \times 10^6$	$1.162\,35 \times 10^6$	$1.326\,01 \times 10^6$	$1.635\,23 \times 10^6$
$(minNf_3)_{op} =$ one $-$ sided LTL $=$ $(Nf_2)_{op} - K \times (sdNf_2)_{op}$	$1.433\,93 \times 10^6$	$1.270\,72 \times 10^6$	$1.107\,51 \times 10^6$	$0.943\,52 \times 10^6$	$0.634\,63 \times 10^6$

注：① $p = 0.80$ 和 $p = 0.85$ 时对应的 K 值使用过内插[7] 得到。

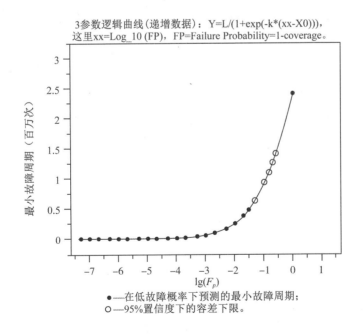

图 6　非线性最小二乘拟合 5 个低容差限度数据

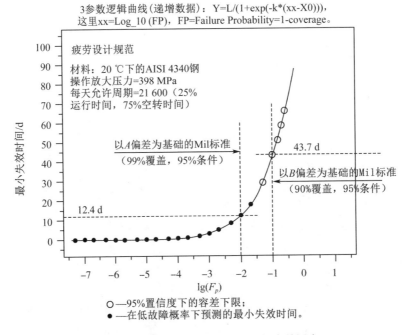

图7 预测最小失效时间 mint_F 与失效概率

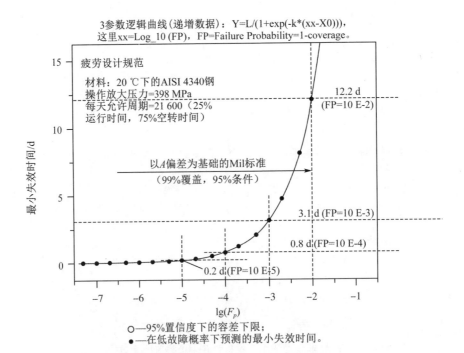

图8 预测最小失效时间 mint_F 与失效概率

在图 9 中,我们基于 AISI 4340 钢全尺寸构件的多尺度疲劳寿命模型,画出了失效概率与最小失效时间的关系图。将图 9 中的曲线与图 10 中的浴缸曲线[16]在寿命结束时的磨损(疲劳)状态进行比较,其结果显示出非常好的一致性。

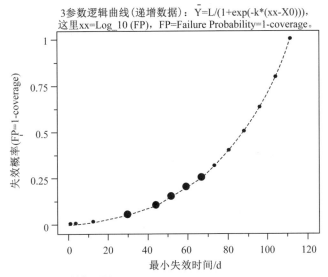

●—95%置信下限;
•—基于使用 3-p logistic 函数的非线性最小二乘拟合的预测概率。

图 9　基于多尺度疲劳模型的时变失效概率图

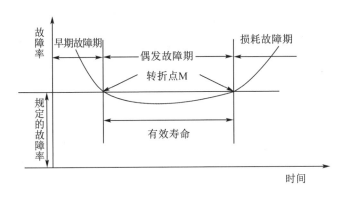

图 10　一组产品在三种情况下的失效行为

7　从多尺度疲劳模型到维护策略的动态风险分析

为了说明这种将疲劳模型是与风险分析相联系的新方法,我们以关键核电站设备失效时间(天数)与失效概率(F_p)预测的关系为例,如图 9 所示。假设由设备故障引发的后果从价值 1 000 万美元到 1 亿美元间变化,其中位值为 5 000 万美元;同时我们认为的有效性即风险是失效概率和后果的乘积。在这种情况下,不确定性风险的评估与核电站发生严重事故后的预测结果如图 11 所示。该图以及其他关键部件的类似图,可以成为与电厂维护过程相关风险评估的有用工具。

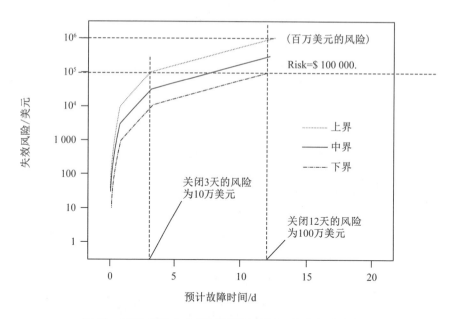

图 11　AISI 4340 合金钢制作的核材料元件动态风险分析

8　多尺度疲劳寿命模型和风险分析的意义与局限性

统计方法和概念已经被研究人员了解并应用了至少 70 年。例如，Harter[17] 在 1977 年发表的一篇专门论述尺寸对材料强度影响的文献综述中就列出了大约 1 000 篇论文。基于测量数据、显微镜、试样和组件级别的成像，以及多尺度疲劳寿命建模的研究是由 Fong[3] 在 1979 年提出的，相关研究结论：在机理研究中使用统计工具与在疲劳试样和构件寿命试验中使用统计工具有本质区别。

本文提出的模型显然属于第二类。尽管如此，在一个层次上使用定量信息（如一级微观层）去定量预测更高水平上的疲劳寿命不确定性（如二级试样），在极高的覆盖率或同样可信的高可靠性下，其思想是通用的。因此，本文提出的建模方法可以在疲劳机制研究中获得大量的一级微观层信息；同时，二级试样水平的寿命预测同样可以被不确定性量化建模。

本文提出的多尺度寿命模型具有重大意义，因为这是首次将极高覆盖率下负寿命的不可能性物理假设从关键部件寿命预测中去除。对于失效概率极低的系统，由于缺乏低失效概率的数据，可靠的风险分析通常非常困难。我们研发的 5 步多尺度模型有助于工程师做出更好的基于风险的设计和维护决策。

然而，本文所提出的模型确实有局限性。首先，使用 Natrella[7] 的单侧容许公差下限表与疲劳寿命的正态分布假设有很强的相关性。Fong 等[18] 最近在通过放宽正态性假设条件来包含 2 参数和 3 参数威布尔分布、对数正态分布方面所做的工作，应该能够解决这个缺点。其次，使用线性最小二乘拟合试件疲劳寿命数据意味着线性模型不存在疲劳极限。Fong 等最近发表的一篇论文中对普通混凝土的疲劳数据采用了非线性最小平方拟合，表明这种材料可能存在疲劳极限。

9 结论

本文以 6 个 AISI 4340 合金钢试件的疲劳数据为例,提出了基于不确定性的多尺度疲劳寿命模型。

该建模方法分为五个步骤,前三个步骤描述了第二级(样本级)的统计和不确定性量化,后两个步骤描述了第三级(组件级)的统计和不确定性量化。前三个步骤的工作是创新的,因为它允许建模者在任何操作应力或应力幅值下估计预测的二级寿命不确定性。最后两个步骤的工作也具有一定的创新性,因为它将预测的二级寿命不确定性转换为预测三级寿命不确定性。

这 5 个建模步骤的共同努力,将产生预测的最小寿命与覆盖率失效的概率曲线,使工程师第一次可以在极低的失效概率之间(比如10^{-3}和10^{-7}之间)预测最低寿命。当工程师需要在操作和维护方面做出风险决策时,这条曲线将是有用的。

声明:为了充分说明试验或计算过程,本文对某些商业设备、仪器、材料或计算机软件进行了选择。这种选择并不是因为美国国家标准和技术协会的推荐或认可,也不意味着所选取的材料、设备或软件一定是最好的。

参考文献

[1] KITAGAWA H,SUZUKI I. Reliability approach in structural engineering[M]. Tokyo:Marizen,1975.

[2] FONG J T, REHM R G, GRAMINSKI E L. Weibull statistics and a microscopic degradation model of paper[J]. Journal of the Technical Associate of the Pulp and Paper Industry,1977(60):156 – 159.

[3] FONG J T. Statistical aspects of fatigue at microscopic, specimen, and component Levels[C]//Proceedings of an ASTM – NBS – NSF Symposium. Kansas City:American Society for Testing and Materials,1979,729 – 758.

[4] NISITANI H, TAKAO K. Significance of initiation, propagation and closure of microcracks in high cycle fatigue of ductile metals[J]. Engineering Fracture Mechanics,1981(15):445 – 456.

[5] NELSON P R,COFFIN M,COPELAND K A F. Introductory statistics for engineering experimentation[M]. New York:Elsevier,2006.

[6] PROCHAN F. Confidence and tolerance intervals for the normal distribution[J]. Journal of the American Statistical Association,1953(48):550 – 564.

[7] NATRELLA M G. Experimental Statistics, National Bur. of Standards [M]. Washington:Superintendent of Documents,U. S. Govt. Printing Office,1966.

[8] DOWLING N E. Mechanical behavior of materials[M]. 2nd ed. Prentice – Hall:Springer,1999.

[9] DOWLING N E. Fatigue life and inelastic strain response under complex histories for an alloy steel[J]. Journal of Testing and Evaluation,ASTM,1973,1(4):271 – 287.

[10] DRAPER N R, SMITH H. Applied Regression Analysis [M]. New York:Wiley. 1966.

［11］ FILLIBEN J J, HECKERT N A. DATAPLOT：a statistical data analysis software system［R］. Gaithersburg ：National Institute of Standards & Technology,2002.

［12］ CROARKIN C, GUTHRIE W, HECKERT N A, et al. NIST/SEMATECH e – handbook of statistical methods［M］. Gaithersburg：Statistical Engineering Division of the National Institute of Standards & Technology,2003.

［13］ KU H H. Notes on the use of propagation of error formulas［J］. Journal of Research of the National Bureau of Standards,1966,70(4)：263 – 273.

［14］ FONG J T,HECKERT N A,FILLIBEN J J,et al. Uncertainty of FEM solutions using a nonlinear least squares fit method and a design of experiments approach［C］. Boston：Proceeding of COMSOL Users'Conference,2015.

［15］ FONG J T, HECKERT N A, FILLIBEN J J, et al. Uncertainty quantification of stresses in a cracked pipe elbow weldment using a logisticfunction fit,a nonlinear least squares algorithm,and a super – parametric method［J］. Procedia Engineering,2015(130)：135 – 149.

［16］ The bathtub curve and product failure behavior,part two—normal life and wear – out ［EB/OL］. ［2019 – 06 – 15］. https：//www. weibull. com/hotwire/issue22/hottopics22. htm,2002.

［17］ HARTER H L. A survey of the literature on the size effect on material strength［R］. Ohio：Air Force Flight Dynamics Laboratory,1977.

［18］ FONG J T, HECKERT N A, FILLIBEN J J, et al. Estimating with uncertainty quantification a minimum design allowable strength for a full – scale component or structure of engineering materials［J］. Manuscript Submitted to a Technical Journal,2018(6)22 – 26.

［19］ FONG J T,HECKERT N A,FILLIBEN J J,et al. A nonlinear least squares logisticfit approach to quantifying uncertainty in fatigue stress – life models and an application to plain concrete［C］. Prague：Czech Republic,2018.

国防战略系统的风险和可靠性管理方法

Chitra Rajagopal, Indra Deo Kumar

摘要 战略防御系统的风险和可靠性管理对于最大限度地提高其作战效能具有重要作用。国防战略防御系统包括很多复杂的系统,如传感器、武器、飞机、潜艇、坦克、火箭等在不同条件下运行的系统和设备。风险和可靠性管理是系统工程的一个重要组成部分。可靠性管理的目的是在预期的运行条件下,在规定的时间内使设备有较高的概率达到令人满意的性能,而风险管理使风险的识别和量化以及减轻风险成为可能。通过系统安全评估工具对可能存在的风险进行定量判断是风险管理过程的一个重要组成部分。大多数该领域的工程师和科学家公认的系统安全评估工具包括功能危险分析、故障树分析、事件树分析、后果分析、故障模式与影响分析。风险和可靠性管理更多地将安全评估工具应用到相关系统及设备中,为在国防战略防御系统领域工作的组织制定安全政策提供支持。

关键词 风险;可靠性;风险评估;风险管理;系统安全;安全政策;战略系统

1 研究目的和意义

所有系统都存在固有的风险,但由于战略防御系统的复杂性及其运行环境,其风险程度很高。风险不仅表现在高昂的成本方面,而且表现在一个国家在战争中战略防御系统失效时所遭受的人力和经济损失方面。国防战略系统包括满足国家战略需要的一切军事装备,如远程导弹、战斗机、雷达、火箭、军舰、潜艇、鱼雷等。所有防御系统的风险都是独特的,并且因这些系统中使用技术的发展速度较快而变得越来越复杂。因此,战略防御系统的风险和可靠性管理方法也需要改进,以迎接新的挑战。

一个系统由各种相互作用的子系统组成,以满足在特定操作条件下的预期目标。安全相关分析方法将对系统相关风险进行全面的评价,并致力于更有效的风险和可靠性管理。风险和可靠性管理必须遵循从需求定义到验证,再到系统工程中的所有步骤来进行。

系统安全是为识别危害而采取的所有计划和行动,同时评估和减轻相关风险并跟踪、控制、接受、记录在系统、子系统、设备及基础设施[1]的设计、开发、测试、获取、使用与处置过程中遇到的风险[1]。

风险管理是指识别和评估风险的严重性,并为降低风险及其执行制订计划。风险的严重程度取决于风险发生的频率和后果的严重程度,根据这些参数,风险分为高、中、低三种。确定论和概率论方法都可以用于量化风险发生的可能性。由于子系统在不同环境下运行的不确定性较大,因此概率方法的应用更容易被接受。通过分析技术(如功能危险分析、故障树分析、故障模式与影响分析和后果分析技术),可以对风险的识别和严重性进行评估。

系统可靠性评估给定组件或系统按设计运行的可能性。可靠性管理包括系统的整个生命周期,其目标是通过优化生命周期成本为客户提供利益。

采用系统方法对国防战略系统进行风险和可靠性管理,将有助于交付高质量、高性能和低成本的系统。

2 系统安全分析

系统安全分析是有效风险分析和可靠性管理的重要组成部分。它可以识别风险,并进行定性和定量评估,使风险消除或降低到可接受的水平。系统安全分析的目的是在系统成功或失败的所有可能情况下,最大限度地确保人员和重要资产的安全。防御系统的安全场景包括所有阶段——设计、开发、测试、部署或操作。战略防御系统可以是系统级实体,也可以是系统级实体的系统。一些战略系统中系统安全方面的考虑将在后文中进行说明。

2.1 远程弹道导弹系统安全

远程弹道导弹等战略系统由推进系统、控制与驱动系统、机载计算机、惯性导航系统、弹头系统等子系统组成,目的是将有效载荷交付预定目标。一些子系统(如推进系统和弹头)具有高风险,一旦发生事故,可能会导致严重后果或灾难性事件。遵守这些子系统的安全指南(如标准操作规程中所记录的)对于将风险降到最低水平非常重要。控制和驱动系统、机载计算机和惯性导航系统等子系统的风险并不是灾难性的。这些子系统的风险与软件共享,软件的脆弱性会导致子系统的失效,而子系统的失效又会导致系统的失效。系统安全分析尽可能地将子系统故障对居民、重要资产和环境的影响降到最低。

2.2 防空系统安全

典型的防空系统是由武器、传感器和C4I(指挥、控制、通信和情报)系统组成的,用于保护国家资产免受空中威胁。传感器收集威胁信息,由指挥和控制单元根据其地理位置与能力对威胁进行分类,并针对特定的空中威胁分配适当武器,任何一个子系统的故障都可能导致抵消空中威胁的失败。

2.3 航空飞行器飞行安全

战略防御系统主要由导弹、多用途战斗机、无人机、无人机作战、机载预警系统等多种航空飞行器组成。其中一些飞行器是遥控的、自动的,也有一些是有人驾驶或者无人驾驶的。系统安全方面的评估不仅需要在地面进行,还需要在飞行过程中进行。在设计和发展阶段的飞行安全包括规划其轨道,使其与民用飞机和卫星发射的远程弹道导弹保持安全距离。系统安全分析有助于确定措施,以确保飞机在飞行过程中的任何时刻发生故障都不会对该国家的关键资产产生影响。

2.4 舰载和空中平台武器系统安全

如果武器从舰载或机载平台发射,系统安全分析的范围就会扩大。舰艇平台和空中平台的动力学特性使得防御系统的操作更加复杂,也更容易发生风险。舰艇平台上的防御系统在特定情况下在公海进行作战,携带武器的空间有限,易受反舰导弹攻击,同时进入陆地的能力有限,因此存在一定的风险。从空中平台上操作武器,如空对空导弹、空对地导弹等,在武器从空中平台上弹射时存在高风险。轻微的操作失误会使操作者面临严重的失效风险。

2.5 用于系统安全的软件脆弱性评估

软件在现代国防系统中的作用越来越大,使系统更加自治。系统安全分析还包括软件的脆弱性评估。按照软件开发标准进行软件设计和开发，并在不同阶段进行严格的验证，将有助于减少由于软件而造成的系统脆弱性，形成更安全、更有效的防御系统。

系统安全分析的层级包括初步危害分析和组件/子系统级、系统级和大系统的危害分析，以及评估其对环境的影响。不同阶段和层次的系统安全分析将有助于"将安全作为设计"集成到系统开发中。

3　系统安全分析工具

许多工具用于评估国防战略系统的系统安全性。基于系统的复杂性，可以选择对应的工具进行分析和应用。它们可以提供关于潜在危险和后果的评估分析信息。这些工具可以是定性的、定量的，也可以是两者的组合。本文介绍各种系统安全工具及其在国防战略系统中的适用性。

3.1　故障风险分析

故障风险分析（FHA）是一种系统安全分析工具，用于识别由部件失效模式引起的危害。此外，还应检查和确定可能造成危害的失效模式。它适用于各种类型的系统、子系统和设备。它可以应用于组件/子系统级、系统级或大系统级。它主要是一种定性工具，但它的分析范围可以扩展为一种定量工具。

3.2　故障树分析

故障树分析是一种自上而下的分析方法，用于系统安全的定性和定量评估。它是故障的各种并行和顺序组合的图形表示。子系统级的故障将映射到系统级的关键故障。它提供了关于整个系统安全的相关理解。故障树通常是通过计算每个子系统的故障概率来量化的，通过对每个子系统的故障概率求和来计算系统的故障概率。通过对与特定子系统关联的组件故障概率求和，计算出子系统级的故障概率。故障树可以表示为逻辑门的数字组合，允许或禁止故障通过树形结构。下面以弹道导弹系统为例进行故障树分析。

导弹系统故障树的描述如图 1 所示（以地对地弹道导弹为例）。导弹子系统的任何一个故障，如推进、导航、制导、控制、执行机构或结构，都会导致导弹系统的故障。导弹的导航处理单元根据传感器和目标点提供的当前信号来计算命令。制导指令可以是仰角和方位角平面上的加速度形式，也可以是姿态（横摇、俯仰和偏航角）的各种形式。控制处理单元为机身感知到的发动机执行器生成命令，并形成导弹的弹道以命中目标点。制导和控制处理单元中任何一个子系统的失效都可能导致更大的冲击点分散，在某些情况下甚至可能导致导弹翻滚。

推进系统为导弹提供必要的速度，以便导弹能够由固体、液体推进剂或两者混合的推进达到预定射程，该系统具有较高的失效风险。弹头系统的导弹由引信、安全装置和装弹机构组成。安全装置可以确保在适当的情况下，由舰载计算机发出适当的指令。

3.3　事件树分析

事件树分析是一种系统安全分析工具，用于绘制导致系统故障的正向逻辑序列，它是目前较流行的安全分析工具之一。绘制事件树有助于绘制效果－原因图，识别决定安全系统成败的初始事件对于事件树分析非常重要。它也可以被用来检查安全系统的充分性。系统安全分析工具可用于安全的定性和定量评估，可以确定可能发生失效的概率。以典型的防空导弹综合防御系统为例，我们进行事件树分析。

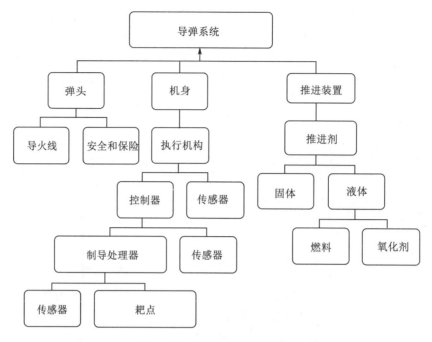

图1 地对地弹道导弹故障树

防空导弹综合防御系统是高度复杂的战略系统之一。其目标是尽量减少空中和导弹威胁的泄漏,并以特定的水平保护关键资产。通过部署传感器网络,可以收集空中和导弹威胁的信息。指挥控制系统对威胁信息进行处理,并对其进行适当的分类,根据这些威胁的能力和地理位置对其进行武器配置。导弹根据地面计算机计算的制导指令起飞,拦截器根据地面雷达接收到的威胁定位数据来确定其轨迹。机载传感器以导引头锁定目标的形式,在拦截器的末端引导拦截器。这些威胁可以直接在空中被拦截,也可以通过弹头在其致命半径内爆炸。

使用分析图形学公司(AGI)系统工具包(STK)以及一系列事件创建的典型防空导弹防御场景的图形表示如图2所示。其对某防空导弹综合防御系统进行了事件树分析,计算了系统发生故障或成功的概率。图3显示了一个综合防空导弹防御系统的事件树。

3.4 故障模式与影响分析

故障模式与影响分析(FMEA)是由系统工程师进行的一种工程分析,目的是评估风险并在设计中采取纠正措施加以防范。它是对系统物理现象的理解,并识别所有可能的故障模式,采用自下而上的方法进行故障模式和影响分析,该分析适用于系统的硬件和软件组件。故障模式和影响分析确定了子系统的各种故障模式,以及这些子系统故障对整个系统的影响。在工程系统的仿真模型中,通过注入不同实例的失效来量化这些失效模式的影响。子系统级参数的灵敏度是根据子系统或部件级的试验数据确定的,当然也可以基于飞行后的试验数据。下面以无人机为例进行故障模式与影响分析,见表1。

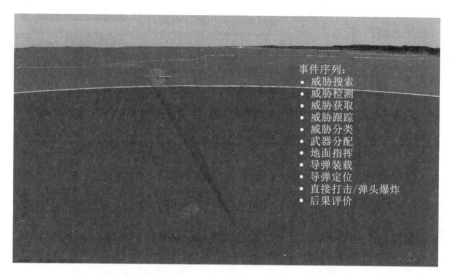

图2 用于防空导弹综合防御系统的一系列事件

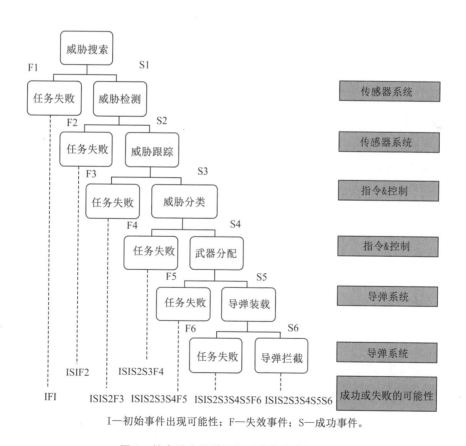

I—初始事件出现可能性；F—失效事件；S—成功事件。

图3 综合防空导弹防御系统的事件树分析

表1　无人机的失效模式与影响分析

无人机子系统	故障模式	影响分析
推进/电力系统	发动机故障	海拔损失
	电池故障	拖延
		失控
		发动机失效
		失控
		缺少通信和导航系统
通信系统	发射故障	与接收机的连接损耗
		飞行轨迹偏差
	接收器故障	失去控制信号
	数据链路故障	失控
导航系统	卫星接收器故障	失去控制导致飞行轨迹偏差
飞行控制系统	飞行控制器故障	车辆翻滚
	电力短缺	飞行控制系统断电
	机载电力系统故障	接收机和伺服系统的电源中断

　　无人机的作用越来越大,在不久的将来可能会在国家军事中发挥重要的作用。这些系统可以用于情报、监视和侦察(ISR)以及武器交付。这些系统需要高度可靠,因为它们很可能在空域内同时存在民用飞机的混乱环境中运行。任何子系统(如电力系统、通信、导航、飞行控制系统等)的故障都将导致其控制执行机构无法正常工作,以至于无法满足制导指挥的需要,导致其飞行路径发生偏差。

3.5　故障模式、影响和危害度分析(FMECA)

　　故障模式、影响和危害度分析与FMEA相似,只是增加了危害度分析。危害度是严重程度和发生程度的结合。FMECA是一种系统安全评估工具,用于评估和比较与系统相关故障模式的相对风险。危害度分析将严重程度和发生等级映射到FMEA中的每种故障模式中,并将其绘制在风险矩阵上。基于FMEA和FMECA生成的风险矩阵有助于快速识别需要纠正措施的故障模式。

3.6　后果分析

　　后果分析是一种安全分析工具,它提供有关风险和潜在危害的定量信息。通过此工具收集的信息有助于改进设计和缓解措施,从而更有效地管理风险。后果分析还量化了不同失效模式造成的危害后果。这个分析工具与以往工具的不同之处在于它主要关注危险的后果,而不是故障的原因和模式。下面以地雷的后果为例进行分析。

　　地雷是一种埋在地下或地面上的杀伤性反车辆通行装置。地雷也可能在其生命周期的后期引爆,使平民处于高度危险之中。因此,有必要了解其直接和间接后果。结果分析等系统安全分析工具有助于对结果进行定性和定量判断。将地雷用于军事行动具有生理、心理、社会、经济和环境后果,图4描述了地雷的后果。

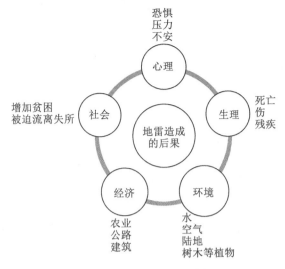

图 4　地雷的后果分析

3.7　测试软件漏洞的工具

确保软件漏洞导致的防御系统故障最小化的前提是遵守软件开发标准。静态测试工具、动态测试工具或两者的组合可以用于评估导致系统故障的软件漏洞。

静态测试——它是一种软件测试技术,在这种技术中软件在不执行代码的情况下进行测试。查找和消除源代码、字节码或二进制文件中的错误或歧义是验证过程的一部分。

动态测试——通过执行代码来测试软件。它是验证过程的一部分。它比静态工具更容易使用,也更便宜。

4　国防战略系统的风险管理

风险管理贯穿产品的整个生命周期,也适用于国防战略体系。图 5 显示了风险管理过程的 5 个步骤:规划、识别、分析、处理和监控。

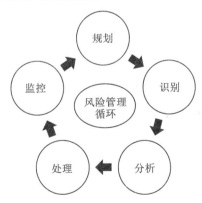

图 5　风险管理过程的步骤

具体涉及国防战略系统的风险管理步骤如下:

(1)风险规划

由于技术的进步、政治环境的演变等,对立力量之间的冲突性质正在发生变化。与武器系统有关的风险量化在制定设计、开发、部署或获取决策中发挥着重要作用。长期规划通过洞察当前和未来的风险,有助于了解一个国家军事准备的强弱,从而增加成功的可能性。可用于风险规划的一些方法如下:

①自上而下的风险规划。

②自下而上的风险规划。

③资源约束规划。

④以能力为基础的风险规划。

⑤基于威胁的风险规划。

基于运筹学和系统分析的防御规划工具有助于使风险规划过程系统化并更加有效。

(2)风险识别

在设计、开发、测试和操作阶段识别与系统相关的风险。风险文档是风险识别过程的重要组成部分,包括风险类别、风险描述、风险的根本原因、过去失败和相关风险的数据库、系统安全经理和风险识别人员。

(3)风险分析

评估与系统相关的风险,估计发生的可能性及其后果,并生成风险评级,其中风险评估矩阵常用于风险分析。

风险评估矩阵是风险严重程度与风险发生概率之间的映射关系。风险矩阵的表示见表2,包括可接受后果、可容忍、不良后果严重和无法容忍等严重程度级别,以及不可能、可能、很可能发生风险等概率级别。系统安全工程师还根据风险的严重程度和发生风险的概率组合来分配风险评分。

表2　典型的风险矩阵

风险因素		严重程度			
		可接受后果	可容忍	不良后果严重	无法容忍
可能性	不可能发生风险	低	中等	中等	高
	可能发生风险	低	中等	高	极高
	很可能发生风险	中等	高	高	极高

F－N曲线:F－N曲线是一种风险曲线,以双对数为尺度,以 N 为函数,表示每年死亡人数为 N 或 N 以上的概率。它可用于展示有关社会风险的信息,并描述不同类型的信息,如事件的历史记录、概率安全评估的结果和判断风险容忍度的标准。F－N曲线由可接受的风险区域、不可接受的风险区域和ALARP(尽可能低)区域组成。ALARP是一个术语,经常用于安全关键系统的规范和管理。ALARP区域是由程序根据风险概要的可接受性来确定的。安全临界区域典型的F－N曲线如图6所示。

F－N曲线作为舰载平台的导弹弹道设计输入:由于舰载平台或潜艇上存在作战团队,从舰载平台或潜艇上发射弹道导弹和巡航导弹风险较高。确定风险的容忍度是项目管理团队的责任。在这种情况下,F－N曲线可以作为垂直发射弹道导弹和巡航导弹弹道成形的设计输入。弹道导弹的飞行由升压和自由飞行阶段组成,巡航导弹的飞行由升压和巡航阶段组成。舰载平台基导弹弹道的形状或设计使这些飞行器最早离开平台附近。导弹的弹道成形或俯仰剖面直接关系到导弹对平台的命中概率。

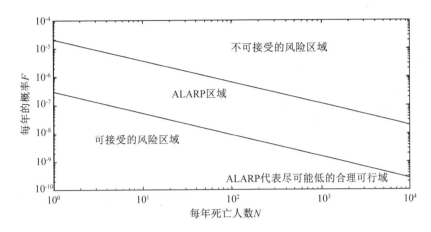

图6　安全临界区域典型的 F – N 曲线

（4）风险处理

风险处理有时被称为"风险缓解"，是在给定的成本、绩效和进度约束下，识别、评估、选择和实现，将风险设置在可接受水平的过程。它以一种有效的方式处理风险，应用于减少风险的策略如下：

①风险规避——包括通过消除风险的来源来消除项目中的特定风险。另一种避免风险的方法是重新配置项目，使有问题的风险消失或降低到可接受的水平。

②减少风险——包括通过管理原因和/或后果来减少风险。减少风险可以采取数据收集或早期预警系统的形式，这有助于预测风险的后果、可能性或时机。

③风险转移——涉及通过支付费用将风险的一部分转移给另一方的过程。与项目相关的风险保险合同是风险转移的一个例子。

④风险保留——一种风险管理技术，面对风险的组织决定吸收任何潜在损失，而不是将风险转移给保险公司或其他方面。

复合改性双基（CMDB）：导弹中使用的推进剂在很大程度上决定了导弹的性能和特点。复合改性双基推进剂涉及贮存及处理若干高度危险成分及高度冲击敏感物料，如硝化甘油、RDX 等高能量物料，硝化纤维素等爆炸性物料，酒精及丙酮等易燃溶剂。针对复合改性双基设备在预防措施方面的安全建议如下：

①设备和部件的故障 – 安全设计——阀门、液压缸。

②设备设计的预防性安全 – 挤压模具装配中用于压缩气体在挤压、啮合、节流板和应力释放器时逸出的凹槽。

③合并关键操作参数的控制系统——液压油温度、烘箱/合并器温度、冲压件/切割速度。

④控制易燃蒸气、爆炸性粉尘。

⑤消除点火源——静电电荷的产生、电火花、因气体压缩引起的摩擦和过热引起的热点。

⑥工效学设计的设备和工具，以提高效率，如联锁防止运营商移动部件，屏幕上加载ACP 的铸造装置，开关机盖螺栓，以及切割机的温度指标、控制面板的速度指标和配输送机

的平滑辊装。

防护措施:工程控制措施和行政控制措施。

工程控制措施如下:

限制火灾/爆炸所造成损害的控制措施——爆炸通风口、回风阻尼器、有限尺寸的集尘器和防爆墙。

行政控制措施如下:

①防护系统,以确保在正常/异常操作期间的职业健康及安全,如监察及控制工作环境中的有毒尘埃及蒸气,以及通风柜内的通风设备。

②可燃蒸气监测/警报,在易燃溶剂－空气混合物存在的情况下,向操作员发出警报;在不安全的情况下,合闸机和挤压机联锁,以停止操作;在容易接近的地方设置紧急按钮。

③定期培训计划,以提高/维持操作员的工作意识,并防止潜在的危险,如从烘箱上/下料,检查静电/接地,使用适当的工具/防护装置。

④避免走捷径以节省时间,定期进行清洁和保养,检查/纠正组合叶片的任何缺陷/裂缝,即时清除/处置废物。

⑤采用标准作业程序并考虑到已查明的危险因素,如处理装载 ACP/NC/RDX 的托盘,以及作业前、作业中和作业后的检查。

预防和防护措施对系统 F－N 曲线的影响如下:

处理这些风险需要采取一系列预防和防护措施。预防措施是指在故障发生前为防范风险而采取的措施;防护措施是指在故障发生期间或之后为控制、防范或减轻严重程度而采取的措施。有助于改变系统风险的预防和防护措施如图 7 所示。场景 A 和场景 B 分别显示了风险区域从不可接受的区域转移到可接受的区域和 ALARP 区域;场景 C 显示,所应用的预防措施无法将风险概况从不可接受的区域转移到其他区域;情景 D 表明,预防措施和防护措施的综合作用正在将系统的风险从不可接受的区域转移到 ALARP 区域;情景 E 和情景 F 表明,所应用的防护措施只是将风险从不可接受的转移到 ALARP 区域,以及将 ALARP 转移到可接受的风险区域。

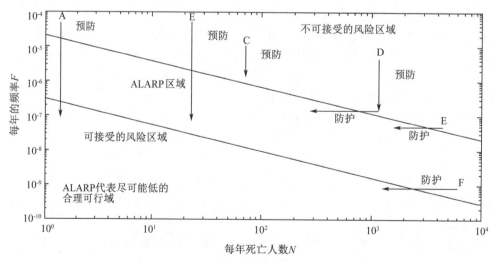

图7　安全临界区域和风险处理措施的 F－N 曲线

风险管理决策因素的成本如下：

采取预防和防护措施，将风险概况从不可接受的风险区域过渡到可接受的风险区域或ALARP区域。风险从一个区域转移到另一个区域的各种可能场景如图7所示。这些措施是有代价的，安全预算较少的系统将面临高风险。随着用于降低风险的支出增加，与系统相关的风险也会减少，因此项目团队努力以最小的成本实现最佳的风险。风险与成本的关系曲线如图8所示，该曲线也以最小成本来降低风险，并提供了两者权衡的最优点。风险控制的成本不应超过风险发生的成本，采取风险控制措施的方式应使产生的副作用最少。

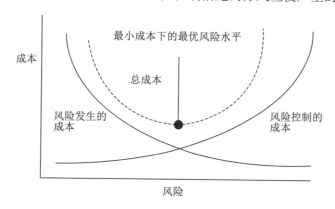

图8　风险与成本的关系曲线

（5）风险监控

风险监控是跟踪和评估组织风险水平的过程。风险监控的目的是跟踪发生的风险并组织实施响应措施的有效性分析。监控起着重要作用，因为风险不是静态的。它还确定了项目执行过程中产生的剩余风险和新风险。在风险监控方面普遍采用的一些工具和技术如下。

①审查——产品开发过程包括其设计、开发和测试等阶段的审查。在设计阶段，通过概念设计评审、初步设计评审和详细设计评审会议对风险进行评估。如果与系统相关的风险很高，则有时会进行关键设计评审。飞行准备审查委员会评估飞行测试系统的准备情况，并根据计划进行测试系统风险的重新评估。飞行后试验数据验证系统的设计，并提供与设计限制有关的信息，这些限制可能是潜在风险的来源。

②审计——作为风险监控过程的固有部分，审查和记录风险规划在控制风险方面的有效性。重要阶段的审计是产品成功实现的必要条件，它有助于识别新风险的出现。

③方差和趋势分析——风险监控的定量统计工具。方差是所确定参数估计值与实际数值的方差值。趋势分析是对当前和过去数据的定量审查，有助于进行分析预测风险。

5　国防防御系统风险管理的挑战

防御系统风险管理的挑战主要是其规模、复杂性和技术要求。防御系统风险管理的挑战可归结为以下方面：

①在整个使用期间维持防御系统的能力。

②预测各种业务情况下系统和子系统的能力。

③预测系统的退化，在其影响之前有足够的准备时间来减缓退化。

④改变对威胁的认识及其对防御系统需求的影响。

⑤国防发展的复杂性、研究工作没有转变为可部署产品的风险。

⑥提高军事平台、传感器、武器和信息系统的复杂性。

⑦由于增加使用软件,防御系统易受攻击。

⑧缺乏训练有素的人力资源来充分满足安全要求。

⑨综合人力资源、训练、武器系统、信息、基础设施和其他资源,以满足所需的业务能力。

⑩难以为成熟的防御系统零件找到供应商。

⑪缺乏升级武器的资金。

⑫缺乏现场审计或培训经费。

⑬在一个组织内跨防御系统应用系统工程过程的不均匀性。

⑭缺乏测试和评价资源。

⑮报告事件的程序不足。

⑯风险分类问题。

⑰在和平时期和战争时期都要设立紧急救援计划。

项目阶段风险管理的挑战:

国防战略系统具有风险管理的挑战,包括项目或计划的整个阶段,如能力要求、技术评估、开发和生产。图9说明了项目不同阶段中风险管理所面临的挑战。

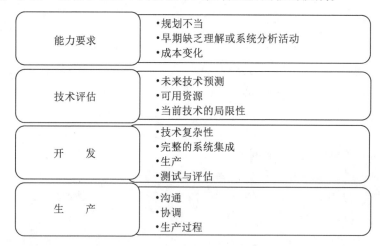

图9　项目阶段风险管理面临的挑战

6　系统安全性和可靠性

系统安全性关注的是对系统危害的管理。而可靠性工程关注的是消除组件故障,它是一种识别、分析、消除和控制危害的方法,适用于系统的整个生命周期。系统安全性与可靠性是一个系统概念,将系统作为一个整体而不是子系统或组件来处理。它的重点是在设计中融入安全性,而不是在一个完整的系统中添加保护功能。

可靠性是指一个项目(如系统、子系统或组件)在规定的环境条件下,在规定的任务时间内不发生故障的可能性,最终它可以保证系统按预期要求得到正确的执行。

大多数组织缺乏关于安全性和可靠性之间界限的认知,系统安全比故障更能反映危险的原因和后果。一般来说,所有的部件故障都可能会导致危险。可靠性工程关注的是部件故障,并使这些故障危害最小化。有时,可靠性和安全性可能会发生冲突,即增加安全性可能会降低系统可靠性。例如,关闭系统可能是预防危险的解决方案,但在这种情况下系统将是可靠的。系统组件的功能可与特定任务的功能完全相同,但是系统组件之间的交互仍然可能导致损失。

下面以舰船平台发射弹道导弹为例,阐述战略防御系统的安全性和可靠性问题。由系统工程师、安全工程师及可靠性工程师组成的项目小组致力于提供一个可靠的系统,以符合人们对安全的关注。基于舰船平台的弹道导弹系统包括发射系统和导弹,发射系统可靠性可作为一个单独系统进行测试,也作为一个系统与船舶平台和飞行车辆在海上作业条件下相互作用。飞行器包括各种硬件和软件系统,如推进、控制、驱动、航空电子、机载计算机和动力系统等。通过在实际飞行测试之前进行硬件仿真测试,可以验证这些系统作为交互单元的可靠性。所有交互子系统的可靠性有助于实现目标,但可能并不一定安全。

采取各种安全措施是为了保证船上作业小组的安全,也是为了控制和减轻导弹发射阶段可能发生的危险。这将使发射行动更加安全,但这仍然不能保证任务的成功。这个场景可以被归类为安全但不可靠的。理想的场景是在系统性能和成本的约束下实现一个可靠、安全的系统。

7 结论

本文讨论了战略防御系统的风险和可靠性管理方法。防御系统安全分析工具将在量化风险和可靠性方面发挥更大的作用。本文还概述了战略防御系统风险管理所面临的挑战。为了减少这些挑战,现提出以下建议:

①应在早期阶段确定项目需求,并应避免在后期添加额外花费。

②在设计和开发过程中对变更进行清晰的沟通,最好是使机制能够参考已建立的审计机制。

③遵循有效的技术评估方法。

④国防科研工作要适应军队当前和未来的需求。

⑤从项目概念设计阶段开始,系统工程师、安全工程师和可靠性工程师之间应有互动。

⑥熟练的人力资源。

⑦重视安全意识。

⑧通过赋予项目经理和系统经理更高的职责,让他们在整个项目生命周期中负责任,从而增强他们的权能。

⑨创建失效和经验教训的数据库。

⑩在项目的所有阶段遵循有效的风险和可靠性管理流程。

⑪通过结合静态和动态安全测试工具,最小化软件漏洞的风险。

⑫在一个计划周期执行政策以确保系统的风险和可靠性管理。

参考文献

[1] Department of Defence Standard Practice:MIL – STD – 882E[R]. System Safety,2012.

［2］　NASA Systems Engineering Handbook：SP – 2007 – 6105 Rev1［R］. NASA,2007.

［3］　NASA System safety handbook. Volume 2：System Safety Concepts,Guidelines,and Implementation Examples：SP – 2014 –612 Version 1. 0［R］. NASA,2014.

［4］　DAVIS R. An Introduction to System Safety Management in the MOD［M］. New York：Tata McGraw – Hill Education,2010.

［5］　FREEMAN P,BALAS G J. Actuation failure modes and effects analysis for a small UAV,June 2014［C］//American Control Conference(ACC),IEEE,2014 :1292 – 1297.

［6］　TAYLOR T,TATHAM P,MOORE D. Five Key Challenges for the Management of UK Defence：An Agenda for Research? ［J］. International Journal of Defense Acquisition Management,2008(1):22 –38.

［7］　ZIO E. The Monte Carlo Simulation Method for System Reliability and Risk Analysis ［M］. London：Springer Series in Reliability Engineering,2013.

［8］　LINEBERGER R S,HUSSAIN A. Program management in aerospace and defence ［R］. Deloitte,2016.

［9］　HUN T C,SHYANG Y J,HAN T P. System Safety in Guided Weapon and Armament Applications［J］. DSTA Horizons,2016.

［10］　NEBOSH National Diploma. Unit A,Managing Health and Safety ［R］. RRC Training,2016.

［11］　GAIDOW S, BOEY S. Australian Defence Risk Management Framework：A Comparative Study：DSTO – GD –0427［R］. 2005.

［12］　http://www. cqeacedemy. com/cqe – body – of – knowledge/product – process – design/quality – riskmanagement – tools/.

［13］　LEVESON N. An introduction to system safety［J］. ASK Magazine,2008.

［14］　HAVENHILL M, FERNANDEZ R, ZAMPINO E. Combining System Safety & Reliability to Ensure NASA Connect's Success,January 2012［C］//Reliability and Maintainability Symposium(RAMS),IEEE,2012:1 –4.

基于风险指引的核电厂调试阶段项目调度和预测方法:基于系统理论和贝叶斯框架

Kallol Roy

摘要 本文论述了风险指引的工程管理方法,可以在首次启动钠冷快堆调试阶段解决时间和预算计划等问题,通过合适的系统理论模型和贝叶斯估计技术来减少不确定性,随后可以调整甘特图/ PERT 图。本文还提出了研究传递函数和状态空间的基本框架,从每一个"系统、结构和设备"(SSE)的初步设计概念到最终设计、仿真数据/详细工程数据,再到制造公差、装配方法和安装错误等过程利用本文所述方法都是有效的。此外,还需要对转子动力设备现场模态系统频率、管道压缩应力、二次流失稳问题等进行整理,并将其纳入模型中,从而在贝叶斯估计框架中进行预测。此外,还需要利用适当的处理工具建立人机界面(HMI)的数学统计模型,设计它们与核电厂系统、结构和设备的界面,以及计算它们的模型不确定性(用平均值、方差或更高阶统计矩表示)。本文讨论、分析模型不确定性,即认知不确定性(计算性能数据的人机界面和处理设备/系统的产品,查看系统和设备的详细工程状态、设备/子系统的故障模式和影响分析(FMEA))、偶然的不确定性(基于绩效反馈数据的分析)和偏见的不确定性(考虑设备/仪器测量误差、由连接系统引起的影响评估)。人力和处理设备所花费的时间、调试各个系统和设备的时间、固有的流程延迟/各个系统和设备达到准备状态的时间常数都被分别进行了计算和分配近似数据;然后利用各自的传输函数/状态空间模型建立相关方程;再利用贝叶斯预测 – 校正递推过程研究了高斯不确定性线性时不变模型,并对模型中表示时间和预算的状态进行了估计。如果似然函数考虑库存和预算更新,则贝叶斯公式将变得更加严格;如果将安装偏差也考虑在内,则可以结合更高阶的马尔可夫链。

1 研究目的和意义

基于风险的项目进度控制,尤其是针对首次启动项目和/或技术演示项目,同时考虑时间和预算两个目标,一直是项目管理中的重点问题[1-3]。在整个项目的执行过程中,从系统、结构和设备的建造、安装开始,到随后的系统调试,进度可能受到各种不确定性的影响,包括环境因素、现场条件、安装方法和执行程序等,从而导致进度中断和继发风险。因此,为了在处理不确定性时考虑风险因素,估计各种识别活动的完成时间和方差(基于分配概率密度函数去分析调试时间内每个活动的不确定性),需要进行适当的分解并将相关影响因素在 PERT 图上进行准确计算(包括乐观、悲观或最有可能的时间)。因此,传统的甘特图、CPM、PERT 等预测方法需要适当地扩充,加入贝叶斯预测模型、贝叶斯信念网络(BBN)、模糊逻辑技术等[4],以提高预测计划在时间和预算过程中的准确性。

本文讨论了首次启动钠冷快堆调试阶段的不确定性管理[5],通过在基本的甘特图表中提出贝叶斯估计和预测模型,根据经验反馈编制了组件级调试调度。第一级需求是在动态框架中为核电厂中的系统和设备建模,并了解它们的操作行为;第二级需求是在调试过程中解析并连接所有系统和设备的动态模型,这些模型需要顺序或并行地参与。每个阶段的动态模型本质上应该是数据统计模型,可以考虑系统和设备在建模过程中的确定性与随机部分,最终形成一个线性组合并可以用适当的方式在贝叶斯预测方法实现,以便有效地获得一个先验的估计时间和预算,最终可以支撑调试活动的完成。

系统、结构和设备的动态模型开发始于:(1)基于第一原理的基本机械模型,它们来源于物理系统的常微分方程(常微分方程)或偏微分方程(PDEs);(2)面向数据来源于自回归移动平均模型与外源输入(ARMAX)[6]的时间序列数据模型;(3)理论计算流体动力学(CFD),各种动力系统、流动回路和传热系统/设备的有限元模型(FE)、磁流体动力(MHD)、电磁(EM)模型等。如果调试甘特图/PERT 图需要考虑到设计缺陷和额外的备件,那么就需要对状态方程和测量方程进行更高阶的马尔可夫过程假设(基于较早的设计、制造、安装和安装依赖关系),公式将变得更加复杂。为了解决贝叶斯估计和预测方法,涉及与时间、预算、库存估计相关的多个先验和似然函数,它们可能不是独立的和不相关的,因此我们需要对贝叶斯后验方程进行必要的修改。

2 液态金属冷却快中子增殖反应堆(LMFBR)中系统和设备的布置

液态金属冷却快中子增殖反应堆的典型布局如图 1 所示。

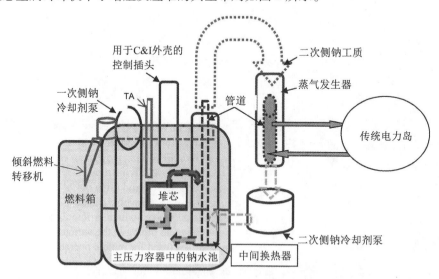

图1 液态金属冷却快中子增殖反应堆(LMFBR)的典型布局

如图 1 所示,主系统包括一个主压力容器(MV),在其放置堆芯时还有一个内容器。一次侧钠冷却剂泵(PSP)将钠循环通过堆芯,通过一组中间换热器(IHX)将热量传递给二次侧的钠工质。二次侧的钠工质通过二次侧钠冷却剂泵(SSP)增压后循环通过钠蒸气发生器(SGs),这些工质会进一步通过电磁泵(EMP)获得动力,同时通过冷源循环钠流体用于维持较低的钠流动温度。在主压力容器的周围即两者的空隙处,还有一个安全容器(SV)(作为对主压力容器可能破裂的必要纵深防御)。燃料处理系统(FHS)通过使用旋转头定位特定燃料组件的传输臂(TA)来工作,可以在内部压力容器内作为协调和回收特定燃料组件的定位器。沉积在该位置的燃料组件随后由倾斜燃料转移机(IFTM)收回,并送往燃料大楼,最后沉积在乏燃料储存库(SFS)中。

因此,钠冷快堆的系统、结构和设备包括充满钠的主压力容器、一次侧钠冷却剂、二次侧钠冷却剂泵、中间换热器、蒸气发生器、充氮保护的管道和相关阀门及仪表、一次钠管道、二次钠管道和阀门等。基于此,整个调试活动需要采用计划分割的方式进行,通过预热主压力容器、主回路和二次侧回路的管道,再在二级钠循环体二级钠泵和电磁泵中填充钠工质;然后,在主压力容器中填充钠并调试主系统,调试燃料处理系统;随后在堆芯中进行燃料装载。

考虑调试阶段中所有主要设备/系统的单独调试时间,即主压力容器固定(包括相关焊缝和密封性等)、通过氮气预热主压力容器的临时管道(氮气鼓风机和加热器)、评估加热器是否足够预热一次侧和二次侧管道(作为充钠的必要先决条件);二次侧钠系统管道中钠的填充和再循环、特殊设计的二级钠泵、冷冻密封阀的相关测试和评估、使用千分表和应变仪测量连接系统的管道、燃料处理系统的集成、核探测器和安全杆驱动机构(SRDMs)及其安装组件的综合检查。上述所有子系统的调试也涉及检查储罐和氩缓冲罐的完整性(在填充主压力容器和二次侧回路之前钠的存储位置)、各处的管道屏蔽(屏蔽区域)、大量长柄阀门的测试(用于远程操作的设备)、调试钠钾混合喷水器(氩覆盖气体的去湿)、反应堆安全壳大楼(RCB)通风系统中鼓风机和阻尼器,以及从现场传感器到本地控制中心的所有电缆。

2.1 调试方法的制定

图 2 显示了调试需要考虑的各个方面。目前,在首次启动核反应堆的调试阶段,没有国家基准或者只有有限的与设备启动性能、子系统和系统调试相关的国际基准测试数据。在这种情况下,必须对每一个细节进行初步概念设计,进行设计更改,进行最终设计分析和仿真数据/结果分析、制造公差、装配方法和安装错误/公差分析。最后,在甘特图或 CPM 工具中考虑相同因素之前确定详细的项目时间表,并充分考虑现场连接系统的影响。

即使是为了初步拟定与整个系统分阶段试运行有关的项目时间表,也有必要考虑所有主要步骤并进行逐一筹备,即

· 对反应堆围护结构(RCB)进行综合泄漏率(ILRT)测试。

· 检查所有系统、结构和设备,形成反应堆组件的一部分并具备封装在主压力容器的条件。

· 各种系统、结构和设备及其附属管道的调试及其对管道安装设备的影响。

· 将钠注入每个二次侧回路,并按步骤调试电磁泵和二次侧钠泵。

· 燃料处理系统的测试。

· 钠填充主压力容器的准备及二级钠泵的调试。

因此,所考虑的主要步骤将构成第 1 级 PERT 图,可以提供全面计划所需的时间和预算。在这种情况下,四组活动的有效调试时间既基于理论思想,也基于在组件级进行的试验数据。如果试验室内的相关试验是在所有核电厂所涉及范围的系统、结构和设备上进行的,并且是以这种方式进行设计并保持可扩展性的,那么数据可能会更加真实。

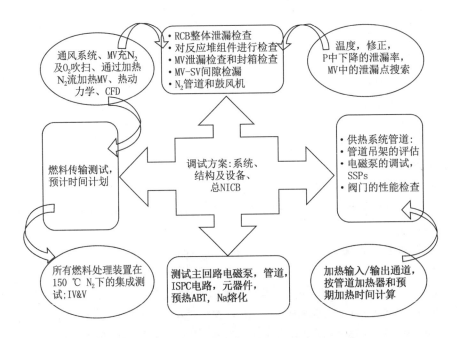

图2 首次启动核反应堆调试需要考虑的各个方面

2.1.1 列出用于调试时间计算的属性

规划及安排首次启动核岛项目的总试运行需要有效地评估大量的作业演习和过程反应时间,如顺序流程图所示。有关主压力容器预热、电磁泵、一次侧钠冷却剂泵和二次侧钠冷却剂泵的调试,以及所有相关的准备工作、系统、结构和设备每次调试的过程时间/滞后时间等各项活动实际需要考虑的时间,在图3中以适当的术语(T(.))列出。

考虑所有的时间因素(如图3中以图表形式呈现),总不确定性涉及有关的各种活动即设计细节、架设和安装过程中很多障碍或组件级故障都可能发生,因此系统行为不能被很好地理解,如理论计算的不匹配(如初始设计的一部分)和程序公式误差,系统布局、系统结构和设备的行为,制造偏差和安装特性(如在制造商测试或试验室验证中违背其固有特性)。

3 采用系统理论方法对调试时间进行估计

在系统理论框架中,可以采用传递函数方法或状态空间方法对所有的系统、结构和设备进行有效的建模。如果所有的变量可以作为单输入单输出系统的变量以及他们的初始条件,就可以利用经典控制理论和简单的传递函数进行,即可以利用根轨迹和波德图确定他们的瞬态性能。此外,误差传递函数可以用来确定它们的稳态性能。

如果认为属性是交互的,那么最好考虑与多输入多输出(MIMO)系统相同的架构,并以状态空间的形式建模,其中包含表示系统动力学的基本状态方程和表示测量函数的观测方程。一旦建立了这样的数学统计模型,状态方程的状态转换矩阵和卷积积分有助于预测动力学的下一步状态,而测量方程有助于修正动力学模型。在预测和校正的若干递归过程中可以最终得到状态向量的估计值。

3.1 工业工人的基本模型

大量的数学模型被开发以有效地理解社会工程的各个方面[7],提出:(1)优化理论和比较静态分析来决定最优行为并分析效益及工人福利的影响;(2)通过运筹学解决工作分配问题;(3)竞争成就的博弈论;(4)研究长期社会经济后果的微分方程;(5)识别社会经济混乱的混沌理论。然而,工业工人的数学模型与高端技能模型可能是不同的,可以把它转换成带有各种心理和生理动态的数学统计模型,同时模型中必然包含确定性和随机部分。由于核工业这类高技能工作可能需要人工、智能或两者兼备(考虑到规划和程序准备,然后是现场执行)的属性去执行,因此每个过程的数学模型可能不同。所以,实际模型可能需要一个微分代数方程(DAE)的框架(包含线性代数方程、非线性二阶或更高阶方程、线性齐次和非齐次常微分方程以及更高阶常微分方程),然后将这些方程进行解耦而变成一组代数关系或常微分方程。

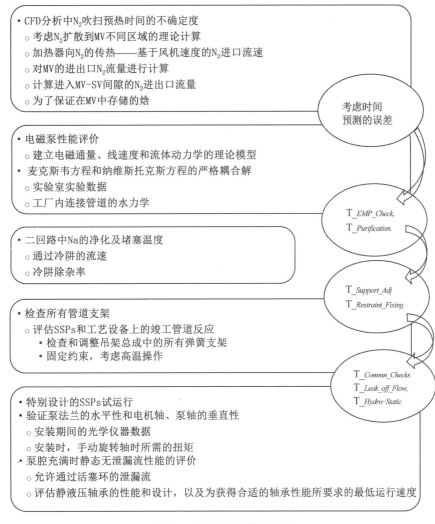

图3 调试时间计算流程图

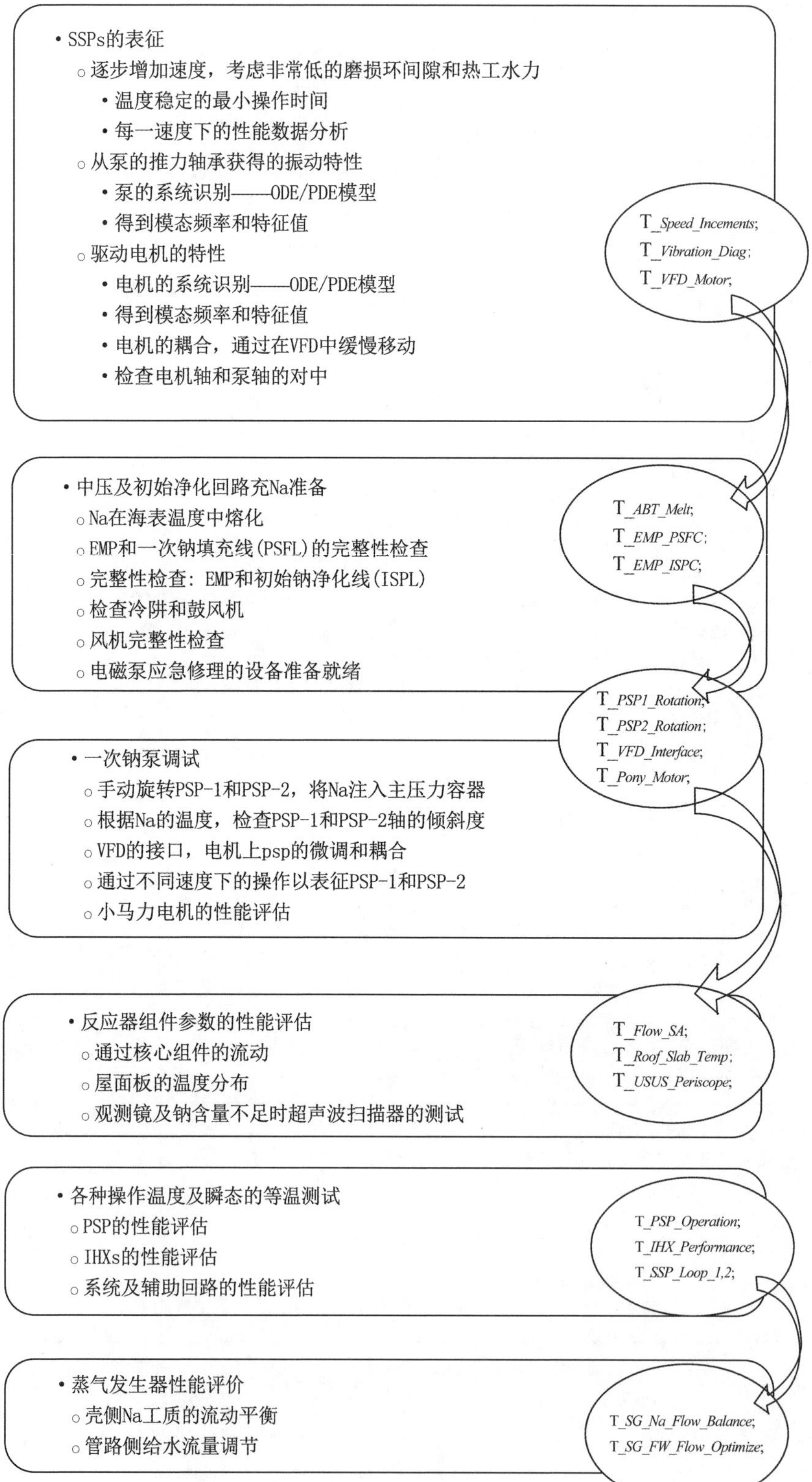

- SSPs的表征
  - 逐步增加速度，考虑非常低的磨损环间隙和热工水力
    - 温度稳定的最小操作时间
    - 每一速度下的性能数据分析
  - 从泵的推力轴承获得的振动特性
    - 泵的系统识别——ODE/PDE模型
    - 得到模态频率和特征值
  - 驱动电机的特性
    - 电机的系统识别——ODE/PDE模型
    - 得到模态频率和特征值
    - 电机的耦合，通过在VFD中缓慢移动
    - 检查电机轴和泵轴的对中

T_*Speed_Incements*;
T_*Vibration_Diag*;
T_*VFD_Motor*;

- 中压及初始净化回路充Na准备
  - Na在海表温度中熔化
  - EMP和一次钠填充线(PSFL)的完整性检查
  - 完整性检查：EMP和初始钠净化线(ISPL)
  - 检查冷阱和鼓风机
  - 风机完整性检查
  - 电磁泵应急修理的设备准备就绪

T_*ABT_Melt*;
T_*EMP_PSFC*;
T_*EMP_ISPC*;

- 一次钠泵调试
  - 手动旋转PSP-1和PSP-2，将Na注入主压力容器
  - 根据Na的温度，检查PSP-1和PSP-2轴的倾斜度
  - VFD的接口，电机上psp的微调和耦合
  - 通过不同速度下的操作以表征PSP-1和PSP-2
  - 小马力电机的性能评估

T_*PSP1_Rotation*;
T_*PSP2_Rotation*;
T_*VFD_Interface*;
T_*Pony_Motor*;

- 反应器组件参数的性能评估
  - 通过核心组件的流动
  - 屋面板的温度分布
  - 观测镜及钠含量不足时超声波扫描器的测试

T_*Flow_SA*;
T_*Roof_Slab_Temp*;
T_*USUS_Periscope*;

- 各种操作温度及瞬态的等温测试
  - PSP的性能评估
  - IHXs的性能评估
  - 系统及辅助回路的性能评估

T_*PSP_Operation*;
T_*IHX_Performance*;
T_*SSP_Loop_1,2*;

- 蒸气发生器性能评价
  - 壳侧Na工质的流动平衡
  - 管路侧给水流量调节

T_*SG_Na_Flow_Balance*;
T_*SG_FW_Flow_Optimize*;

图3　（续）

3.2 系统、结构、设备在安装和调试中的人机界面

为了便于数学推导,所有人的属性都被认为是线性和时不变的(LTI),其中通过代数公式为系统提供直接解决方案,从而直接进行计算。这些工作包括标准作业,即固定、紧固、使用升降机及其他搬运设备以调动大型/重型小型船舶、电缆终端等。然而,许多工作涉及安装长而重的系统、结构和设备时往往需要现场测试,即测量埋设板和地板的直线度、水平/垂直/倾斜的尺寸检查、粗糙度因素、连接系统的对齐等。经常检查可能表明错误和变化是原始设计时就存在的,因此需要修正。但是,如果这种修正是不可能的,就需要在系统调试过程以及系统、结构和设备的维护阶段进行必要的计算,以确定该设备是否应该保留。

1. 传递函数方法

在经典控制理论领域[8]中,采用传递函数方法可以将人机界面等效为反馈控制回路,如图4所示。

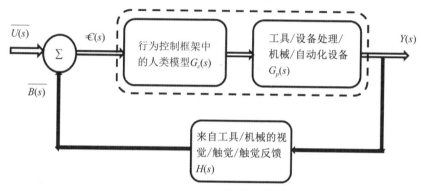

$U(s)$、$B(s)$、$€(s)$、$Gc(s)$、$Gp(s)$和$Y(s)$是传递函数方法中的标准含义

图4 等效为反馈控制回路的人机界面图

由于人类工人使用的工具、机械或者搬运设备为进行各种调试活动提供了必要的支持,因此可以将其转换为前馈路径中的人机单元和反馈路径中的功能度量。所以,可以对系统的闭环传递函数$\dfrac{G_c G_p(s)}{1 + G_c G_p H(s)}$进行分析。

· 时间T_{tr}用以满足基于工人动态(由个体技能集和培训控制),以及机器/设备/工具等的瞬态响应特性(由连接子系统的响应时间控制)。

· 时间T_{ss}限制达到稳态误差的时间,主要是基于个人的技能和培训、设备的最小计数和容忍度、验证过程中的分析程序。

为了优化系统的性能和稳定性,可以尝试在开环传递函数$G_c G_p H(s)$中使用根轨迹或频域分析中的任意经典系统理论技术来进一步进行分析。在这方面,性能是对在一段时间内完成工作正确性的衡量;在这段时间内,瞬态特征基本上可以被认为是初步的实地试验,因此可用于计算一项具体任务所花费的时间。扩展系统理论概念,稳定可以被定义为无故障的或无事故的任何子系统调试;而工作危害分析(JHA)研究调试过程可能进行的或者前序任务中各种假设初始事件或清单。此外,对于预期的故障或事故,需要考虑缓解方法并将其纳入调试程序,最终建立稳定裕度。

在动态系统中会包括瞬态性能、稳态性能以及其他各种存在相互矛盾的参数,因此在

子系统的调试中,这类研究可以为工人选择适当的技能,并选择符合人体工程学且可以用在具体工作中的适当工具/机械/设备。

2. 状态空间方程的框架

从传递函数到状态空间的扩展系统理论模型包括获得测量参数、尺寸和误差的计算等活动,同时也包括用来分析不确定性和误差的状态空间模型。如上所列,在调试各种系统、结构和设备时,需要在数学框架中准确估计上述每个属性的实际时间。

在状态空间方法中,每个时间因素都可以被估计,首先考虑子系统或组件的每一个调试活动,对于系统状态 $x_{t1}, x_{t2}, \cdots, x_{tn}$,可以用 A 矩阵定义它们在系统、结构和设备上进行的工作,这时在状态和测量方程的框架内它们同时具有系统和测量的不确定性。这需要有效地描述不同系统、结构和设备的配置管理,以及与适当工具和材料处理机制紧密耦合的人体模型。强迫函数 U_{tk} 是在涉及资源分配和解决分配问题的工作计划、时间表和项目管理方法中获得的运筹学(或)框架,它以整个过程存在凸性为基本假设。因此,在状态空间方程的框架中,考虑状态向量 X_k、输入 U_k、测量向量 Y_k、状态噪声 ω_k 和测量噪声 ϑ_k,则状态和测量方程可以写成如下形式:

$$X_k = A_{k,k-1} X_{k-1} + B U_{k-1} + F \omega_{k-1} \tag{1a}$$

$$Y_k = C_k X_k + G \vartheta_k \tag{1b}$$

式中

$$X_k = \begin{matrix} x_1 \\ x_2 \\ \vdots \\ x_n \end{matrix}, \quad A = \begin{bmatrix} a_{11} & \cdots & a_{1n} \\ \vdots & \ddots & \vdots \\ a_{n1} & \cdots & a_{nn} \end{bmatrix}, U_k = \begin{matrix} U_1 \\ U_2 \\ \vdots \\ U_n \end{matrix}$$

B 为控制输入向量,C 为测量矩阵,F 为状态动力学的噪声输入向量,G 为测量动力学的噪声输入向量。

在调试过程的每个步骤中,需要根据不同的时间属性仔细考虑 X_k 向量中的元素,如图4所示。从系统、结构和设备的基本科学定律(物理和化学过程)中得到的很多时间属性加上受过培训的工人执行各种活动的时间(如动员组件、组装−拆卸、耦合/连接子系统、阶段内检查和测试等)可以控制过程时间。因此,X_k 向量的维数($n \times 1$)是提高对各种系统、结构和设备的操作技能以及劳动力技能的关键评估因素。因为总调试过程是针对首次启动的,所以子系统或组件级中拥有理解能力且训练有素的工作人员是基础工程的一个子集。

其中,状态 $x_{\mathrm{hmi}(1)}, x_{\mathrm{hmi}(2)}, \cdots x_{\mathrm{hmi}(n)}$ 表示各种导数项和积分项(下标 $\mathrm{hmi}(x)$ 表示人机界面因子)。为了进一步考虑,应只考虑与劳动力物理动力学有关的方面,这些方面通常取决于平均健康状况、工作场所的物理舒适程度、所提供工程处理工具的工效学等。这些因子可以转换为状态估计问题中的增广状态,也可以作为递归最小二乘估计问题中的加权因子。在没有考虑到与薪酬、工作满意度、工作环境、单调性等有关的其他问题的情况下,这些问题基本上影响到一个工作组,通常不影响个人。

基于两者的结合,可以定义一个自动系统,其中状态转换矩阵单独驱动工人完成被分配的任务。在多输入系统的框架下,由项目管理的重点、工作场所的纪律、热情因素、团队合作等因素所产生的一套强迫功能 U_{hk} 以及预期输出模型(测量模型),完全定义了工人的动态。状态向量 X_k 由不同的属性组成,而强迫函数 U_k 和控制输入向量 B 是基于上述属性来表示的。与所有动力系统一样,这里考虑了极点配置问题的性能分析,基于可控性和可观测性准则的、仅由 $[\boldsymbol{B}\ \boldsymbol{AB}]$ 矩阵满秩决定的稳定性评估。

3.3 状态评估

为了准确地估计最可能的时间及相应预算,并在控制项目时间和预算进度表的 PERT 图中考虑相同的因素,最终可以从大量近似的状态变量中获得 $\boldsymbol{X}_k$ 的准确估计,这些状态变量将在总体 PERT 图中提供控制项目时间和预算进度表。初始状态向量的元素只考虑过程物理和调试活动中涉及系统、结构、设备的相关技术。为了有效地考虑所有到达估计所需的属性值及真实值,需要在计算过程中考虑人类劳动力的附加属性以及相关的工具/装卸设备,同时需要在调试阶段解决各种特定子系统和元件的技术问题。为此,状态向量需要适当地增加与工人相关的其他状态。作为一种可选的方法,估计过程可以分为两步:步骤 1 是对工人动态的估计;步骤 2 是对 PERT 图中考虑的各种工作时间属性的估计。在步骤 1 中,估计工人的属性也需要通过一个预估的方法,需要进行预测状态转换关系矩阵的建立和测量的校正。由 $\boldsymbol{x}_{hk}$ 状态向量定义的工人属性估计可以导致劳动力的所有属性或技能集收敛,从而在执行各种委托工作时带来同样的性质。根据所得到的状态估计,可以将问题转换为极点配置问题,其中 $\boldsymbol{A}$ 矩阵的特征值可以被适当地重新定位,以提高系统性能。

为了对 $\boldsymbol{X}_k$ 进行评估,对于确定性模型,可以利用 Luenberger 观测器,通过建立合适的观测模型(采用机械方法或面向数据的方法)对 $\boldsymbol{X}_k$ 进行评估,如图 5 所示。

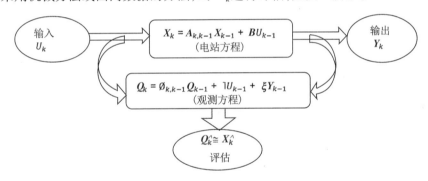

图5　用于状态评估的 Luenberger 观测器

其中,$\rceil$ 和 $\boldsymbol{\xi}$ 是观测器模型的控制输入向量,而所有其他符号都有其标准的意义。根据误差方程,可得

$$\boldsymbol{X}_k - \boldsymbol{Q}_k = (\boldsymbol{A} - \boldsymbol{\xi}\boldsymbol{C})[\boldsymbol{X}_{k-1} - \boldsymbol{Q}_{k-1}] \tag{2}$$

如果矩阵 $\boldsymbol{\xi}$ 可以被选择,则所有的特征值 $(\boldsymbol{A} - \boldsymbol{\xi}\boldsymbol{C})$ 在单位圆以内,可以用一步计算将误差接近零。这种用于估计状态的观测器假设动力学是确定的,可以在参考文献[9]中找到。

3.4 卡尔曼滤波的使用

如果系统的动态特性是不确定的,那么状态和测量方程需要用随机微分方程表示。其中,电厂的不确定性(由于未建模的动态输入)可以分解为状态方程及由于传感器不确定性(由于校准误差和噪声信号等)构成的测量方程,它们的标准形式如下:

$$\boldsymbol{X}_k = \boldsymbol{A}_{k,k-1}\boldsymbol{X}_{k-1} + \boldsymbol{B}U_{k-1} + \boldsymbol{F}\,\omega_{k-1} \tag{3a}$$

$$\boldsymbol{Y}_k = \boldsymbol{C}_k\boldsymbol{X}_k + \boldsymbol{G}\vartheta_k \tag{3b}$$

所有的符号都有它们特定的含义,如3.2部分及图6所示。卡尔曼滤波[10,11]是在递归最小二乘估计(RLSE)公式框架下工作的,本质上是一种预测－校正算法,主要将随机状态方程分解为确定性部分(表示均值)和协方差部分(表示不确定性或噪声)。在预测步骤中,基于$(k-1)$步的所需状态均可测,状态(均值)的期望和协方差从$(k-1)$步传播到k步。在校正步骤中,首先计算卡尔曼增益,将预测测量值与真实测量值之间的误差放大,并利用乘积对状态估计值和协方差进行校正。因此,基于对各子系统调试时间和预算的估计,利用卡尔曼滤波可以得到最终的时间和预算估计值,使该值达到或者接近正确值,其中的不确定性需要随着确定性部分进行建模。

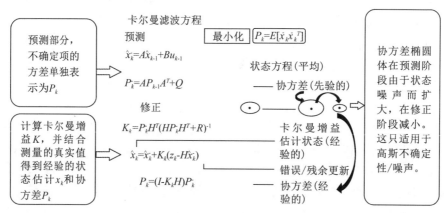

图6 卡尔曼滤波在时间和预算评估过程的应用

4 在项目进度中建立准确性的因素

容器加热时间、钠的净化时间等工艺模型、基于容积流量理论计算的系统动力学、设备运行操作等系统和设备的安装,以及调试、试验等物理过程模型都具有内在的不确定性。由于这些不确定性本质上缘于理论模型公式的局限性、仿真和试验规模不足,以及系统可伸缩性的不精确,因此需要为调试活动的每个步骤开发准确的不确定性模型。特别是对于首次启堆项目进度与时间管理计算所需的各种因素,需要通过对每个设备、子系统的各种设计和工程参数进行有效审查,计算每个子系统的认知不确定性(Δ),相关详细信息如图7所示。

其中 Δ 及其下标表示设计、工程、质量保证和安装各阶段的具体不确定度。当我们把前面提到的所有这些不确定因素都考虑进去时,就可以得到全部系统、结构和设备自身的不确定因素。因此,考虑总不确定性 N,其中 N 是 n 个自变量 $u_1, u_2, \cdots, u_n$ 的已知函数,$N = f(u_1, u_2, \cdots, u_n)$,其中 u 为系统、结构和设备不同分量的测量值,误差分别为 $\pm \Delta u_1$, $\pm \Delta u_2, \cdots, \Delta u_n$。这些误差将导致总误差 ΔN,在计算结果 N 中表示为

$$N \pm \Delta N = f(u_1 \pm \Delta u_1, u_2 \pm \Delta u_2, \cdots, u_n \pm \Delta u_n) \tag{4}$$

进行泰勒展开后,可以表示为

$$f(u_1 \pm \Delta u_1, u_2 \pm \Delta u_2, \cdots, u_n \pm \Delta u_n)$$

$$= f(u_1, u_2, \cdots, u_n) + \Delta u_1 \frac{\partial f}{\partial u_1} + \Delta u_2 \frac{\partial f}{\partial u_2} + \cdots + \Delta u_n \frac{\partial f}{\partial u_n} +$$

$$\frac{1}{2} \left[\Delta u_1^2 \frac{\partial^2 f}{\partial^2 u_1} + \Delta u_2^2 \frac{\partial^2 f}{\partial^2 u_2} + \cdots + \Delta u_n^2 \frac{\partial^2 f}{\partial^2 u_n} \right] \cdots \tag{5}$$

式中所有偏导数均可以表示为已知值 $u_1, u_2, \cdots, u_n$ 和网络误差。

$\Delta N = \Delta u_1 \dfrac{\partial f}{\partial u_1} + \Delta u_2 \dfrac{\partial f}{\partial u_2} + \cdots + \Delta u_n \dfrac{\partial f}{\partial u_n}$ 中忽略了高阶项。考虑到各种系统、结构、设备的设计和工程细节,上述不确定性可以被分解。进一步说,适当的随机不确定性包括由于制造商和现场工程师等与经验反馈类似的系统／设备以及带有偏差的测量仪器不确定性、评估连接系统后的影响(包括管道反应、钠回路系统氩泡沫的排气困难等)可以在计划安排及 PERT 图中进行深入分析。

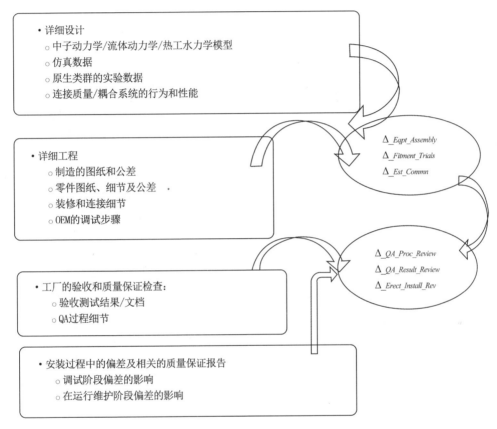

图 7 项目进度时间管理中认知不确定性的计算

5 考虑不确定性的鲁棒模型

虽然大部分不确定性的统计参数(无论是由于系统不准确还是由于测量误差)都可以在高斯框架下表示,但也可能存在一些难以量化的建模误差,如图 8 所示。

因此,在一个考虑参数不确定性的系统理论模型中可以提出一个鲁棒模型,其中所有系统参数都在一个范围内,该范围实际上是不确定性区域,从而在整个区域内进行性能和稳定性研究。

原始矩阵 A 表示健康系统/设备的动态模型,也可以用故障动力学进行修改,或者状态方程本身也可以通过添加故障向量进行修改。在类似的情况下,这种系统/设备的测量参数可能会导致矩阵 C 本身的修改,或者通过添加测量故障向量来修改测量方程。因此,由于不确定性导致的模型变化,矩阵 A 中 X 向量($x_1, x_2, \cdots, x_n$)的长度以及矩阵行向量 a_{11},

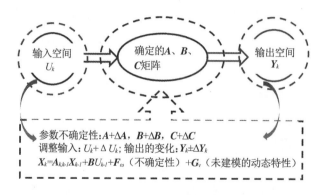

图8 系统理论方法中的建模误差

$a_{12}, \cdots, a_{1n}$ 和列向量 $a_{11}, a_{21}, \cdots, a_{2n}$ 的精度不应导致主要的计算偏差。也就是说,只有具有健壮结构的模型,才可以同时考虑必要性和充分性。然而,根据调试所进行的具体技术活动,需要对不确定性进行建模——而在大多数情况下,不确定性是高斯的,在许多情况下可能需要考虑偏态高斯甚至多模态的不确定性模型。

6 贝叶斯网络

一般状态估计问题都包括非线性动力学和非高斯不确定性,贝叶斯估计技术通过一个预估的机制提供最佳的解决方案。其中,状态动力学以及不确定性或噪声用先验概率密度函数(PDF)来表示。然后,可以利用后验、似然和先验之间的关系后验地计算出后验概率密度函数。对于每一个实际的概率密度函数,先验函数是在测量向量 z 直到 $(k-1)$ 的状态下状态向量 X 的概率密度函数,而似然函数为以第 k 时刻状态为条件的测量 z 的概率密度函数,即

$$p(\boldsymbol{x}_k | \boldsymbol{z}_{1:k}) = \frac{p(\boldsymbol{z}_k | \boldsymbol{x}_k) \cdot p(\boldsymbol{x}_k | \boldsymbol{z}_{1:k-1})}{p(\boldsymbol{z}_k | \boldsymbol{z}_{1:k-1})} \tag{6a}$$

$$\text{posterior} = \frac{\text{likelihood. prior}}{\text{evidence}} \tag{6b}$$

前面提到的卡尔曼滤波也可以在贝叶斯框架下进行状态估计,但它只适用于高斯不确定性常微分系统。

虽然对于非线性系统,扩展卡尔曼滤波的使用非常普遍,但同样不能处理非高斯不确定性,虽然这在纯工程应用中很少见,但在考虑工人的数学–统计模型时可能相当普遍。因此,贝叶斯估计和预测方法主要需要基于系统、结构和设备的基本数学模型,以及在状态空间框架中工人和搬运设备/工具的变量,用于估计和预测执行各种调试工作所需的时间。

如前所述,通过多步计算,有关系统、结构、设备的详细工程知识随着工人模型、由于未建模错误系统和测量动态变化、过程稳定的近似时间估计和子系统/组件级调试活动等转化为各种状态及测量方程的随机差分方程。为了启动预估过程,子系统或组件级等类似工作的经验反馈可以表征先验知识条件,这些先验条件可以逐步改善数据测试和调试过程并表征为概率密度函数。因此,我们可以得到各子系统调试过程中所需时间和工时的预测,也就是有效的后验概率密度函数。步进预测–校正过程的时间和工时要求如图9所示。

在卡尔曼滤波中,均值和协方差都通过传播预测–校正方法进行计算,导致贝叶斯后验下的广义贝叶斯估计/预测模型本质上是在测量值($z_{1:k}$ 或 $\boldsymbol{Z}_k$)下传播条件概率密度函数

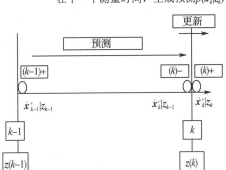

图9 步进预测－校正过程的时间和工时要求

$p(\boldsymbol{X}_k|\boldsymbol{Z}_k)$的状态向量$(\boldsymbol{X})$,通过预估和修正的计算,可以传播$(k-1)$的状态到当前$k$时刻的状态,最终得到状态的最优估计和预测,同时最小化状态的协方差,即

$$E[(\hat{\boldsymbol{x}}_k - \boldsymbol{x}_k)^T] = E[\tilde{\boldsymbol{x}}_k^T \tilde{\boldsymbol{x}}_k] \tag{7}$$

先验函数和似然函数本质上是一阶马尔可夫函数,因此对于具有高斯不确定性的常微分系统,贝叶斯估计算法可以简化为卡尔曼滤波算法。

针对首次启动系统、结构和设备的调试时间估计问题,首先考虑卡尔曼滤波方法作为贝叶斯估计器,得到一个封闭形式的解(假设动力学是线性的,不确定性是高斯的)。如果系统动力学是非线性的且具有非高斯不确定性,那么序贯蒙特卡罗滤波器(SMC)或粒子滤波器等可以作为有效的方法,但这些方法不能提供封闭形式的解。然而,对于一个状态估计问题,粒子滤波计算非常密集,并且是非线性的,如果先验空间(基于所选择的样本集)和似然空间不重叠,则不总是保证收敛。还有一些问题涉及对先验数据进行适当的简化、重新采样的不精确性以及权重的退化,这些问题可能会导致较大的估计误差,并且可能需要对先验数据进行彻底的清洗,然后重新进行计算[12-14]。

如果随着调试活动的进行,缺陷不断发生,并且需要设计变更和额外的备件,则公式可能会变得更加复杂。针对这一具体问题,除了增加电源、机械支持和框架、表面冶金面,以及增加表面和管道加热器等,还增加了备件管理和库存控制的要求。在贝叶斯预测框架下,这将有效地进行先验函数和似然函数的联合条件密度函数求解,其中$p(\boldsymbol{X}_k|\boldsymbol{Z}_k,\boldsymbol{Y}_k,\cdots)$本质上意味着$\boldsymbol{X}_k$的条件概率密度函数依赖于变量$\boldsymbol{Z}_k$、$\boldsymbol{Y}_k$等,通常情况下,这些变量可以是特定动态系统内的变量或来自关联系统的交互变量,甚至表示与备件不足相关的变量。相应地,可能存在多个似然函数$p(\boldsymbol{Z}_k|\boldsymbol{X}_k)$、$p(\boldsymbol{Y}_k|\boldsymbol{X}_k)$等。根据系统/设备类型、控制技术、装配/拆卸方法、对齐问题、静态和/或稳态下的参考测量、性能指标等,这些参数可以是独立的,也可以是联合密度函数[13,15,16]。

这需要进一步研究标准贝叶斯后验方程(式6),看看后验是否仍然具有相似的线性关系/比例关系,以及似然和先验是否仍然具有相似的线性/比例关系,是否可以用数学上方便的形式来表示,即

$$p(\boldsymbol{x}_k|\boldsymbol{z}_{1:k},\boldsymbol{y}_{1:k},\cdots) \underset{\text{def}}{\triangleq} \xrightarrow{\text{yields}} \frac{p(\boldsymbol{z}_k,\boldsymbol{y}_k,\cdots|\boldsymbol{x}_k)p(\boldsymbol{x}_k|\boldsymbol{z}_{1:k-1},\boldsymbol{y}_{1:k-1},\cdots)}{p(\boldsymbol{y}_k|\boldsymbol{y}_{k-1})p(\boldsymbol{z}_k|\boldsymbol{z}_{k-1})\cdots} \tag{8}$$

其中,需要建立 LHS 与上述 RHS 之间的拟合关系,考虑不同测量变量之间的独立性、不相关性或联合概率函数,并在所有条件下检验其最优性。在本例中,首次启动系统调试中除了完成时间的度量外,似然函数还受备件、预算考虑(由于项目时间延长)和组件/系统故障的进一步影响。

7 结论

在估计第 k 步 X_k 的值以及后续计算下一个状态 X_{k+1} 时,我们总是希望可以得到一个公平的评估特定系统/设备调试所需时间的方法,这样就可以为执行与甘特图或 PERT 图有关的详细网络项目调度时提供参考。然而,为了制定这样的时间表,需要对各种系统/设备动力学有非常深刻的工程理解,以及对生产制造过程中可用的最低性能数据进行适当验证。各种系统/设备技术特性为了达到状态向量所需基本数据以及系统动力学方程的相关支撑条件,可以应用适当的控制模式和状态估计形成必要的先决条件,最终达到调试所需的最可能时间。

参考文献

[1] LAWRY K,PONS D J. Integrative approach to the plant commissioning process[J]. Journal of Industrial Engineering,2013(1):1 – 12.

[2] CARCON F,RUGGERI F,PIERINI B. A Bayesian approach to improving estimate to complete[J]. International Journal of Project Management,2016(34):1687 – 1702.

[3] KIM S Y. Bayesian model for cost estimation of construction projects[J]. Journal of the Korea Institute of Building Construction,2011,11(1):1 – 14.

[4] NAUMAN A B,AZIZ R. "Development of simple effort estimation models based on fuzzy logic using bayesian networks" in IJCA special issue on Artificial intelligence techniques— Novel approaches & practical applications[J]. AIT,2011.

[5] KHODAKARAMI V,FENTON N,NEIL M. Improved approach incorporating uncertainty [J]. Article,2005.

[6] BOX G E. P,JENKINS G M,REINSEL G C. Time series analysis,forecasting and control(for a detailed theoretical understanding of AR,ARMA,ARMAX processes and application of statistical techniques on time – series data)[M]. New York:Pearson Education Inc. ,1994.

[7] ZHANG W B. Mathematical modeling in social & behavioral sciences[J]. Mathematical models,2009.

[8] OGATA K. Modern control engineering[M]. London:Prentice hall,1997.

[9] HOSTETTER G H. Digital control system design[M]. London:Holt,Rinehart & Winston Inc. ,1988.

[10] WELCH G,BISHOP G. An introduction to the Kalman filter[M]. Chapel Hill : University of North Carolina,2004.

[11] MAYBECK P S. Stochastic models,estimation and controls[J]. Academic Press, 1971(1):1.

[12] ARULAMPALAM M S,MASKELL S,GORDON N,et al. A tutorial on particle filters for online nonlinear/non – gaussian bayesian tracking [J]. IEEE Transactions on signal

processing,2002,50(2):456 – 468.

[13]   CHEN Z. Bayesian filtering:From kalman filters to particle filters,and beyond[J]. A Journal of Theoretical and Applied Statistics :Statistics,2003,182(1):1 – 15.

[14]   IMTIAZ S A,ROY K,HUANG B,et al. Estimation of states of nonlinear systems using a particle filter, 2006 [C]. Mumbai : IEEE International conference on industrial technology,2006.

[15]   PAPOULIS A. Probability, random variables, and stochastic processes [M]. New York:McGraw Hill Inc. ,1991.

[16]   JOHNSON R A,WICHERN D W. Applied multivariate statistical analysis[M]. New York:Pearson Education Inc. ,2002.

人因可靠性模型的差异

C. Smidts

摘要 人因可靠性分析是一门关注于理解和评估人在与复杂工程系统交互过程中行为的学科。该学科的核心是人因可靠性模型和数据收集工作。本文简要回顾了人因可靠性分析的研究现状,并根据一套科学标准对其进行了评估。

1 研究目的和意义

本文回顾了人因可靠性分析的现状,并确定了可能被认为是未来研究途径的开放性问题。第2部分简要地介绍了人因可靠性模型。第3部分介绍了科学和科学方法论的公认定义,并得出了两个广泛相关的问题,即"我们知道的是否足够多"和"我们是否进行了足够的试验验证"。对于第一个问题,我们在第4部分中讨论。在第5部分中,我们提供了另一个关于数据来源的简要概述,以帮助我们回答第二个问题。然后,第6部分讨论我们在多大程度上解决了第二个问题。第7部分总结全文。最后,应该指出的是,本文并不是要为这些问题提供直接的答案,而仅仅是一个参考框架,可以帮助我们思考答案或组织我们已有的答案。

2 人因可靠性模型概述

人因可靠性分析是一门工程学科,是系统工程、统计学、人的因素和心理学的交叉学科。人因可靠性分析侧重于与复杂工程系统进行交互时对人的行为进行理解和评估。更具体地说,人因可靠性旨在评估越轨行为,包括操作员(从业者)或机组人员(团队)做出的越轨行为,以免无法执行其任务导致灾难性系统故障或有可能产生其他后果。

人因可靠性应用于工程领域,如核工业、航空航天及医学领域。人因可靠性模型大致可分为两类,即第一代和第二代模型。

第一代模型简单但可以有效表达相关问题,其步骤大致为先识别,然后对活动列表进行排序并通过程序分析这些活动相互依赖于彼此的程度[7,18,19]。行为中的偏差通过对每个活动应用预先设置的错误类来定义。这些类可以在普遍接受的分类法中找到,比如遗漏错误和委托错误的类——其中遗漏表示省略给定的人类活动,以及不正确执行活动的委托。虽然这些高级类别是预先确定的,但是偏差的选择和实际情况则需要留给分析人员进行确定。在确定了可能的错误之后,相应的错误概率(表示人为错误概率的 HEPs)将使用平均基本概率进行评估,然后根据给定情况和个人情况对基本概率进行校正。修正因子指的是由撰写者决定的绩效形成因子或绩效影响因子。影响绩效的因素包括压力水平、经验等,绩效形成因子被划分为离散的级别。例如,分析师会根据给定的情况将压力评估为高、中、低水平。对于绩效形成因子的每个级别,值都是相互关联的且可以用作基本错误概率的校正因子。这些用于校正的函数可能与人因可靠性分析方法不同。例如,THERP[19]使用乘法因子进行校正,SLIM - MAUD[7]使用指数函数。第一代模型被认为适用于定义良好的重复性任务,如维护活动。从数学的角度看,人为误差的概率分配过程可以被看作基于工程判断确定适当的因素及其水平,然后应用于非线性回归,如图1所示。

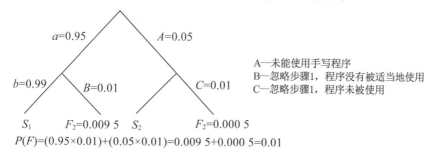

A—未能使用手写程序
B—忽略步骤1,程序没有被适当地使用
C—忽略步骤1,程序未被使用

$P(F)=(0.95×0.01)+(0.05×0.01)=0.009\ 5+0.000\ 5=0.01$

图1　基于 THERP 的柴油机自动启动机组故障概率计算实例

第一代模型主要将人类操作者或参与者表示为一个黑盒子,而没有深入探究其任何内部思维过程,而第二代模型则试图表示认知过程的相关方面[3,5,17,22,23]。因此,它们通常涉及主要认知过程的表示,如信息感知、记忆处理、决策以及最后的行动。第二代模型通常是仿真驱动的,并且更加精细(即比第一代模型更逼真),这些模型通常也是动态的(当操作人员与交互系统生成信息时,吸收这些信息并相应地做出响应)。性能塑造因素也被用来改变认知过程(例如,高水平压力被用来延迟或阻止记忆检索)。随着情况的发展,性能塑造因素也会随着过程而更新。例如,如果涉及事故场景的操作员发现危害性正在增加,他/她可能会变得更加谨慎。这些模型通常用于事故条件,即在非常规性条件下,操作人员的行为较难预测,因为这在很大程度上依赖于操作人员/机组人员与系统之间的相互作用。当然,第二代模型要比第一代模型复杂得多,并且包含大量的自由度,如图2所示。

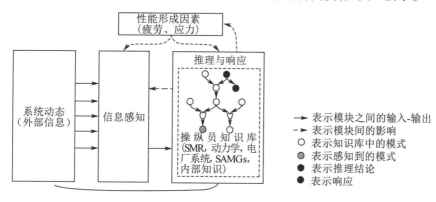

图2　第二代模型的说明[23]

3　科学的定义

为了根据科学的标准来评估人类可靠性,我们将参考一些公认的科学定义。科学理事会[14]提出:"科学是遵循基于证据的系统方法论,对自然及社会世界知识和理解的追求与应用。"显然,人因可靠性需要努力满足这些需求。因此,问题不在于人因可靠性是否倾向于一门科学,而在于它在多大程度上达到了这一目标,在何种程度上可以获得必要的知识并将其纳入模型从而进一步发展,在何种程度上已有和正在寻求了解,以及在何种程度上已充分建立了一套以证据为基础的系统方法。

"知识"一词的含义是不言自明的,它进一步阐述了"科学"定义中使用的各种词汇。"理解"在不同文献中的概念如下:

"理解的力量:理解一般细节关系的能力;通过应用概念使经验变成可理解的能力。"[21]

"理解也是一种基于知识的感觉,尤其是基于行为的原因。"[4]

理解通常与我们的预测能力有关。此外,科学委员会进一步扩展科学方法的定义。科学方法包括:

· 客观观察:测量和数据(可能不一定使用数学作为工具)。

· 证据。

· 试验或观察作为检验假设的基准。

· 归纳:从事实或例子中建立一般规则或结论的推理。

· 重复。

· 关键分析。

· 验证和测试:审查、同行评审和评估[14]。

可以看出,科学方法在这里被描述为归纳、观察、试验和基准的混合。

这些定义促使我们直接分析几个重要的问题:我们是否知道并理解了足够多的知识,并将这些知识和理解合并到我们的模型中?我们是否进行了足够的试验、验证和观察?我们是否在进一步努力发展知识和理解?这些可能是我们真正应该问的问题。

4 我们知道的是否足够多

先验地说,如果我们知道并且理解所有的事情,那么我们就能够预测所有的事情。从可靠性和安全性的角度来预测一切才是真正让我们感兴趣的,因为我们的目标是避免损失以及对财产和环境的破坏。只有在我们能够预测的情况下,我们才有能力保护我们的资产。从科学的角度来看,我们想要进一步表达和解释的内容无限多;而从工程的角度来看,只要目标得到满足,我们可能不需要这种无止境的细化。然而,当一个人不再是为了回答特定的工程问题而仅仅是为了科学本身时,这种情况的确从未被阐明过。我们对这个问题的掌握还不足以回答这个问题,但也许这个问题本身是可以被框定的。

我们想知道的程度是由结果对我们知道程度的敏感性决定的。如果 R 是模型 M 生成的问题 Q 的结果集,其中 Q 是我们所关心的问题,是否有必要进一步开发另一个模型 M' 来回答比 M 更多的问题?

我们可以很容易地用数学语言把它形式化。给定 Q、R、M 和 T,其中 Q 是一组问题,R 是一组结果,M 是在问题 Q 下返回结果 R 的模型,T 是在任何一组问题下返回真实结果的模型,我们可以表示为

$$M(Q) = R$$

让我们将所有可能问题的集合定义为 Q_{all},并将与 Q_{all} 关联的所有可能回答的集合定义为 R_{all},则有

$$Q \subset Q_{all}$$
$$R \subset R_{all}$$

假设 M' 是另一个模型，我们说 M 等价于 Q 上的 M，当且仅当

$$M'(Q) = M(Q)$$

我们把这个关系表示为

$$M' \equiv QM$$

我们还定义了一个关于模型范围的有序关系，原因将在后文解释清楚。模型 M 的定义范围比模型 M' 的范围更广，当且仅当

$$\left(\begin{array}{l} (\exists Q \subset Q_{all} \mid Q \neq \varnothing), \exists (Q' \subset Q_{all}, R \subset R_{all}, R' \subset R_{all}, R'' \subset R_{all}, \\ Q' \neq \varnothing, R \neq \varnothing, R' \neq \varnothing, R'' \neq \varnothing), \\ (\not\exists \ Q'' \subset Q_{all} \mid \exists R''' \subset R_{all}, R''' \neq \varnothing) \end{array} \right)$$

（1）$Q \cap Q' = \varnothing, Q \cap Q'' = \varnothing, Q' \cap Q'' = \varnothing$；

（2）$M(Q) = R, M'(Q) = R'$；

（3）$M(Q') = R'', M'(Q') = \varnothing$；

（4）$M(Q'') = \varnothing, M'(Q'') = R'''$。

这个关系表示模型 M 回答的问题比模型 M' 多，因为它返回 Q 和 Q' 的结果，而 M' 只返回 Q 的结果。这个关系表示为

$$M' <_{Broad} M$$

更广泛的模型反映了更广泛的知识。

虽然这种类型的描述可能归因于试图满足许多不同目标的模型，但是问题变成了在人因可靠性模型中关于广度（后来也称为范围）的概念。

据我们所知，一个人类个体的可靠性模型（我们将目前讨论的范围限制在一个人，因为这样的讨论可以很容易地扩展到一群人）可能需要描述以下特点：

（1）记忆；

（2）情感；

（3）环境；

（4）推理和决策；

（5）采取行动和相关的运动技能；

（6）信息检索和相关的生理技能（视觉、嗅觉和听觉）；

（7）各种其他组件之间的交互（1）~（6）。

这些组件的范围、细节和视图（功能模型、决策等）、组件（眼睛、耳朵、神经元）都会有所不同。

这样能够根据"比前面定义范围更广"的关系对顺序模型进行排序。在一个涵盖范围更广泛的模型中，更多的知识可以被捕捉到可能改变并最终影响人类的行为。这些影响可能超出操作的直接环境。

"范围越广，知识越多，理解越多"的含义为

含义 1：$(M' <_{Broad} M) \rightarrow_? (M' <_{KU} M)$

其中 $<_{KU}$ 是关于潜在的认知和理解能力的顺序关系。

要获取给定范围的模型深度概念，我们可以考虑以下定义。假设 Q 是一组问题，M 和 M' 模型对 Q 有答案，我们可以说 M' 比 M 更详细，当且仅当

$$\exists a \text{ Part of a singleton of } Q \mid \exists R, R', R'' \subset R_{all} \mid M'(Q)$$
$$= R', M(Q) = R, M'(a) = R'', M(a) = \varnothing$$

我们可以将 M 和 M' 之间更详细的顺序表示为

$$M(Q) <_{\text{Detailed}} M'(Q)$$

通过在前面的表达式中保留 Q，我们允许模型对一些问题集表述得更详细，而对其他问题更少。如果上面的表达式对 Q_{all} 中的所有 Q 都成立，则

$$M <_{\text{Detailed}} M'$$

更详细的模型也反映了更多的知识和理解，因为人们需要能够表达细节并理解它们。此外，如果稍后再进行测量，则这些较低层次的要素将得到测试，并对其有效性提出质疑。任何差异都将对行为的根本原因提供更深刻的理解。我们的假设如下：

"更详细包含更多的知识，因此允许更多的理解"的含义为

含义 2：$(M(Q) <_{\text{Detailed}} M'(Q)) \to_? (M(Q) <_{\text{KU}} M'(Q))$

其中 $<_{\text{KU}}$ 是关于潜在的认知和理解能力的顺序关系。

我们也将对视图的概念进行简要探讨。任何一种视图类型的先验模型都可以产生我们所寻求的结果。然而，人类的可靠性模型大多是基于功能的，因为基于生物学的模型还没有那么发达，而且目前主要关注老鼠的行为，而不是人类的行为。虽然人类肯定具有这些动物的某些特征，但人类思维的扩展并不存在。人类等生物的组成部分与其功能之间的映射仍然是一个开放的研究领域，至少对于更详细的表示（比如那些可以在神经元级别的表示）来说是如此。当然，在粗颗粒度表示级别上，其关系大多是很好理解的。由于目前对这一领域的研究相对滞后，我们可以推测，在生物学水平上的详细表示将是不完整的，而且大部分是不准确的。从事这样的研究将使我们朝着更加科学的方向去研究人类的可靠性，因为它可以提高我们对观察行为的理解水平，或许还能帮助我们更好地预测它们。此外，还可以创建不仅包含单个视图而且同时包含多个视图的模型，正如我们在其他领域（如软件工程[10,13]或机械系统）[8]中所探索的那样。

视图允许我们回答给定类型的问题，即功能等。因此，我们定义一个返回问题类型的操作符。然后，我们定义模型 M 和 M' 之间的更多视图关系，如下所示。首先，让我们将 Type_{all} 定义为一组可能的问题类型，$\text{type of}(.)$ 作为返回给定问题类型的操作符。

（1）$\exists\, t \in \text{Type}_{\text{all}} \mid \forall\, Q \in Q_{\text{all}} \mid \text{type of}(Q) = t, \exists\, R' \in R_{\text{all}} \mid M'(Q) = R', M(Q) = \phi$；

（2）$\nexists\, t' \in \text{Type}_{\text{all}} \mid t' \neq t \mid \forall\, Q \in Q_{\text{all}} \text{type of}(Q) = t' \mid \exists\, R \in R_{\text{all}} M'(Q) = \phi, M(Q) = R$。

模型 M 与 M' 之间的这种有序关系表示为

$$M <_{\text{Views}} M'$$

对于前面的例子，我们推断，在我们的问题中可能会呈现出更多角度，同时理解这些角度之间的相互作用，可能需要更多的知识。

"多见多识"的含义为

含义 3：$(M <_{\text{Views}} M') \to_? (M <_{\text{KU}} M')$

以上关系也可以像我们以前所做的那样局限于特定的问题子集。

除了这三个维度的知识和理解，人们可能会想介绍其他方面比如因果关系模型中包含的程度来衡量因果解释的比例或者抽象的程度，这就是我们用一个包含与其他模型相同数量特性/元素的模型正确地回答大量问题的能力。

为了在其他部分继续讨论，让我们介绍一些额外的定义。

两个模型 M 和 M' 在问题 Q 上会有所不同，当且仅当

$$M'(Q) \neq M(Q)$$

现在我们引入"正确性"的概念,一个模型被称为不正确的,当且仅当

$$\exists Q' \subset Q \subset Q_{all} \,|\, \mathrm{distance}(M(Q'), T(Q')) > \varepsilon(C)$$

$\varepsilon(C)$ 取决于在问题 Q 中模型 M 的问题和对应的容忍误差。如果一个模型的距离估计和真值优于容许极限 $\varepsilon(C)$,则我们可以认为模型是不正确的。在这里,C 被定义为产生这些错误的后果代价,即错误计算响应的代价。通常,我们离真实值越远,就越有可能产生这些后果。越产生激烈的后果,我们就越有可能设置 $\varepsilon(C)$ 是一个小值,以减少我们的风险。因此,容许值 $\varepsilon(C)$ 被认为是一个函数的成本后果。距离的概念是根据问题和我们的目标来定义的。

上述定义的推论是,不正确的模型是正确的。

在定义了这种概念之后,我们现在根据"正确"和"错误"的概念来定义"更接近真理"的概念。

我们把这个关系表示为

$$M' <_T M$$

在这里,M 比 M' 更接近真值。

模型 M 在 Q 上比模型 M' 更接近事实,当且仅当

$$\mathrm{distance}(M(Q), T(Q)) < \mathrm{distance}(M'(Q), T(Q))$$

因此,"我们知道的是否足够多"这个问题可以得到答案,当且仅当

$$\forall Q \in Q_{interest}, \exists M \,|\, \mathrm{distance}(M(Q), T(Q)) < \varepsilon(C(Q))$$

其中 $Q_{interest}$ 是一个超集,由我们可能想要回答的所有问题集创建。

这当然是一个非常苛刻的要求。

(1)它要求我们知道 $Q_{interest}$(这个集合是动态的,会随着时间而变化),一些问题会过时,而另一些问题会随着时间而出现。所以,本质上我们应该表示为 $Q_{interest}(t)$,这里 t 不是一个任务时间,而是一个历史时间框架。对于人的可靠性模型,这种变化的例子是自动化引入的,它要求改变人类操作、接收信息、监视和控制电厂的方式,或引入数字化控制和远程控制等方式。技术的每一个阶段变化都需要对现有的一组人类可靠性模型或全新的模型进行更改和适应。

(2)它要求我们能够测量 $M(Q)$ 和 $T(Q)$ 之间的距离,这本质上告诉我们,我们应该通过试验或历史数据来观察这种差异。这是我们下一部分研究的内容。

(3)它要求我们能够计算出不正确评估结果的成本。为此,其他模型和结果模型应可用。

通过定义一个特定的应用领域,我们当然可以重新定义 D 领域的问题,D 领域(域 D)可以是核能、一般能源、医疗、航空、交通、航空制造等。然后问题就变成了"我们对域 D 知道的是否足够多""一个域 D 的问题集当然会产生一些限制,其结果模型也会发生变化。

我们定义了 $Q_{interest}$ 对域 D 的限制:限制 $Q_{interest} \to D$。

最后,我们还需要注意,应该建立对 $<_T$ 和 $<_{KU}$ 这两个有序关系的理解。我们凭直觉推断 $<_{KU} \to_? <_T$,但是其应该被证明,并且可能取决于支持数据的质量。

5 关于 HRA 数据的简短介绍

在本部分中,我们将讨论可用的 HRA 数据类型。我们可以将其大致分为:

(1)历史数据,有关实际事件的数据记录(美国核管理委员会);

（2）模拟或实际环境试验结果[2,6]；

（3）有针对性的试验，通常出现在针对特定反应的心理学试验中，比如对信号的反应时间[12]。这些与模型中的微观行为有关。

（4）基准数据通常为基准问题的模型评估（$Mi(Q_{\text{Benchmark}})$，$i = 1, 2, \cdots, N$，用于比较各种评估模型[11]的试验数据，例如公认的试验基线[1,9]）。

虽然这一讨论可以扩大到其他领域，但目前还主要集中在核工业领域取得的经验。

在操作过程中，人类绩效的历史记录可以在其历史系统中及公共领域的监管机构数据库中保存，如被许可方事件报告（如美国核管会）[20]。公司记录通常很难访问，因为它们包含专有信息，而且可能是零散的，因此它们不能满足特定模型的数据需求。基于其公共性，事件报告更容易访问，而且可能更详细，因为它们是由事件的发生触发的，因此随后会进行详细的调查。然而，尽管在调查中捕获的信息对模型构建者来说非常有用，但有时可能需要用当前记录中缺少的事实和信息来补充，以满足特定模型的数据需求。但由于这些事件通常都过去了，所以几乎不可能在以后的时间完成记录。被许可方事件报告也是零星的，因为它们只在事件发生时收集，而且这些报告中没有此类成功信息。

目前正在努力开发人因可靠性数据库，以便以给定的格式捕获信息，从而更好地映射到需要的人因可靠性建模数据[6]。然而，这样虽然有助于当前的模型，但可能无法满足未来模型的需要。

在公司指定的模拟器或国家培训设施的培训期间也会收集数据，但由于隐私问题，这些数据难以访问。此外，数据是学习数据，操纵员的能力和知识可能还没有饱和。而且，虽然它提供信息，但它可能不记录在受控试验中，因此数据的价值可能会降低。

另一方面，随着数字技术的出现，核电站的全范围数字化模拟器正在蓬勃发展，这些模拟器可以使学生、操作人员[16]以较低的成本进行一系列受控试验。当然，使学生代替经验丰富的代理操作人员也是一个隐患。

剩下的数据来源与针对性的试验有关，这些试验旨在捕捉微观行为的底层信息。一个简单的例子可能是研究警报的反应时间[12]。这些研究通常是通过对不同人群（如学生）进行心理学试验而系统地进行的，可以为当前的人因可靠性模型提供部分信息。显然，在这种情况下研究背景和参与者可能都不够充分。

我们可以看到，每个数据源的应用领域是不同的，每个数据源都充满了错误的来源（参见图3），这使得在人因可靠性模型的相关领域中进行解释和使用变得复杂。

通过以上讨论，我们得出了 HRA 数据的以下基本特征。

（1）收集资料的系统可能与对应系统有所不同，我们把这两个系统表示为 $Sys_{\text{Exp.Data}}$ 和 Sys_{interest}。

（2）研究中的问题可能与实际问题不同，我们将这两组问题表示为 $Q_{\text{Exp.Data}}$ 和 Q。

（3）试验对象也可能与预期的主题不同，我们用 Sub_{Exp} 来表示试验对象或收集数据的来源，用 Sub_{intended} 来表示真正的预期对象。

（4）对于用来获取数据的机制，即模拟试验（全尺寸或微观）、历史记录的数据提取等，用 $Mech_{\text{Exp.Data}}$ 来表示。

在试验方法中，每一个差异或限制都会引入误差。例如，使用模拟器环境将引入参考文献[16]中讨论的一系列偏差。每一种情况都应建立明确的误差模型，以解释试验与潜在现实之间的差异。参考文献[16]研究了一个显式模型以及该模型应如何与人因可靠性模

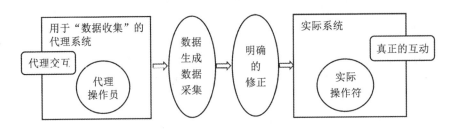

图 3　数据来源

型相结合,针对特定的数据采集机制(如受控试验)建立了误差模型。然而,这里仍然需要大量的研究。

我们将与试验数据(或历史数据)关联的错误函数定义为

$$\mathrm{Err}(M;\mathrm{Sys}_{\mathrm{Exp.Data}}{\to}\mathrm{Sys}_{\mathrm{Interest}};Q_{\mathrm{Exp.Data}}{\to}Q;\mathrm{Sub}_{\mathrm{Exp.Data}}{\to}\mathrm{Sub}_{\mathrm{Intended}};\mathrm{Mech}_{\mathrm{Exp.Data}})$$

6　我们的试验是否充足

为了确定我们是否做了足够的试验,我们需要了解试验和历史数据如何影响我们对第 4 部分中距离函数的评价。

我们首先修改前面几段中介绍的符号,以明确定义正在考虑的系统和操作人员。为了表示这些,我们将 $M(Q)$ 修改为 $M(Q;\mathrm{Sys}_{\mathrm{Interest}};\mathrm{Sub}_{\mathrm{Intended}})$。

我们应该将部分数据用于开发模型,或者识别其参数、开发回归模型和识别特征,而数据的其他部分可以用来验证模型。我们假设用于验证模型的数据包含我们用于开发模型的数据。同时,假设将数据分为两个数据集:$\mathrm{Exp.Data}_{\mathrm{Dev}}$ 表示用于开发的数据;$\mathrm{Exp.Data}_{\mathrm{Val}}$

是专门为验证而收集的数据。有趣的是,随着开发数据和新验证数据的获取,即使是后者的数据也可能会被回收。

模型开发人员最有可能的目标是使用数据开发其模型,以达到特定目标。让我们定义

$$\text{Risk}_{\text{Dev. Low. B}} < P\left(\text{distance}\left(\begin{array}{c} M(Q_{\text{Dev. Data}};\text{Sys}_{\text{Dev. Data}};\text{Sub}_{\text{Dev}}), \\ T(Q_{\text{Dev. Data}};\text{Sys}_{\text{Dev. Data}};\text{Sub}_{\text{Dev. Data}}) \end{array} \right) \right)$$
$$< \varepsilon(C(Q_{\text{Dev. Data}};\text{Sys}_{\text{Dev. Data}};\text{Sub}_{\text{Dev}})) < \text{Risk}_{\text{Dev. Up. B}}$$

其中 $\text{Risk}_{\text{Dev. Low. B}}$ 和 $\text{Risk}_{\text{Dev. Up. B}}$ 为模型开发的上、下概率界,$P(\cdots)$ 表示 $\text{Sys}_{\text{Dev. Data}}$,$\text{Sub}_{\text{Dev. Data}}$ 和 $Q_{\text{Dev. Data}}$ 分别对应的概率。这些数据分别对应于收集数据的代理系统、使用的代理主题和代理问题。

类似的方程也适用于验证数据,其中引入了两个新的界限:

$$\text{Risk}_{\text{Val. Low. B}} < P\left(\text{distance}\left(\begin{array}{c} M(Q_{\text{Val. Data}};\text{Sys}_{\text{Val. Data}};\text{Sub}_{\text{Val}}), \\ T(Q_{\text{val. Data}};\text{Sys}_{\text{Val. Data}};\text{Sub}_{\text{Val. Data}}) \end{array} \right) \right)$$
$$< \varepsilon(C(Q_{\text{Val. Data}};\text{Sys}_{\text{val. Data}};\text{Sub}_{\text{val}})) < \text{Risk}_{\text{val. Up. B}}$$

其中 $\text{Risk}_{\text{Val. Low. B}}$ 和 $\text{Risk}_{\text{Val. Up. B}}$ 为模型验证的上、下概率界,$P(\cdots)$ 表示 $\text{Sys}_{\text{Val. Data}}$、$\text{Sub}_{\text{Val. Data}}$ 和 $Q_{\text{Val. Data}}$ 分别对应的概率。这些数据分别对应于收集验证数据的代理系统、使用的代理主题和代理问题。

我们为参考文献[15]中的 THERP 模型处理了这样的验证需求,但是这在多大程度上适用于其他模型也应该进行深入研究。实际上,我们想要将其转化为预期的系统和主题。为了验证,方程可化为

$$\text{Risk}_{\text{Val. Low. B}} < P\left(\text{distance}\left(\begin{array}{c} M(Q_{\text{Val. Data}};\text{Sys}_{\text{Val. Data}};\text{Sub}_{\text{Val. Data}}), \\ T(Q_{\text{Val. Data}};\text{Sys}_{\text{Val. Data}};\text{Sub}_{\text{Val. Data}}) \\ + \text{Err}\left(\begin{array}{c} M;\text{Sys}_{\text{Val. Data}} \to \text{Sys}_{\text{Interest}};Q_{\text{Val. Data}} \\ \to Q;\text{Sub}_{\text{Val. Data}} \to \text{Sub}_{\text{Intended}};\text{Mech}_{\text{Val. Data}} \end{array} \right) \end{array} \right) \right)$$
$$< \varepsilon(C(Q_{\text{Val. Data}};\text{Sys}_{\text{Val. Data}};\text{Sub}_{\text{Val. Data}})) < \text{Risk}_{\text{Val. Up. B}}$$

7 结论

在本文中,我们回顾了人因可靠性的科学要求。这样,我们得到了一组关于人因可靠性模型的属性和需求,以及我们表达这些需求的形式。下一步是根据这些需求评估当前的模型。有趣的是,这种形式表示的各个方面都可以扩展到一般模型的讨论中。

致谢

感谢赵云飞对本文的评论以及他对相关工作的支持。

参考文献

[1] BORING R L,HENDRICKSON S M,FORESTER J A,et al. Issues in benchmarking human reliability analysis methods:A literature review[J]. Reliability Engineering & System Safety,2010,95(6):591 - 605.

[2] BORING R,KELLY D,SMIDTS C,et al. Microworlds,simulators,and simulation:Framework for a benchmark of human reliability data sources,June 25,2012[C]//Joint

probabilistic safety assessment and management and european safety and reliability conference,2012.

[3] CACCIABUE P C, DECORTIS F, DROZDOWICZ B, et al. COSIMO: A cognitive simulation model of human decision making and behavior in accident management of complex plants[J]. IEEE Transactions on Systems, Man, and Cybernetics,1992,22(5):1058 - 1074.

[4] https://dictionary. cambridge. org/us/dictionary/english/understanding/. Retrieved September 2018.

[5] CHANG, Y H J, MOSLEH A. Cognitive modeling and dynamic probabilistic simulation of operating crew response to complex system accidents:Part 1:Overview of the IDAC Model[J]. Reliability Engineering & System Safety,2007,92(8):997 - 1013.

[6] CHANG Y J, BLEY D, CRISCIONE L, et al. The SACADA database for human reliability and human performance [J]. Reliability Engineering & System Safety, 2014 (125):117 - 133.

[7] EMBREY D E, HUMPHREYS P, ROSA E A, et al. SLIM - MAUD:An approach to assessing human error probabilities using structured expert judgment. Volume Ⅱ:NUREG/CR-3518 - VOL. 2[R]. Brookhaven National Laboratory,1984.

[8] KURTOGLU T, TUMER I Y, JENSEN D C. A functional failure reasoning methodology for evaluation of conceptual system architectures[J]. Research in Engineering Design,2010,21 (4):209 - 234.

[9] LOIS E, DANG V N, FORESTER J, et al. International HRA Empirical Study—Description of overall approach and first pilot results from comparing HRA methods to simulator data[R]. Halden Work Report HWR - 844,2008.

[10] MUTHA C, JENSEN D, TUMER I, et al. An integrated multidomain functional failure and propagation analysis approach for safe system design[J]. AI EDAM,2013,27(4):317 - 347.

[11] POUCET A. Survey of methods used to assess human reliability in the human factors reliability benchmark exercise[J]. Reliability Engineering & System Safety, 1988, 22 (1 - 4): 257 - 268.

[12] RATCLIFF R, SMITH P L. A comparison of sequential sampling models for two - choice reaction time[J]. Psychological Review,2004,111(2):333.

[13] RUMBAUGH J, JACOBSON I, BOOCH G. Unified modeling language reference manual[M]. 2nd ed. ,Pearson Higher Education,2004.

[14] Science Council. https://sciencecouncil. org/about - science/our - definition - of - science/.

[15] SHIRLEY R B, SMIDTS C, LI M, et al. Validating THERP:Assessing the scope of a full - scale validation of the technique for human error rate prediction[J]. Annals of Nuclear Energy,2015(77):194 - 211.

[16] SHIRLEY R B, SMIDTS C. Bridging the simulator gap:Measuring motivational bias in digital nuclear power plant environments[J]. Reliability Engineering & System Safety,2018 (177):191 - 209.

[17] SMIDTS C, SHEN S H, MOSLEH A. The IDA cognitive model for the analysis of

nuclear power plant operator response under accident conditions. Part I: Problem solving and decision making model[J]. Reliability Engineering & System Safety,1997,55(1):51 -71.

［18］ SPURGIN A J. Operator reliability experiments using power plant simulators, volume 1:executive summary[M]. Electric Power Research Institute,1990.

［19］ SWAIN A D, GUTTMANN H E. Handbook of human - reliability analysis with emphasis on nuclear power plant applications[R]. Albuquerque, NM (USA): Sandia National Labs,NUREG/CR - 1278;SAND - 80 - 0200,1983.

［20］ US Nuclear Regulatory Commission. Licensee Event Report(LER). https://www. nrc. gov/reading - rm/doc - collections/event - status/.

［21］ https://www. merriam - webster. com/dictionary/understanding/.

［22］ WOODS D D,POPLE,Jr H E,ROTH E M. Cognitive environment simulation:A tool for modeling intention formation for human reliability analysis [J]. Nuclear Engineering and Design,1992,134(2 - 3):371 - 380.

［23］ ZHAO Y,SMIDTS C. A dynamic mechanistic model of human response proposed for human reliability analysis,July 2017[C]//International conference on applied human factors and ergonomics. Springer,2017:261 - 270.

人因可靠性评估

——任务和目标相关行为的研究

Oliver Sträter

摘要　系统的重大故障表明,当今世界和环境保护是多么强烈地依赖于系统的顺利运行。事件可以被看作导致系统缺乏安全功能的不可预见条件的影响。然而,必须通过相关方法表明系统在现实生活条件下可以安全地运行,而这需要对相关技术系统进行预测和风险评估。随着事故的不断发生,目前预测风险评估的不完整性开始显现。本文描述了如何改进在风险和事故下人类角色的预测与风险评估。本文将描述误区并分析为何需要更好的人因可靠性评估模型,包括与任务和目标相关的人类行为风险评估。

1　人类行为可靠性的重要性

1.1　人因

1976 年 Seveso 和 1984 年 Bhopal 的化学事故、1986 年切尔诺贝利核事故以及 2002 年康斯坦斯湖两架飞机相撞的事故都是这方面典型的例子。这些事件对社会发展产生了巨大的影响。例如,在 2011 年的福岛核电站事故之后,日本启动了德国的能源转型计划并决定终止核能发电。除了这些技术性更强的事件外,许多社会事件也显示了人因可靠性的重要性,如 2010 年在德国杜伊斯堡举行的"爱的游行"中,21 人死于动乱。

但是,更常见的事件如汽车事故或工业操作中的事故表明,系统可靠性是操作规划和优化的关键因素。在美国进行的一项关于人类医学错误的研究表明,每年有4.4万~9.8万名患者不是因为实际疾病而是因为医院工作人员的不当行为而死亡。这种原因大约占5%,与可靠性要求相比,这显然是一个很高的损坏概率。

发生这些事件的原因主要是所谓的"人因失误"。在所有的严重事件中,也显示出人为因素导致系统中隐藏的弱点,即所谓的潜在错误。潜在错误只会在请求错误的子系统时才会导致严重后果。潜在错误的例子包括对紧急系统执行错误的维护工作(如不能正常工作的手刹车)、软件设计错误以及管理效率低下。这些隐蔽的弱点通常在事件生成和事件开发过程中扮演重要角色,因为它们通常会在系统或组织中持续多年,或者在附加约束下影响整个系统。参考文献[32]阐述了业务或技术系统在组织和管理中的潜在固有弱点。

操作管理及产品开发所有领域的干扰和事故都与人为因素有关。这一事实表明,在应该避免这种事件时,心理意识对于解决和减轻故障或事故是必不可少的。

人的因素在所有人造系统的运作中都起到至关重要的作用,无论是作为操作员、产品设计师、设计师、监督者还是政治决策者。然而在日常生活中,人们往往只关注操作人员在系统中执行物理操作的过程。一个典型的例子是目前所谓的"自动驾驶",其中交通安全的论点总是被引用,研发人员的主要观点是用一种据称安全的技术取代貌似不安全的驾驶员,从而使整个交通系统更加安全。

这种对人类在系统中所扮演角色的理解太狭隘了。系统的事故或严重中断充分显示了技术世界中人的方面,这缘于不同工作级别的系统要素与系统的意外操作条件相结合而产生的复杂相互作用。

要构建人因可靠性问题,要看三个方面并在他们的相互作用下决定一个人或一个群体的人类行为:工作水平、环境和动态特性、系统范围/复杂性(图1)。工作水平是指系统中不同人类活动的范围与不同的角色[20]。除了工作流程之外,系统元素之间的复杂性对系统鲁棒性也起到至关重要的作用[29]。最后,环境和动态特性指的是个体对具体工作环境的重要性[13]。

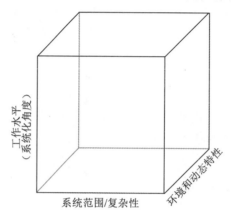

图1　人因可靠性问题领域

近年来,通过制定程序,可以更好地将心理和组织方面纳入系统安全的评估。对这一心理改进程序的需求来自风险相关领域发生的事件。

2　系统地考虑人的可靠性

对于系统的弹性或鲁棒性,上述三个方面及其相互作用都很重要。因此,我们建立了不同的方法,在分析或评价系统可靠性时,对这一问题的重视程度也有所不同。例如,Everdij & Blom[9]仅收集了847种可靠性评估方法和87种人因可靠性评估方法。以下阐述三个主要方面。

2.1　工作水平的重要性

除了在技术级别上与系统直接交互的人员之外,检查那些通常与系统相关的活动和操作也很重要。这些人首先包括维护和修理系统的人。此外,组织及其管理和决策层,以及为该组织或监管监督提供产品的其他组织也对系统安全产生重要影响。人为错误的程度可以相应地做以下区分[20,32]:

　　·执行层——直接处理系统的人员层:此级别的错误将导致所谓的活动错误。这些错误直接出现在不希望的系统状态中[31]。

　　·维护层——对系统进行维护和服务的人员层:系统从来不可避免地需要维护。它们需要接受定期检查或定期调整(如软件更新)。在大多数情况下,维护活动中的错误会导致系统中的潜在错误。

·设计层——技术系统的组成人员层:系统的错误设计可以被认为是最关键的。因为它们是在产品开发的早期阶段,因此很难发现并且很难在系统运行后期修改[45]。

·组织层——每个系统除了直接作用于系统的人员外,还需要提供完成任务所需资源的组织。这些任务通常委托给业务管理部门。由于本级错误造成的资源供给错误或要求不合理,都可能导致本级人员的失职。

·监管层——负责系统监管的人员:我们这个高度复杂的世界为系统安全标准和维护制定了广泛的规章制度。在这个层次上也可能发生误判并在工作层次上表现为错误。过度监管是一个众所周知的现象。

在这些工作层上最著名的观点被称为所谓的瑞士奶酪模型[31]。研究人员将工作层的缺陷描述为奶酪片上的洞,这对下一个工作层会产生不利影响。

这些层次是相互作用的。工作层的人员可能需要权衡规定对目前工作情况的重要性以便有效地工作,不必要或不明确的规定可能导致错误的决定或重要行动的遗漏。从对事件的分析中可以看出,特别是在中断的情况下,需要操作者的灵活且深思熟虑的行为,人们更倾向于坚持给定的程序,因此不再考虑事件的临界条件[43]。不适当的安全规则,即不反映当前工作环境并对安全产生负面影响的规定,可能会导致严重的混乱。因此,监管层有责任来设计正确且切实可行的安全规则。

如果试图通过自动化来减少人类的影响,则这仅仅意味着在工作层上与可靠性有关的人员级别向"较高"层级转移。然而,总体而言,由于管理级别的流程设置失败会进一步影响到工作级别的所有员工,因此增加了执行层所有人出错的可能性,从而增加了人类行为对安全产生的影响。Bainbridge[5]将自动化降低人类行为在系统中重要性的谬论简洁地描述为"自动化的讽刺"。

这种讨论的另一个含义是,从科学的角度来看必须区分人为错误和人为失败。媒体经常在两者之间建立直接的关系。这相当于对该人的事先定罪,如果该人犯了错误,他就失败了。事实上,人的错误是由多种因果关系造成的。不能仅仅把人类对原因的独立考虑当作错误的动因。因果不清的分离通常会导致错误与罪恶感混在一起;然后,组织的安全文化受到损害,因为问题没有被公开交流。因此,在所有业务层改进的潜力会减少,而无过失的文化能使本组织做到这一点。

2.2 环境的影响

人类处理信息的质量与人们处理的环境密切相关[13]。环境可以促进可靠性(对安全性的积极影响)或促进错误[26]。例如,一个熟悉的警报序列或者已知的警报系统有很高的误警报率,可以使人们预知如何根据训练得到的技能和经验来处理这种情况。只有环境才能决定技能和经验是否增强了安全性。

对系统行为的经验导致了人们对扰动发展的预期期望,从而不完整地但快速地搜索关于副作用的干扰,然后采取措施尽可能使之产生积极影响。

例如,推翻切尔诺贝利安全系统的分析团队是有史以来最成功的团队,他们认为"过度自信"在机组人员放弃反应堆保护的决定中肯定发挥了重要作用[21]。根据情况的动态变化,我们可以区分工作设计产生的影响人类绩效因素(PSF,绩效塑造因素)和发生可控干扰情景方面的影响因素。如图 2 所示,利用人机系统的方法可以对影响因素进行结构化。在任何工作系统中,都要区分与任务、操作、技术系统、反馈和环境相关的因素。在人与人之间的交流中,任务分配和任务反馈也是需要区分的。工作环境考虑了经典的人机工程学因素,如光和噪声条件、工作任务的 IT 设计、技术系统的人机工程学设计,以及静态、动态资源的提供。

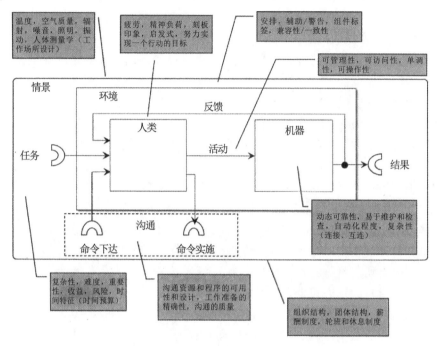

图 2　人为错误的环境

2.3　系统复杂性对人类行为的影响

1. "人为因素"的任务与效用

为了理解人为错误,错误行为的认知本质对于确定系统安全性至关重要。个体是否尝试处理给定的任务,或者是否将自己的效用考虑到行为中,这是完全不同的。参考文献[31]将这一重要差异表示为非故意(与任务相关)的错误和故意(与实用程序相关)的错误。当然,即使在非故意错误的情况下,也有故意的人,但只有唯一的一个人去执行了该行为。然而,这个意图是与任务相关的,即其目的是按照应该承担的任务进行工作。

意图可以产生,如通过来自管理层的操作期望,或者通过额外的个人目标或情景效用考虑。例如,德国联邦航空事故调查局(Federal Bureau of Aircraft Accident Investigation,FAA)关于两架飞机在康斯坦斯湖相撞的报告中指出,对此次行动中普遍存在的空中交通管制员[4]来说,这是一次"过度舒适的操作"。这说明了让两名空中交通管制员维持夜班作业的做法虽然可行,但内部夜班计划为在工作地点的一个人执行空中交通管制,而另一个人则允许休息,结果因为控制器必须由两个人同时管理,而夜班的空中交通管制员实际上有 50% 的休息时间,这最终导致事件没有得到及时缓解。

与效用相关的信息处理评估是否与任务相关的信息处理评估有本质区别,这一问题也反映在错误建模中。当医生诊断和治疗感染时,类似的问题是:

·以任务为导向:医生能发现实际的疾病吗?

·以实用过程为导向:医生会根据症状和经验在特定情况下诊断与治疗什么疾病?

图 3 总结了人类信息处理的这些方面。由于行为人的效用总是与其目标联系在一起,所以效用导向的行为也可以称为目标导向的行为。只有通过技术设计才能在一定程度上避免产生与实用有关的问题;而基于意图的方法需要有系统的方法来避免错误。

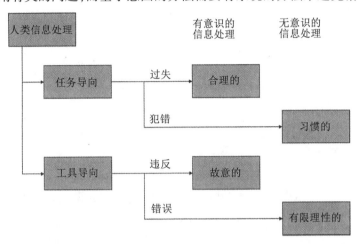

图 3 不同的人类信息处理机制(基于参考文献[31])

复杂的任务通常由这两种处理机制组合而成。事件分析应用于工业的各个部门,如航空航天、医疗和核工业领域,这些事件分析表明危急情况不会发生在复杂压力下。这时,与任务相关的行为占主导地位。当人们看到他们可以用其技能来处理这种情况时,目标就开始发挥作用了,比如在事故阶段关键干扰已经被克服了。在这种情况下,信息处理从与任务相关("消除干扰")转变为与实用程序相关的处理("完成")。

2.任务相关的信息处理

在任务相关信息的处理方面,参考文献[31]总结了所谓 GEMS(generic error modeling system,一般误差建模系统)模型中各种心理模型的概念。GEMS 模型是一个因果误差模型,它在广泛的理论基础上集成了多个心理模型,总结了记忆心理学模型(如诺曼的图式理论[24])、顺序信息处理方法(见参考文献[42])和并行处理方法。图 4 显示了 GEMS 的结构。

对于不同认知方法的整合,本文基于技能、规则和知识进行了区分[12,30]。在技能层次上,将给定的感知与存储的内存内容进行模式比较。当这些模式比较失败(不匹配)时,信息处理将转移到基于规则的级别。这里,检索是由 if - then 关系(模式或脚本)定义的规则。Norman 提到了在处理模式时可能发生的三个主要错误:错误、模式错误和锚点错误[24]。错误不是根据情况充分检索的方案;模式错误是用不正确的参数激活;锚点错误最终归因于在正确情景中错误的时间触发。如果没有合适的解决问题的模式,信息处理最终会转移到知识层面。以知识为基础的信息处理是指有意识的和抽象的处理行为的连续序列:感知、识别、决定、选择行动方案和行动[42]。

面向任务的程序基于应力 - 应变模型。人的行为可靠性取决于所面临的外部压力(PSFs)和人的能力及技能(内部 PSFs)。当与高水平的外部需求以及低水平的内部技能及能力相结合时,人为错误的可能性就会增加。

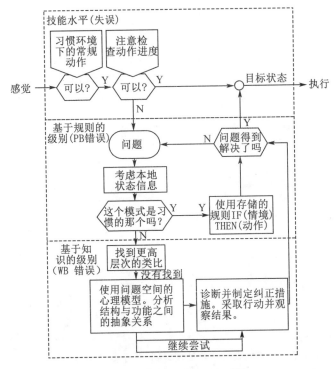

图4　一般误差建模系统[31]

任务导向行为的评价与效用导向行为相比显得较为简单。典型的方法有目标、操作、方法和选择规则(GOMS)分析[16]、延时分析[37,51]或分层任务分析[17]。

选择量化原则应基于对主要相关人员知识水平的可靠性参数评估。对于量化,可以区分以下原则:

· 通过任务分解进行量化,并与子任务的已知错误概率进行比较。

· 基于时间的量化。

量化原则的基本特征在第3部分中用选定的方法加以说明。在Swain[48]、Hollnagel[14]、Reer[34]等的文献或VDI 4006 – 2[52]中可以找到这些方法的步骤和进一步讨论。

3. 目标或实用程序相关的信息处理

以任务为导向的程序忽视了人类的解释和决策行为,因此如上所述,忽略了对整个系统可靠性的重要贡献。一个系统越依赖于人的行为,或者对用户来说决策越复杂(如由于复杂的自动化或不利的工作组织),人的决策就越重要。

与实用程序相关的信息处理可能导致具有严重后果的事件,因为人们相信要在给定的情况下做正确的事情。在从一个层次到下一个层次的过渡中,必须由个人做出决定,这些在图4中被标记为六边形。在时间紧迫的情况下,使用熟悉的模式(基于规则的信息处理)可能比通过抽象思维和模拟教育(基于知识的信息处理)更可能得出最优解决方案。即使人们已经意识到他们的规则并不完全适合这种情况,熟悉的模式也可以更有效。因此,与效用相关的信息处理在心理学意义上始终可以优化给定情境的相关思维过程。

关于实用程序相关的信息处理,首先必须指出对实用程序的定位。它可以完全用数学建模来表示[8],即

$$\frac{\text{utility}(\text{option}_i)}{\text{cost}(\text{option}_i)} > \frac{\text{utility}(\text{option}_j)}{\text{cost}(\text{option}_j)} \Rightarrow \text{decision for option } i \tag{1}$$

这种效用/成本考虑很少出现在严重事件的工作层,但经常出现在管理中,其系统成本用于平衡运营成本和安全。"挑战者"号航天飞机事故和"东海村"号后处理工厂的放射性事故就是这方面的例子。从法律的观点来看,当以安全为代价做出决定时,这种故意的成本效用主要是针对疏忽的事实。

然而,在基于任务的信息处理中,有意识的效用/成本考虑和基于知识的行动一样罕见。与基于任务的信息处理一样,面向实用程序的信息处理也存在习惯问题。因此,切尔诺贝利事故的轮班工作人员认为他们是拥有最佳作业数据的人,这强化了他们的决定。因为他们在之前的危急情况下积累了一些积极经验,对自己的能力形成了一定的自我认知(对自己的能力过于自信)。

特别是在中断的情况下或者在时间压力很大的情况下,需要采取特别有效的行动,就会无意识地和习惯性地考虑公用事业和成本。在这种情况下,人们表现出"有限的理性"[41]。知识和技能不再被最优化地使用,人类求助于能够有效行动的策略[7]。这些行为在心理学[15]中称为启发式。Mosneron – Dupin 等[22]在核设施事故中观察到启发式系统化(这里称为认知行为倾向)。表1中列出的基本启发式被认为与安全性相关。

表1　对人为错误不同启发式的一般概述

启发式	产生的行为倾向
确认偏见	注视:注视一个人完成一项任务或个人设定的目标。在这种情况下,反对实现目标的信息被忽略或没有被有意识地处理。对于飞行员来说,飞机系统中的错误会被飞行员检测到,并根据他们是否要前往自己的机场以不同的方式处理
具象偏见	基于主观考虑的结论(面向频率的推理):如果有多个结论可用,则采用与个人经验或培训相对应的结论,而不一定是最有效的结论。如果疾病是已知的,则首先尝试将尚未被准确诊断为已知疾病的问题分类。此外,切尔诺贝利事件中操作人员决定退出反应堆测试也属于这一类
可获得性偏见	基于现有信息的行动需求(行动的渴望):在实际应该等待自动反应的情况下,采取替代行动以缩短等待或加速自动过程。例如,如果电梯没来,通常会看到等待的人再次按下请求按钮,尽管这并不会改变自动流程和电梯到达的时间。想要采取行动的意愿导致了戴维斯贝斯(Davis Besse)核电站险些发生事故
中心偏见	由于不知道一项行动的预期结果而造成的拖延:明智采取行动会对系统本身造成消极后果,却不顾现有的规定而采取行动。在戴维斯贝斯核电站事件中,作为应急措施,保证堆芯冷却是绝对必要的。然而,这一措施意味着该电站将无法长期运行。因此,相关人员没有执行强制措施,而是寻求一种替代措施,幸运的是在本例中成功了

启发式通常是不必然导致错误的优化策略。启发式是用诸如"我们一直这样做……"或"以我的经验……"这样的句子来表达的。以1979年三里岛事故(TMI – 2)为例,我们来说明一个启发式的关键案例。操作人员经过培训,在高压安注系统的液位增加时,关闭高压喷射,以避免冷却系统损坏。对这一标准的培训导致了内部化规则:当稳压器液位高时,

关闭给水泵。这样,一旦发生故障,操作人员就会关闭泵,因为相关仪表指示稳压器几乎完全充满;他们并没有按这一规则对电厂当前状态的有效性进行思考。切断电源会导致堆芯缺乏冷却,导致冷却系统内部的熔毁。后来的分析表明,一个未知的热力学效应导致了仪表系统的高液位指示。事实上,冷却回路中的冷却剂比液位指示器显示的要少很多。由于不利的压力条件,蒸汽汽泡在冷却回路中出现,使稳压器中出现虚假水位。然而,在冷却剂环路中,蒸汽饱和度没有被测量和反馈给操作人员。然后,操作人员从逻辑上借鉴他们可用的信息,使用他们在培训中所学到的可用性启发处理这个问题。由于蒸汽汽泡形成的未知影响,启发式的应用导致了一种致命的错误行为,这种错误行为几乎导致了第一起涉及向环境中释放放射性物质的事故。

另一个著名的例子是英国米德兰航空公司(BMA)的092航班。1989年1月8日,飞机从伦敦飞往贝尔法斯特,起飞后不久,其中一个发动机因涡轮的拆卸而失灵。在这种情况下,应关闭有缺陷的发动机,并用其余的发动机紧急着陆。然而,基于对类似机器的培训和系统知识,飞行员错误地认为实际运转的发动机损坏。在不同发动机通风系统的文件中曾向飞行员暗示,出现此种情况可能是健康的发动机已经损坏。然后,飞行员关掉了健康的发动机,只能利用有缺陷的发动机继续飞行。在紧急着陆前不久,这台机器完全受损。

如上述示例所示,从与安全相关的角度来看,面向实用程序的操作比与任务相关的操作有更多的问题。在以实用程序为导向的操作中,这些技术预防措施甚至会被操作人员暂停。切尔诺贝利事故是最突出的,但并不是为了达到特定目标而绕过保护系统的唯一事件。

因此,与人因可靠性的任务相关分析相比,面向效用的分析还包括以下几个方面[6]。

·环境情境检查:检查工作环境的动态,这可能会影响员工做出决定(如错误的警报序列)。

·检查组织情景:任务组织中可能影响人员决策的方面(如不同子任务的不利顺序、额外任务、管理需求)。

·认知控制机制分类:分析特定情境下认知信息处理类型和预期启发(如专注于操作任务而不是与安全相关的行为)。

图5显示了对参与者工作情景的需求。有时,由所有需求生成的全部任务称为"任务"[19]。除了通常包含在安全分析中的工作环境方面,还对相关人员提出了额外的要求。

这些都是含蓄地传达的,特别是管理目标、外部组织或社会期望或代表个人目标。只有将任务的各个方面结合起来,才能产生实际的、与认知相关的任务[44,52]。因为效用为行为人带来目标,所以效用导向的行为也可以被描述为目标导向的行为。

工作环境的要求通过人的认知控制模式和解决机制转化为行动。认知控制模式描述了人的认知需求、解决机制和补偿策略。

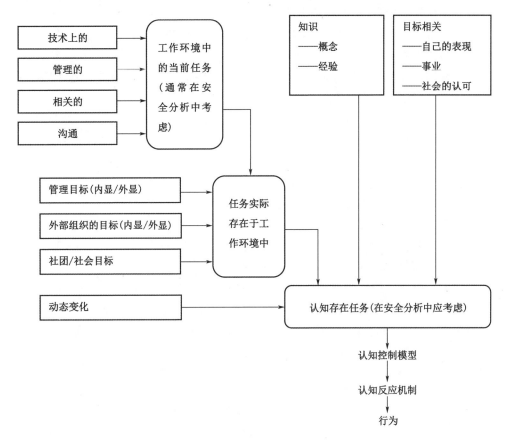

图5 对参与者工作情景的需求

4.触发目标导向行为的情境因素

就安全性而言,问题是何时使用此类启发式来优化操作。事件分析提供了被称为"触发器"的情境因素[44]。它们包括:

情境下的时间特性:

·发生故障的突然性;

·蠕变生成与发展,故障发生前的长平稳阶段;

·警报/故障信号序列(启动);

·对系统的积极经验(过度自信);

·完成任务之前。

情境下的系统状态:

·系统中的附加任务(如经济方面对安全相关行为的偏好);

·多重错误或问题;

·显性故障和附加故障,部分故障的系统;

·系统中依赖关系缺乏透明性(连接、网格化);

·矛盾的特征允许多种结论;

·通过系统消息屏蔽相关信息;

·系统中延迟的错误;

·额外的操作努力,正常的系统操作不可用。

虽然对事故的分析表明,情境影响对于理解员工的认知决策是至关重要的,但是这种情境影响很少被纳入安全分析中。其原因在于,对于效用导向行为的评价,最终必须对工作系统中存在的目标冲突进行制定和评估。因此,要评估的行动范围首先基于以下问题:人类最终将在系统中做什么?

案例:在自动驾驶领域,自动驾驶仪允许驾驶员不再把注意力转向道路,而是处理其他事情。然而,在任务导向视图中,驾驶员有义务观察交通,以便能够在自动驾驶发生问题时及时干预。为了确保这一点,制造商在相应的操作规则中声明系统不允许将注意力从交通状况中偏移。但是在目标导向的观点中,制造商必须预测驾驶员可能的行为,也就是说他们必须在安全评估中假定司机不太可能把注意力集中在交通上。当然,这时在考虑司机的可能行为时会出现一个几乎无限的范围,我们不得不考虑使用手机、与其他乘客交谈、阅读、饮食等因素。由于这种分析需要各种各样的技术措施,而且这种行为很难通过技术措施得到控制,因此制造商使用以任务为导向的安全观。

对于目标导向行为的使用,目标导向行为具有较高的错误(失效、失败、失误)概率,这一点尤为重要。面向任务的行为错误率为1%~0.1%,而目标导向的行为错误率应在10%左右(见表2与表3),即当系统中存在目标冲突时,员工的某项行动就有很高的失败概率。

表2　核电厂任务的相对错误率(估计人因失效概率)[49,56]

任务	描述	人因失效概率/%
1	读取模拟显示的错误	3×10^{-3}
2	误读了图表	1×10^{-2}
3	忽视警报	3×10^{-3}
4	在高应力下将控制元件向错误方向移动	5×10^{-1}
5	不关闭阀门	5×10^{-3}
6	不使用清单	1×10^{-2}
7	没有按照正确顺序处理清单	5×10

表3　不同启发式中人因失效概率的一般概述

启发式	失效概率/%
确认偏差	0.22
具象偏差	0.17
可获得性偏差	0.15
中央偏差	0.075

效用导向行为在现代系统的可靠性中始终起到至关重要的作用。在多年前,系统的一致性很高;但是现在,产品创新周期较短,全球市场的行动变化率都很高。因此,系统开发的复杂性和动态性要求人们做出多种权衡,这些权衡可能产生与安全性相关的结果。如果

考虑上述自动驾驶的例子,目标影响的集合是不清楚的并且是任意开放的,那么问题就来了:如何在系统分析的框架内定义目标导向影响的频谱？在这里,事件中收集到的知识起到很大作用。因此,系统评价中的目标影响最终与事件分析直接相关。

3 人因可靠性评估的方法

3.1 判断人类行为的程序原则

人因可靠性评估(HRA)方法不评估未来可能发生的个案,而是评估一群人(核电站操作员、飞行员、空中交通管制员、医生等)可能发生的情况。

从这一基本思想出发,可建立复杂的系统安全分析评价程序。这允许我们对系统中可能存在的安全漏洞进行判断。该程序通常的应用领域是加工工业,特别是核能工业。但是,在航空、铁路运营和空中交通管制中也使用这类程序。当然,我们也发现这越来越多地应用于汽车、人类行为等与安全评估相关的问题中,如获取信息的新型车辆导航系统(如第5部分所述)。基于当今和未来系统的复杂性,这些方法适合几乎所有安全系统。

1. 评估人因可靠性中的分布假设

为了评估人因可靠性,系统中显示了人的行为成功或失败的可能性。这些概率称为人因失效概率。人因失效概率被认为是一个分布,而不是一个点值,其分布形式为对数正态分布。使用对数正态分布的原因是大多数被评估人员通常都接受过这项任务的培训。当限定条件在 x 轴上由好变坏时,分布谱向左移动,如图6所示,其中 x 轴采用 $1 \sim 100$ 的虚拟范围。Swain 和 Guttman[49] 的这一基本假设在航空及核能领域的各项研究中得到了验证[18,43]。

这种分布也源自认知心理问题,因为它将构建映射到评估人类绩效的 x 轴(如在时间压力下执行过程控制任务的能力)。然后,不同的人可以使用技能、规则或知识来处理这个构造,因此可以假设在工作环境中大多数员工将以基于技能或规则的方式行事。

然而,在应用预测方法时,应该清楚这是否是实际情况。例如,对于汽车可靠性,可以假设图6中的分布更加集中,这是因为司机的技能水平不像对数正态分布那样熟练,因此图中右侧比左侧低。当分布假设是错误的时,应用这些方法可能导致严重的错误评估。

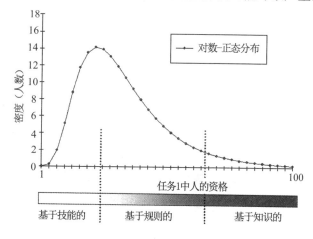

图6 人因可靠性评价中的分布假设

2.评估人类行为的程序

在问题被定义之后,首先评估是否需要进行详细的评估,或者是否存在可忽略的安全问题(即所谓的筛选);然后,根据可能出现的错误类型(哪些错误可能发生)和因果方面(信息处理将导致什么,哪些情境可能支持这一点)对任务进行定性分析。

这种分析的结果以一个分析模型加以总结和表示,该模型是评价的基础。如果评估导致了一个安全关键问题,那么就需要对系统进行修改。这个过程可以重复进行,直到所有的安全方面都得到评估。

在评估人类的贡献时,关键是要知道在分析中使用了哪种信息处理模式。为了区分信息处理模式,区分任务相关模式和基于效用的模式,可以在不同的评估方法中加以表示。

3.2 面向任务的程序

与面向实用程序的方法相比,面向任务的过程似乎相对容易。他们可以依靠现有的和完善的任务分析方法,如人机系统分析[38,51]、GOMS分析[16]、时间进程分析[25]或分级任务分析[17]。

面向任务的过程基于应力–应变模型。人类行为的可靠性是由承受外部压力的技能和自身能力决定的。当外部和内部的组合导致不利的应力应变比时,可以假定为人因失误。对于量化,不同的原则如下:

· 通过任务分解进行量化,并与已知的错误概率进行比较。

· 基于时间的量化。

· 因果分析量化。

下面将使用选定的流程解释量化原则的基本特性。在 Swain[48]、Hollnagel[14]、Reer[34]的著作或 VDI 4006 – 2[52]中可以找到这些方法的步骤和进一步讨论。

1.全局方法

Swain 和 Guttman 建立的人工错误率预测方法(technology for human error rate prediction,THERP)一直是评估任务相关可靠性的标准。THERP 使用所谓的人因可靠性评价动作树来估计概率,如图 7 所示[49]。

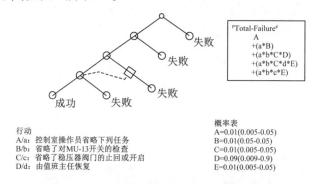

图7 人因可靠性评价动作树和失败概率[49]

人因可靠性评价动作树是人员所需子任务的摘要,这些子任务由任务分析(面向事件的描述)确定。为了能够指定失败概率(大写字母)和成功概率(小写字母),操作者应该意识到活动的类型(如消息的"认可"或"转换消息")和公众影响因素。为了确定这些因素,通常要执行局部视图。

为了后续确定一组操作的错误概率,THERP 提供了一个全面的列表。表 2 显示了 Swain 和 Guttman[49]设定的一些人因失误概率。

根据既定的规则,需要将表中与要评估部分操作相对应的条目全部进行搜索。然后,这个值用于确定人因可靠性操作树中人因失误的概率。在某些情况下,公众影响因素对部分任务的影响也必须通过纠正错误概率来计算(如在应力模型中)。

2. 与时间相关的方法

正确地执行操作需要时间,尤其是诊断、仔细地执行操作以及最后监视操作的成功。例如,在德国的核电厂中,引入了 30 分钟不干预准则,以确保安全运行。它规定,操作团队必须为所有设计基地事故提供至少 30 分钟的时间。

基于时间的方法需要量化在心理学[54]中已知的速度 – 准确度。在所有可靠性方法中,假设误差概率随着时间的推移而减小并且情景简单,如图 8 所示。

图 8 是 Mosneron – Dupin[23]之后法国电力公司的估值方法,他们基于大量的模拟试验得出此曲线。在图中,P(1)和 P(1′)分别代表典型的简单诊断任务曲线,P(3)代表具有重要信息的困难诊断任务曲线,P(2)代表两种情况的混合。

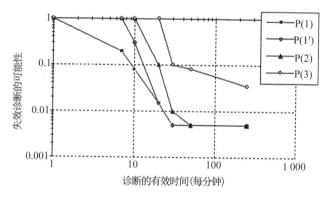

图 8 电力系统仿真试验的时间 – 可靠性曲线

3. 与因果相关的方法

因果相关评估的一个经典例子是 SLIM(成功可能性指数法[8])。在精简过程中,一个复杂的操作首先被分解为单独的任务。据此,专家根据影响任务成功的性能因素对操作复杂的重要性进行分类,然后根据专家的估计确定一个指数(SLI 成功可能性指数,表示个体任务相对于人的可靠性等级)。在这种情况下,不同的培训、流程、反馈、风险感知和时间压力是不同的。

为了将这个排名转换为人因失误的概率值,通过已知专家估计数和人因失误概率这两个任务来校准单个任务的成功可能性指数。

对成功可能性指数法的主要评判是数据采集方法即专家估计。虽然专家估计方法是确定概率的最简单方法,但由于专家估计总是主观的,因此它们总是受到数据中额外不确定性的影响。进行估计的专家资格没有具体规定[36,48],这就增加了不确定性。然而,Williams 和 Bell[55]表明,这种方法中使用的基本概率与文献中描述的可比较任务概率非常吻合。

3.3　面向效用的程序

面向任务的方法相对于面向效用的方法比较容易,因为它们忽略了人类的解释和决策行为,因此如上所述,忽略了对整个系统可靠性的重要贡献。一个系统对人类行为的依赖程度越大,或者对用户来说决策情况越复杂(如由于复杂的自动化或不利的工作组织),误判就越有可能导致严重后果[2,53]。例如,在空中交通管制方面,许多安全网完全建立在人类行为的基础上。错误的决策或评估可能直接导致系统功能的失败,并造成严重的后果[44]。

最终,由于工作环境的实际应力对失效概率并不是决定性的,因此在应力-应变模型中不能很好地解释基于效用的方法。相反,一个人在特定情况下的预期效用具有一定的应用前景。在系统中工作的每个人除了技术上需要的任务之外,在系统中总是有一个效用。例如,当你开车时,你可以在一个特定的时间窗内从 A 到 B。如果效用与技术任务发生冲突,则会产生目标冲突,这通常由行为人以实用主义的方式来解决。如果存在以效用为导向的行为,那么以任务为导向的减轻设计(如障碍)将变得无效[28]。例如,开车时如果你要准时到达某个地方,限速标志是无效的。在这方面,以效用为导向的行为对安全评估尤为重要。

1. 基于效用的评估方法概述

虽然与任务相关的方法在确定任务和检查错误的过程中相当容易,但面向效用的方法涵盖以下几个方面[6]。

· 环境情景检查:检查可能影响人员决策的工作环境动态(如错误的警报序列)。

· 检查组织情景:任务中可能影响人员决策的方面,如不同子任务的顺序、附加任务、管理优先级。

· 认知控制机制分类:分析特定情境下认知信息处理。例如,专注于操作任务,而不是与安全相关的行为。

这一领域的方法研究对这些方面给予了不同的重视。由于与经典方法相比,它们考虑了实用主义方面的因素,因此在文献中经常被称为第二代人因失误分析方法,这些方法包括:

· ATHEANA(人因失误分析技术[26]);

· CAHR(人类可靠性的联结主义评估[43]);

· CESA(委任失误的查询和评估[33]);

· CREAM(认知可靠性与误差分析方法[14]);

· MERMOS(安全操作任务执行评估方法[19])。

2. 以效用为导向的量化评估

Mosneron-Dupin 等的研究表明[22],在核设施发生事故时,表 1 所解释的启发式是有效的。根据 Gertman 等[10]、Reer 等[35]和 Theis[50]的研究,可以将这些基本启发式分配给表 3 中列出的可靠性数据。

这些概率表示启发式存在时目标导向行为的概率。然而,这些还需要激发启发式的触发器。因此,在系统的整体情景中,一个人行为的概率是触发该行为触发器的依赖因素,启发式可能会导致错误的行为:

$$\text{HEP } i = P(\text{trigger in context } i) \times P(\text{utility-oriented behaviour in context } i) \tag{2}$$

比较表 2 和表 3 的误差概率时可以发现,在较好的任务条件下,效用相关行为的值

$(1E-1)$显著高于任务相关行为的值$(1E-3)$。这种差异反映了已经讨论过的与效用相关的错误对于系统安全的更大相关性。

4 系统安全评估的主要误区

4.1 设计基准事件与超设计基准事件

特别重要的是,我们需要认清在评估超设计事件时任务与面向效用之间的行为区别。超设计基准事件是指超出系统特定设计的破坏机制,只有通过人为干预才能避免破坏。在系统的设计过程中,如果忽略损伤机制,往往会出现这种情况。造成这种情况的原因可能是这些措施被低估了,或者相关对策在技术上或经济上过于昂贵,或者因为它们在理论上或实际上被认为是不可能的。

在系统评估中,超设计事件和面向目标行为之间的这种联系尤为重要,此类问题的产生具有较高的系统复杂性。

以自动驾驶为例。通常,交通安全被广泛关注,因为技术自动化大大降低了人因失误概率,所以总效果是降低了驾驶车辆系统的错误概率。根据自动驾驶汽车的设计,这当然适用于所有设计基准功能。但是,对于超出设计基准事件,情况完全不同。例如,照明条件差可能使探测系统无法识别行人。在这些没有在系统设计中显示的场景中,自动驾驶汽车就需要驾驶员的干预。在这种情况下,系统设计人员需要假定一个面向任务的驱动程序,即驾驶员观察交通状况,如果认识到特殊情况,那么可以启动相关程序并采取适当行动以尽量减少损害。事实上,驾驶员会以实用为导向,即依赖行人检测系统的功能而在车内进行其他活动,这可能会导致错误评估。

在驾驶过程中发生超出设计基准事件的因素可能是恶劣的天气或照明条件、道路上缺少标记、车辆上的传感器受到污染或遮盖,抑或是这些因素的组合。

事实上,已经发生了一些类似的事故。最广为人知的当然是一名行人与配备了额外监视司机[3]的自动化 Uber 出租车相撞的致命事故。

人的安全角色往往是由设计基准决定的。法规、培训和技术支持是为了在系统设计中拦截已知的损坏机制。

因此,所有解释性事件的设计都是为了将风险降到最低。从技术上讲,破坏机制是由技术措施或法规所拦截的。在人因可靠性方面,它们被适当的操作程序拦截。这就可以如图9所示从故障树的意义上得到一个相对可靠的组合。图中显示了基于设计基准事件所生成的主故障树。系统的技术故障概率和人为故障概率结合在一起,构成了系统总体故障的最小概率。其中,技术可靠性和人员可靠性相辅相成,以提高整体可靠性,并最终形成一个高度可靠的系统。该系统设计人员假设自动系统按指定的方式工作,驱动程序按指定的方式工作。

当有超出设计基准事件时,它会看起来完全不同。在故障树的情景中,这就导致了如图10所示的人因失效概率组合。

首先,对于超设计基准事故而言,没有避免系统损坏的技术手段。其次,就人类而言,没有任何既定的操作程序、培训或常规行动可以依靠。它们可能在破坏性场景中被自动化系统遗忘或者错误理解,这被称为"自动化的讽刺"[5]。因此,面向效用的行为占主导地位(例如,在具有代表性启发的情况下,失效概率 $P=0.17$,参见表 1 和表 3)。同时,已经没有技术手段来缓解该事件(系统的故障概率为 $P=1$)。

总的来说,这个系统比驾驶员在没有自动附加功能下驾驶更加不可靠。因此,通过自动附加系统来增加安全性的论点是纯粹面向任务的。

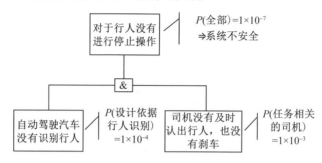

图 9　系统设计基准操作的基本故障树

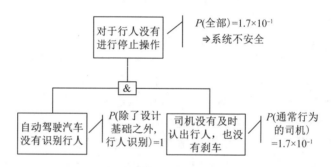

图 10　系统超设计基准操作的基本故障树

4.2　安全评估中涉及的系统范围

在安全评估中,另一个不可低估的影响是定义过窄的系统边界[47]。例如,一些必须被质疑的,即什么导致了超出设计基准事件。如果这是由于系统设计人员在设计层上的误判(参见第 2 部分),那么还需要分析和评估人为因素对设计层的影响,将其作为安全分析的一部分。如果不评估来自所有工作层的影响(如第 2 部分所述),就系统相对于人类影响的风险贡献而言,将不可避免地对其进行过于积极的评估。如果整个系统(政府、制造商、运营商)的结论是因为错误的评估导致将其认定为一个安全的系统,这必然会导致实际风险增加,最终变成事件或事故[46]。由于这种未被考虑的认知不确定性,关于系统设计的结论对实际的安全问题了解不足。

例如,几十年前,在空中交通管理及核工业等行业中,自动化被视为可以克服(看似)标准系统功能对人类表现的信赖性,主要是因为人工手动控制缺乏合理的安全性能标准。然而,这个基本原理只考虑了一个有限的系统范围,即在非常特殊的情况下将自动化系统与人工系统进行比较,并且只考虑了人工性能的负面影响(可能出现的错误)。也就是说,人类所产生的积极影响或来自系统其他部分(如维护或管理)的额外影响被忽略了。因此,自动化被视为优于人类(例如,如果用每飞行小时的错误来表示,自动化系统显示的是 10×10^{-8},而人类的动作是 10×10^{-2})。但是这种比较更多地是基于安全评估方法的限制和有限的范围,而不是彻底地、全面地比较。图 11 更详细地描述了这个问题。

图 11(a)显示了经典思想。有一个选项可以自动完成原来由人工完成的某个系统功能,同时有强有力的论据表明,这样可以使整个系统的安全性提高,原因是自动化系统在这

一特定功能上的可靠性是人类的 100 倍。通过对其功能链进行风险评估,似乎证明了这种一般性思维。然而,人们已经注意到,自动化带来的预期收益不是 100 倍,而仅仅是 34 倍。由于有三个函数决定整个系统,所以增益仅为预期的三分之一。在一个有 n 个不同函数的系统中,期望增益仅是函数特定增益的 $1/n$(假设所有函数的可靠性相同)。一般来说,整个系统的复杂度越高,期望增益越小。然而,任何系统设计人员都会选择选项 B,因为如果只考虑有限的范围,这似乎是更安全的选项。

如果研究范围转向决定整个系统可靠性的所有风险贡献,情况就完全不同了,此时需要考虑的基本贡献至少是维护和恢复。图 11(b)显示了场景中包含的这些问题。如果出于简单的原因,假设维护错误为 0.01,并且需要每 100 次系统操作(如每 100 天)执行一次,那么自动系统的故障概率突然翻倍,达到 0.000 2。

然而,最关键的是人类对系统恢复的贡献。假设选项 A 中不依赖于完全自动化操作,人类每 100 次有机会利用他的创造力和直觉从意外事件中恢复过来,那么系统的整体可靠性会突然变得更加可靠。

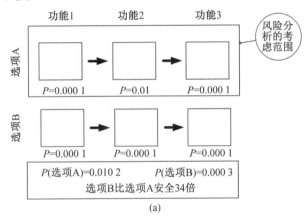

(a)

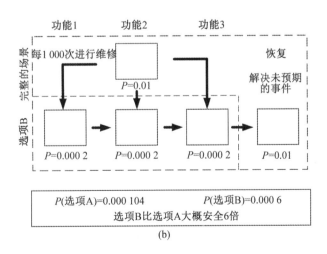

(b)

图 11　人因失效概率范围不完全对安全决策的影响

即使决定将选项 B(完全自动化)与人工恢复相结合,这种恢复也可能没有那么有效,因为人工已经脱离了循环并处于备用模式。我们知道,这将使人类处于一个不那么有效的状态[1]。

这样的设计可能会导致人类具有恢复潜力,假设给定系统 $P=0.1$。总体而言,选项 B(带有人工恢复的全自动系统)的系统不可用性($P=0.000\ 06$)小于选项 A($P=0.000\ 104$)。这个结果完全被评估中的不确定性所覆盖,因此不够精确并且不足以证明系统更改的合理性。

仅仅通过改变研究范围,结论就颠倒过来了。因此,在评估开始之前明确范围是任何风险评估的重要要求。关于系统设计的结论需要仔细考虑范围在实际设置中的有效性,范围决定结果和所做的决定。

不幸的是,大多数风险评估都是通过自动化的功能来定义范围,而忽略了所需的实际范围。由于这种风险评估的功能是自动化的,因此系统不一定更安全,甚至可以说更不安全。

这使得监管机构在此类系统付诸工程实施时,更有必要结合面向效用的行为,涵盖设计基准以外的方面。如果不考虑这些因素,则通过自动化系统提高安全性的论点仍然是无稽之谈。

参考文献

[1] AMALBERTI R. The paradoxes of almost totally safe transportation systems[J]. Safety Science,2001(37):109 – 126.

[2] APOSTOLAKIS G,SOARES C G,KONDO S,et al. Human reliability data issues and errors of commission[J]. Reliability Engineering and System Safety,2004,83(2):127.

[3] AUTO MOTOR UND SPORT. Erster tödlicher Unfall mit selbstfahrendem Auto—Sicherheits – fahrerin streamte Fernsehprogramm[R/OL]. https://www. auto – motor – und – sport. de/ news/toedlicher – unfall – autonom – fahrendes – auto – uber – volvo – video,2018.

[4] BFU. Investigation report AX001 – 1[R/OL]. (2004 – 02 – 02)[2018 – 07 – 24]. https://www. bfu – web. de/EN/Publications/Investigation% 20Report/2002/Report _ 02 _ AX001 – 1 – 2_Ueberlingen_ Report. pdf ? _ blob = publicationFile.

[5] BAINBRIDGE L. The ironies of automation[M]. London:Wiley,1987.

[6] COOPER S,RAMEY – SMITH A,WREATHALL J,et al. A technique for human error analysis(ATHEANA)—Technical basis and methodology description:NUREG/CR – 6350[R]. Washington:NRC,1996.

[7] DÖRNER D. Die Logik des Mißlingens, Strategisches Denken in komplexen Situationen[M]. Hamburg:Rowohlt,1997.

[8] EDWARDS W. How to use multi – attribute utility measurement for social decision making[J]. IEEE Transactions on System,Man and Cybernetics,1977,7(5):326 – 340.

[9] EVERDIJ M H C,BLOM H A P. Safety methods database[R/OL]. Verfügbaruner https:// www. nlr. nl/downloads/safety – methods – database. pdf,2015.

[10] GERTMAN D I,BLACKMAN H S,HANEY L N,et al. INTENT—a method for estimating human error probabilities for decision – based errors[J]. Reliability Engineering and System Safety,1992(35):127 – 136.

[11] GIHRE. Group Interaction in High Risk Environments[M]. Aldershot:

Ashgate,2004.

[12] HACKER W. Arbeitspsychologie [M]//Psychische Regulation von Arbeitstätigkeiten. Huber:Bern,1986.

[13] HOLLNAGEL E. Human reliability analysis:Context and control [M]. London: Academic Press,1993.

[14] HOLLNAGEL E. Cognitive reliability and error analysis method—CREAM[M]. New York,Amsterdam:Elsevier,1998.

[15] KAHNEMAN D,TVERSKY A. Prospect theory:An analysis of decision under risk [J]. Econometrica,1979,47(2):263 – 291.

[16] KIERAS D E,POLSON R G. An approach to the formal analysis of user complexity [J]. International Journal of Man – Machine Studies,1985,22(4):365 – 394.

[17] KIRWAN B,AINSWORTH L K. A guide to task analysis[M]. London:Taylor and Francis,1992.

[18] KLAMPFER B,HÄUSLER R,FAHNENBRUCK G,et al. Group interaction in high risk environment—Outline of a study,September,2002[C]// Proceedings of the 24th Conference of the European Association of Aviation Psychology. Crieff:Scotland,2002.

[19] LEBOT P. Human reliability data,human error and accident models—Illustration through the Three Mile Island accident analysis[M]// Human reliability data issues and errors of commission. Special edition of the reliability engineering and system safety. New York: Elsevier,2004.

[20] LEVESON N. A new approach to system safety engineering [D]. Boston: Massachusetts Institute of Technology,2002.

[21] MOSEY D. Reactor accidents. Nuclear Safety and the role of institutional Failure : Nuclear Engineering[M]. Oxford:Butterworth – Heinem neural network,1990.

[22] MOSNERON – DUPIN F,REER B,HESLINGA G,et al. Human – centered modeling in human reliability analysis:Some trends based on case studies[J]. Reliability Engineering and System Safety,1997,58(3):249 – 274.

[23] MOSNERON – DUPIN,F. Is probabilistic human reliability assessment possible[C]. Paris – Clamart/France:International Seminar of EDF,1994.

[24] NORMAN D A. Categorizing of action slips [J]. Psychological Review, 1981 (88):1 – 14.

[25] Nuclear Regulatory Commission. An empirical investigation of operator performance in cognitively demanding simulated emergencies: NUREG/CR – 6208 [R]. Washington: NRC,1994.

[26] Nuclear Regulatory Commission. Technical basis and implementation guidelines for a technique for human event analysis (ATHEANA): NUREG – 1624, Rev. 1 [R]. Washington: NRC,2000.

[27] OECD – NEA. X Errors of commission in probabilistic safety assessment[R]. Paris: OECD/NEA,1997.

[28] OECD. Technical opinion papers no. 4—human reliability analysis in probabilistic

safety assessment for nuclear power plants[R]. Paris:OECD – NEA,2004.

[29]　PERROW C. Normal accidents:Living with high risk technologies[M]. New York: Basic Books,1984.

[30]　RASMUSSEN J. Information processing and human – machine interaction[M]. New York:North – Holland,1986.

[31]　REASON J. Human error[M]. Cambridge:Cambridge University Press,1990.

[32]　REASON J. Managing the risk of organizational accidents [M]. Aldershot: Ashgate,1997.

[33]　REER B. The CESA method and its application in a plant – specific pilot study on errors of commission[M]//Human reliability data issues and errors of commission. Special edition of the reliability engineering and system safety. New York:Elsevier,2004.

[34]　REER B, STRÄTER O, MERTENS J. Evaluation of human reliability methods addressing cognitive error modeling and quantification:Jülich 3222[R]. Jülich:KFA,1996.

[35]　REER B, STRÄTER O, DANG V, et al. A comparative evaluation of emerging methods for errors of commission based on applications to the Davis – Besse(1985)Event(Nr. 99 – 11)[M]. Schweiz:PSI,1999.

[36]　REICHART G. Deutsche Precursor Studie—Auswertung anlagenspezifischer Betriebserfahrung im Hinblick auf Vorläufer zu möglichen schweren Kernschäden(Bericht GRS – A – 1149)[M]. Köln:GRS,1985.

[37]　ROTH E M, MUMAW W, LEWIS P M. An empirical investigation of operator performance in cognitively demanding simulated emergencies:NUREG/CR – 6208 [R]. Washington:NRC,1994.

[38]　SCHMIDTKE H. Ergonomie[M]. München:Hanser,1993.

[39]　SCHNEIDER W, SHIFFRIN R W. Controlled and automatic human information processing:Detection,search,and attention[J]. Psychological Review,1977,84(1):1 – 66.

[40]　SEXTON B,THOMAS E,HELMREICH R. Error,stress,and teamwork in medicine and aviation:Cross sectional surveys[J]. BMJ British Medical Journal, 2000, 320(7237): 745 – 749.

[41]　SIMON H. A behavioural model of rational choice [J]. Quarterly Journal of Economics,1955(69):129 – 138.

[42]　STERNBERG S. On the discovery of processing stages,some extensions of Donders' method[J]. Acta Psychologica,1969(35):276 – 315.

[43]　STRÄTER O. Beurteilung der menschlichen Zuverlässigkeit auf der Basis von Betriebserfahrung :GRS – 138[R]. Köln:GRS,1997.

[44]　STRÄTER O. Cognition and safety—An integrated approach to systems design and performance assessment[M]. Aldershot:Ashgate,2005.

[45]　STRÄTER O,BUBB H. Design of systems in settings with remote access to cognitive performance[M]//Handbook of cognitive task design. Hillsdale:Lawrence Erlbaum,2003.

[46]　STRÄTER O. Towards a resilient approach of safety assessment—experiences based on the design of the future air traffic management system [M]//Resilience engineering

perspectives(Vol. 1):Remaining sensitive to the possibility of failure. Aldershot:Ashgate,2008.

[47] STRÄTER O,LEONHARDT J,DURRETT D,et al. The dilemma of ill – defining the safety performance of systems if using a non – resilient safety assessment approach—Experiences based on the design of the future air traffic management system,2006[C]//2nd Symposium on Resilience Engineering,France:Nice,2006.

[48] SWAIN A D. Comparative evaluation of methods for human reliability analysis: GRS – 71[R]. Köln:GRS,1989.

[49] SWAIN A D,GUTTMAN H E. Handbook of human reliability analysis with emphasis on nuclear power plant applications :Sandia National Laboratories:NUREG/CR – 1278[R]. Washington:NRC,1983.

[50] THEIS I. Fahrer – Fahrzeug – Interaktion bei by – Wire – Systemen—Analyse der menschlichen Zuverlässigkeit,November,2000[C]//VDI – Nachrichten Konferenz "Sicherheit im Automobil". Bamberg,2000.

[51] Menschliche Zuverlässigkeit—Teil 1:Ergonomische Forderungen und Methoden der Bewertung:VDI 4006 – 1[R]. Berlin:Beuth – Verlag,2015.

[52] Menschliche Zuverlässigkeit—Methode zur quantitativen Bewertung menschlicher Zuverlässigkeit:VDI 4006 – 2[R]. Berlin:Beuth – Verlag,2017.

[53] Menschliche Zuverlässigkeit—Teil 3: Menschliche Zuverlässigkeit—Methoden zur Ereignisanalyse:VDI 4006 – 3[R]. Berlin:Beuth – Verlag,2013.

[54] WICKENS C D. Engineering psychology and human performance[M]. New York: Harper Collins Publishers,1992.

[55] WILLIAMS J C, BELL J. Consolidation of the generic task type database and concepts used in the human error assessment and reduction technique(HEART)[J]. Safety and Reliability,2016,36(4):245 – 278.

[56] ZIMOLONG B. Fehler und Zuverlässigkeit[M]//Ingenieurspsychologie, Göttingen, Toronto,Zürich:Hogrefe. 1990:313 – 340.

铁路无损检测的可靠性：实践与新趋势

Michele Carboni

摘要 无损检测是一个统计过程，其可靠性的定义需要采用合适和专用的数学方法。这种方法起源于20世纪60年代末的航空航天领域，但是它们在其他机械领域的应用需要做适当的调整。无损检测可靠性分析在铁路领域的首次应用可以追溯到2001年，但从那时起，传统技术得到了改进，并引入了新的技术。本文介绍铁路车辆材料(车轴)和基础设施(轨道)无损检测的常用方法、新方法和尚待解决的问题。

关键词 无损检测；检测概率；铁路应用；可靠性

1 研究目的和意义

无损检测(NDT)方法通常用于材料和部件的检验，以保持在生产阶段的质量和在使用期间的安全。在大多数行业，这样的要求是由书面的检验程序定义的，该程序描述了检验方法的灵敏度水平以及可忽略的缺陷大小。此外，采用无损检测技术并不意味着所有可能的缺陷检验区域都将被发现[2]：即使一个特定的检查程序是专为特定类型的缺陷设定的，它也不能保证在一个给定的情况下所有缺陷都将被检测到。特别是材料/部件特性、检查技术、环境条件和人为因素的影响表明，无损检测具有统计性质，需要对所采用的无损检测技术进行可靠性(能力)评估，但是重复检查相同的缺陷大小或类型并不一定导致一致的结果。定性地说，无损检测的结果只有四种可能情况(图1[3])：两种是理想的情况，而另外两种是需要避免的安全和经济问题。

		缺陷状态	
		存在	缺席
检查结果	阳性	检测概率 (POD) 正确否定	误调入概率 (FCP) "假拒绝" 假阳性 第一类错误， 经济后果
	阴性	假阴性 (FN) "不正确接受域"， 第二类错误， 安全后果	认识可能性 (POR) "正确接受域" 真阴性

图1 无损检测结果的可能情况[3]

从定量的角度来看,上述无损检测的统计性质导致了特定尺寸和方向的缺陷只能以一定的概率被检测到,这被称为"检测概率"(POD)[3-9]。检测概率是在20世纪60年代末被定义的,来自NASA航天飞机项目和美国空军喷气动力飞机的结构故障研究。

检测概率通常表示为与裂纹深度相关的函数曲线,而在现实中它可以是许多其他的函数和操作参数,如材料、几何、缺陷类型、无损检测方法、测试条件和无损检测人员。这意味着,为给定的检查程序定义检测概率曲线很少能用于其他检查程序,关于检测曲线更详细的描述见下文第2部分。但在此值得注意的是,目前公开可用的检测曲线大部分与航空领域有关,而其余的少数与核工程、近海、焊接和铁路应用有关。

铁路领域由于其安全性的要求,需要进行大量的无损检测。从这个角度来看,最关键的部件是车辆材料(主要是车轴、车轮和焊接转向架框架)和基础设施(主要是铁轨)。在欧洲的框架中,这些关键组件的检查根据相关的标准或准则由特定无损检测程序进行,大多数时候主要是超声检测(UT)、磁粉检测(MT)和视觉测试(VT)的组合,而一些特殊的应用场景还可以采用液体渗透测试(PT)、涡流检测(ET)、射线检测(RT)或超声导波检测(GWT)。因此,无损检测程序的检测概率曲线是制造阶段防止缺陷的基本工具,并在使用寿命期间作为"抗损伤"的设计方法[10,11]。特别地,根据所采用无损探伤的检测概率曲线,确定最合适的维修检验间隔,或者在给定检验间隔的情况下,定义所需的无损探伤程序。参考文献[11]至[14]中报道了该方法的一些实例应用。

无损检测可靠性分析在铁路领域的首次公开应用可以追溯到2001年[15],当时是处理Y25转向架中的几何固体轴,如图2所示。在这种情况下,轴的检查过程采用了磁粉探伤并将其应用于整个外表面;同时,还使用了传统单晶探头的超声波探伤。

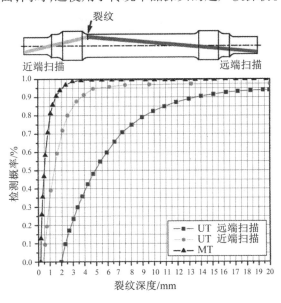

图2　无损检测可靠性分析在铁路领域的首次公开应用(2001)[15]

值得补充的是,这些试验得到的检测概率曲线中有几个技术细节是不可用的,就目前所知的情况而言,当时我们并没有完全发现被检测对象的全部特性。尽管如此,这些曲线的重要性仍然是不容置疑的,而且它们提供的一些信息仍然是有用和有效的。如图2所示,特别值得注意的是,如果分别应用"近端扫描"或"远端扫描"配置,则超声检测的特征是明显不同的检测概率曲线:前者应该被作为首选,因为它具有更好的灵敏度。但是,这也意味着增加了检查时间。实际上,从轴的两端进行超声检测的好处是可以避免从火车上拆卸它。另外,磁粉检测提供了最佳的灵敏度,但它的缺点是需要完全拆卸轴,以使外部表面便于检查。

本文简要介绍并讨论 2001 年以来在铁路领域利用检测概率曲线进行无损检测可靠性分析的情况。本文没有进行完整性假设,而只是描述一些常见的实践和新趋势,还特别注意了一些尚未解决的问题,作者认为这些问题在不久的将来值得加强研究。其中一些观点可以立即实施,因为实际上自 2001 年以来,没有那么多相关研究应用在铁路领域。事实上,轮子的检测概率曲线完全没有出现在文献中,同时在焊接的情况下,大多数可用的检测概率曲线并不是应用在铁路领域的:只有关于铁路相关异常的焊接处理,但没有文献提出可以对车辆结构进行焊接。因此,目前的讨论集中在实心轴、空心轴和钢轨上。不过,在转入主题之前,我们先简要介绍一下检测概率曲线。

2 检测概率曲线

检测概率评估无损检测对缺陷的检测能力。如果能够在 95% 的置信度下以 90% 的概率检测到相关尺寸为"a"的缺陷,则认为特定的检查是可靠的:这种缺陷尺寸被指定为 $a\,90/95$[16]。使用置信度是由于需要对可以忽略的最大缺陷进行统计特性描述,而不是对可以检测到的最小缺陷进行统计特性描述。此外,在处理实际检测概率曲线时,重要的是要区分设备的内在性能与其使用的不同检测程序[17],以及所有影响校准和检测操作的人为因素,如图 3 所示。

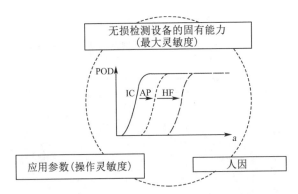

图 3   影响无损检测性能的因素及其对检测概率曲线的影响[18]

为了从测量数据中计算检测概率,只需要真阳性和假阴性结果(图 1),参考文献[5]至[9]中详细描述了构建检测概率函数的可用模型。特别是,目前只使用了两种数学模型及其相应的计算方法。第一种数学模型是按时间顺序的,基于"命中/遗漏数据":试验结果只根据是否检测到缺陷来记录。这种记录数据的方法适用于液体渗透测试、磁粉检测等无损检测方法,命中/遗漏数据的最佳插值由 log – logistic 统计分布得到

$$POD(a) = \frac{e^{(\alpha + \beta \ln a)}}{1 + e^{(\alpha + \beta \ln a)}} \tag{1}$$

经验参数 α 和 β 可以根据命中/遗漏数据,通过最大似然方法确定[19],式(1)可改写为

$$\ln\left(\frac{POD(a)}{1 - POD(a)}\right) = \alpha + \beta \ln a \tag{2}$$

对置信度的分析更为复杂,因此读者可以直接阅读参考文献[19]至[21]。第二种数学模型基于"信号反应"或"â与a"数据,这里"a"是缺陷大小和"â"应对检验刺激:对命中/遗漏数据,因为它可以被认为是认知缺陷的大小,所以在许多无损检测系统中有更多的响应信号,如涡流检测中的峰值电压和超声检测中的信号振幅。相关文献中有几种统计方法可以用来分析这类数据[22],但最常用的是 Berens 方法[5],其适用性取决于以下假设:

①信号响应与缺陷大小呈线性关系(线性或对数线性);

②残差的高斯分布;

③残差的同方差;

④残差的独立性。

从这个角度来看,即使上述假设不满足,在文献中有时也使用 Berens 方法。Berens 方法将â与a数据的线性关系定义为

$$\lg \hat{a} = \alpha + \beta \lg a + \gamma \tag{3}$$

γ 是一个带有零均值和标准 σ_γ 的误差项分布。实际上,式(3)表达的是$\lg \hat{a}$通常是 $N(\mu(a), \sigma_\gamma^2)$ 分布的均值 $\mu(a) = \alpha + \beta \lg a$和标准差 σ_γ。

一般来说,在信号响应方法中,如果â超过了待检测缺陷响应相对应的某个预定义"决策阈值"$\hat{a}_{th}$(图4),则将缺陷视为"检测到了异常"。如何选择和设定阈值是另一个需要关注的问题。一些研究者设定信号响应阈值是背景噪声最大模值的三倍。这种方法的优点是定义了一个通用标准来比较不同性能的无损检测程序在相同处境下的特性;但缺点是从应用有效性上抽象了相同的无损检测程序。其他研究人员将阈值设定与所采用的无损检测程序中校准缺陷的信号响应联系起来,在这种情况下,优点和缺点与前面的相反。

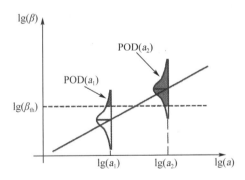

图4 信号响应数据的统计分析[18]

信号响应数据的 $POD(a)$ 检测概率函数可以表示为

$$POD(a) = \Pr(\lg \hat{a} > \lg \hat{a}_{th}) \tag{4}$$

他们表示图4中所示的阴影区域。

公式可以被进一步表示为

$$POD(a) = 1 - F\left[\frac{\lg \hat{a}_{th} - (\alpha + \beta \lg a)}{\sigma_\gamma}\right] = F\left[\frac{\lg a - \left(\frac{\lg \hat{a}_{th} - \alpha}{\beta}\right)}{\frac{\sigma_\gamma}{\beta}}\right] \tag{5}$$

式中 F 为累积对数正态分布,其中

$$\mu(a) = \frac{\lg \hat{a}_{th} - \alpha}{\beta} \tag{6}$$

$$\sigma = \frac{\sigma_\gamma}{\beta} \tag{6'}$$

可以通过最大似然方法估计 α、β 和 σ_γ,该过程被证明是相对复杂的,读者可以参考文献[19]至[21]。

目前,没有普遍接受的规则来定义对所需样本量的要求,以便对检测概率函数进行有统计意义的估计。根据文献[5],对于命中/遗漏的检测概率曲线,建议最小值为 60 个试验缺陷;而对于信号响应检测概率曲线,建议最小值为 30 个试验缺陷。为了得到相同的检测概率曲线以及所需的 95% 置信区间,应该显著增加这样的样本数量。试验结果表明,实现全部试验检测概率曲线在时间和成本上都需要付出很大的努力。采用"模型辅助检测概率"(model-assisted probability of detection, MAPOD)方法可以解决和缓解这一问题[22-24]。这种方法是最近提出的,其基础是用适当验证的数值分析结果取代部分试验证据,至少对那些可以由已知物理模型定义的随机变量是这样的。

在此背景下,以下将讨论用检测概率曲线对实心轴、空心轴和钢轨进行无损检测的可靠性分析。

3 铁路实心轴无损检测的可靠性

在欧洲,铁路车轴通常用于货运和当地交通运输,一般火车的运行速度低于 200 km/h。在此框架下,目前的无损检测主要涉及超声检测(UT)、磁粉检测(MT)和视觉测试(VT)的应用,即使相关标准认为应该对货车和客车进行不同的检测。特别地,为货运应用而进行的轮轴在役维修,受私营货车营运商协会制定的《货车营运商协会指引[25]》规管。这样的指南要求超声检测必须基于多角度探头进行轴的外部表面检测。这种方法有两个缺点:需要去除部分涂层和需要拆卸轴承及轴箱。对于客车,EN 15313[26] 要求无损检测人员准备合适的无损检测程序。对于 VPI 检测技术和 EN 15313 建议,文献中没有提供检测概率曲线。

与此不同的是,超声检测实心轴从其两端分别进行,具有上述优点,可以避免从列车上拆卸他们。在英国,这种方法是首选的,原因如我们在第 1 部分阐述的 Benyon 和 Watson 检测概率曲线所述。在意大利,由于 20 世纪 70 年代意大利铁路的贡献[27],旋转探头一直用于实心轴的检查(图 5)。根据 Lucchini RS SpA 的检测程序[28],这种探头配置了不同角度的传感器(图 5(b)),可以发射纵向超声波并能够检测轴的关键区域。实体轴的端部超声检测是不满足 Berens 方法假设的情况之一,下面是对这一课题的最新研究综述[29]。

有效的超声检测需要最大限度地利用相关问题所反映的回波响应,因为这允许在对该问题进行振幅和大小评估之前获得可重复的参考条件。从实用的角度出发,通过调节声束的轴,使其指向本身最大反射的位置,从而获得所反映的回波响应最大值。然而,在某些操作情况下,仍然无法达到最大,这主要是由于几何约束不允许以均匀的灵敏度对整个检查区域进行检查。在这些案例中的实心轴超声检测,因为不允许旋转探头沿轴的纵向运动(图 6),所以只有 6° 的检测角度(4 MHz,直径 20 mm,纵向波)来检查中央圆柱轴(第三例是从顶部开始,如图 5(b)所示)。

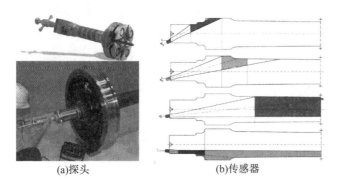

(a)探头　　　　　　　(b)传感器

图5　用于超声探伤实心轴的旋转式探头[29]

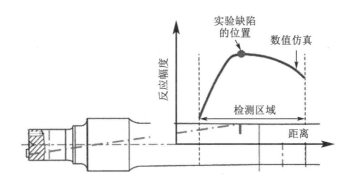

图6　使用超声检测的实心轴端部响应灵敏度分析[29]

为了研究轴向不同缺陷位置的影响,设计了一种特殊的试样块(图7(a))。其中,EDM实现了检测一系列尺寸均为 2 mm×10 mm 的凹面人工缺陷,它们沿轴线呈螺旋形分布,其几何形状与 Benyon 和 Watson 所述相同[15]。然后,根据 Lucchini RS SpA 的超声检测程序(图7(b))[28],用6°检测角度的传感器对样品轴进行检测。将所有人为缺陷的信号响应记录在屏幕处以获取信号幅度所需的增益。从图中可以看出,沿检测区域所得到的非均匀灵敏度明显突出。

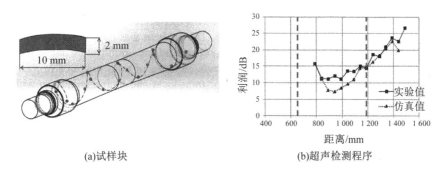

(a)试样块　　　　　　　　(b)超声检测程序

图7　特殊试样块超声波探伤[29]

另一方面,由于只考虑了一种缺陷尺寸,所以制造和仔细检查这种特殊的试样块是相当昂贵的,特别是考虑到所获得的试验信号响应数量不足以推导出检测概率函数。然后,采用模型辅助检测概率方法进行分析。利用专用软件包 CIVAnde 11.0[30] 建立特殊试样块的模型,并对其进行试验检验仿真,以验证模型自身是否可用(图 7(b))。后续模型辅助检测概率的数值程序基于蒙特卡罗方法:在每次检验仿真之前,沿轴的缺陷位置从均匀分布随机提取,这种随机提取表明在初始检测阶段无法提前知道损坏位置。

通过对 6°、7°、8°三种不同的折射角进行分析,可以对超声检测技术优化分析。图 8(a)为缺陷反射面积[8]为 6°换能器的仿真结果,并与特殊试样块检测得到的试验数据进行了对比。然而,有必要强调两点:第一,Berens 方法估计检测概率函数的假设要求数据呈线性趋势,但事实并非如此;第二,通过再次分析 Berens 方法的假设,该方法也要求残差服从高斯分布,但这一假设似乎没有得到重视。然后,通过使用三次样条函数插值曲线以取代线性假设,引入合适的统计分布代表残差的趋势以取代残差的高斯假设,可以对超声波响应最大值的变化趋势进行近似,更多技术细节可以在 Carboni 和 Cantini 的文献[29]中找到。

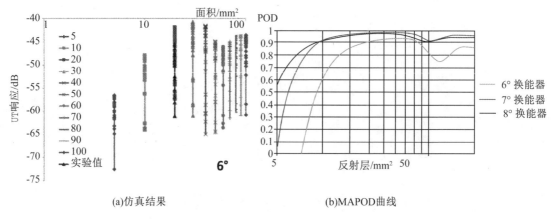

(a)仿真结果　　　　　　　　　　　(b)MAPOD曲线

图 8　6°、7°和 8°换能器的 MAPOD 信号响应检测概率曲线[29]

图 8(b)为得到的 MAPOD 曲线(为清晰起见,没有设置 95% 置信区间)。首先,与 6°相比,8°换能器可以显著改善检测概率。此外,值得注意的是,6°检测概率曲线可以与 Benyon 和 Watson 的检测曲线相媲美,而 8°检测概率则代表了最先进的技术。

目前,对固体轴无损检测技术的进一步改进还在研究中,特别是考虑相控阵超声技术的应用,但目前对其可靠性的研究还为时过早。

4　铁路空心轴无损检测的可靠性

铁路空心轴通常用于高速铁路,即时速 200 km 以上的铁路。目前的无损检测主要涉及超声检测、磁粉检测和视觉测试。但是,在这种情况下,存在统一的用于轴检测的超声监测技术:这种技术是基于一个高度自动化的沿纵向孔并扫描整个外表面的超声检测孔转换探针(图 9)。特别地,它们的内径探头是一个多通道系统,允许多达 8 个探头(通常为 45°、38°、70°和 50°,均为"向前"和"向后"配置)进行连续检查,以便优化检测概率,以适应最复杂的几何形状。

据笔者所知,在文献中只有一种检测概率曲线可用于该设备[18]。这种检测概率曲线适用于轮毂压合座与圆柱体几何过渡对应的车轴区域,此时最大应力集中因子 K_t 约为 1.2。为了获得天然疲劳裂纹的样本,从生产中取 10 根空心轴,通过米兰理工大学机械工程系专用的全尺寸试验台对其进行恒幅旋转弯曲试验。在历时约 2 年的疲劳试验结束时,获得了 17 条深度为 0.4 ~ 12 mm 的天然半圆形疲劳裂纹。

(a)一种钻孔系统

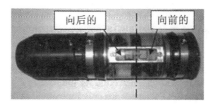
(b)典型的换能器

图9 空心轴的超声检测

然后,采用"信号响应"方法获得上述自然疲劳裂纹轴的超声检测振幅响应(图10(a))。图10(b)为采用 Berens 方法得到的检测概率曲线,其置信区间为95%。在本例中,检测曲线是一致且适用的。需要注意的是,两种不同的决策阈值被使用:第一,根据 Lucchini RS SpA 检测程序,16 mm×1 mm 标定缺陷代表了孔探针的"应用参数"(图3)[28];第二,半圆形的相关缺陷半径为 1 mm,这代表了它的"内在能力"。由于许多因素和参数(表面粗糙度、涂层等)使得解释响应更加困难,错误的概率也更高,因此对于给定的应用程序,本征检测概率曲线的性能要求太高。

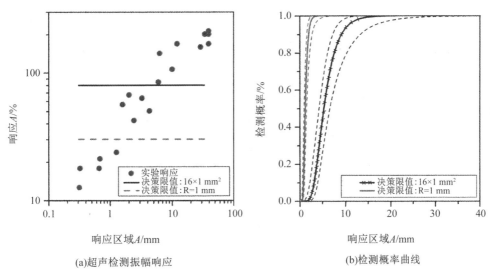

(a)超声检测振幅响应

(b)检测概率曲线

图10   空心轴全试验检测概率曲线的推导[18]

为了评估推导出的检测概率曲线的性能,图11给出了与最先进的 Benyon & Watson 检测概率曲线的比较(为了清晰起见,没有95%置信区间)。值得提醒的是,由于它们与实心轴有关,因此目前的检测概率曲线只是指示性的。尽管如此,我们还是可以得出结论,这里得到的检测概率曲线在系统上优于超声检测的"远端扫描",至少可以与超声检测的"近端扫描"相比较。

同样在空心轴的情况下,还在进一步研究改进方法,特别是考虑到采用相控阵超声技术,但是现在获得关于其可靠性的信息还为时过早。

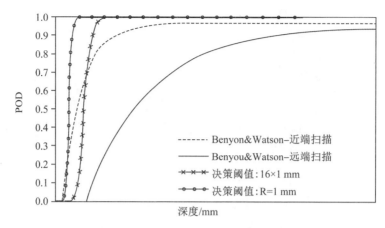

图11　所得检测概率曲线与最先进检测概率曲线的比较

5　钢轨无损检测的可靠性

在欧洲,铁路无损检测受 EN 16729 – 3 标准[31]的规范,并主要以超声检测为基础。钢轨的特性使它们可以以许多不同的方式失效,因此比那些发生在轴上的故障要多很多。一些故障模式涉及整个铁路部门,而其他只是一小部分。此外,螺栓或焊接接头一般是损伤的起始点。

由于钢轨长达数万公里,因此不可能派遣运营团队定期检查,通常采用的策略是运行安装有超声检测设备和其他测量手段的列车进行诊断,然后运维团队人员只对显示异常的区域进行分析。诊断列车进行超声检测的主要问题是根本无法检查底部,因为通常用于头部滚动表面的探头无法接近底部。然而,即使是可以检查的区域,文献中也没有检测概率曲线。

考虑到现场作业人员的人工超声检测,典型的应用技术要求使用不同的常规直探头和角度探头来覆盖整个钢轨段及其大部分典型损伤。特殊的超声检测程序也用于检查螺栓连接和焊接。至于本文描述的其他场景,在文献中除了一个案例处理了铝热焊接轨道外没有其他检测概率曲线可用[32]。该检测概率曲线适用于铝热焊轨的人工超声检测,并应用了超声相控阵技术。超声相控阵技术检测到的典型损伤如图12所示。

图12　典型长焊接铁路脚下的在役故障[32]

在铝热焊缝的最大应力集中位置(图13),将人工半椭圆切口引入两个在役的焊接钢轨试样中。两组凹槽中一组在截面对称轴线上而另一组在足侧尖上,均采用球头刀具铣削加工而成,其展弦比均为0.4。人工缺陷的深度从0.5 mm 到2 mm 不等,中间值很少。

图 13　铝热焊轨人工缺陷的制造[32]

　　奥林巴斯 Omniscan 相控阵单元被用来执行所有的检查,特别是从轧制表面检测中心缺陷(图 14),而从足上表面检测横向缺陷。此外,每一个缺陷都从焊缝的两侧(此处称为"SX")和另一侧(此处称为"DX")进行了检查。后者意味着声束与焊缝和热影响区的充分相互作用。

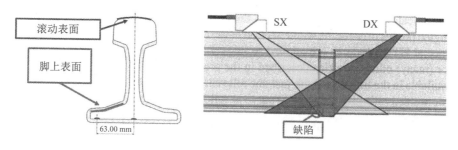

图 14　铝热焊轨相控阵超声检测方法[32]

　　图 15 显示了在检查期间使用 S 扫描方法获得的一些示例。可以看出,所选择的操作参数可以清晰地检测出固有几何形状和人为缺陷。特别是,所报道的 S 扫描范围是经过几次试验后,根据检查需要和焊接钢轨的几何形状(尤其是考虑到脚的侧尖)可达性而设定的,以达到扫描范围的最佳平衡。

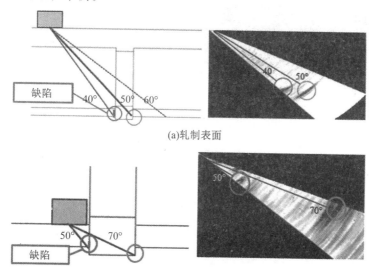

(a)轧制表面

(b)从底部上表面开始

图 15　缺陷焊轨的 S 扫描示例[32]

图16总结了获得的a和â信号响应。可以看出,DX方法是不可接受的,也是不一致的。很难想象能用DX法推导出有意义的检测概率曲线。究其原因,可以归结为该类焊缝和热影响区组织的非均质性及粗糙性。另一方面,SX方法似乎从两个被检查的样本中提供了良好的、一致的和可比的数据,可以确定检测概率曲线。因此,可以得出结论,应该从焊缝的两侧进行检查,以最大限度地提高可检测性。

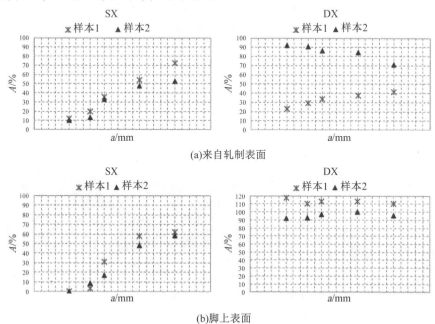

(a)来自轧制表面

(b)脚上表面

图16 获得的a与â信号响应的总结[32]

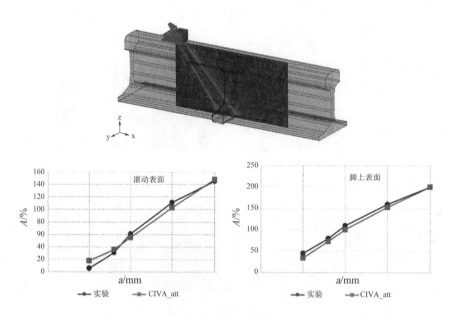

图17 数值模型的验证[32]

与前面描述的实心轴情况一样,现有的试验数据太少,无法提供可靠的检测概率曲线,因此应用了 MAPOD 方法,并再次使用 CIVA[nde] 11.0 专用软件包进行了数值模拟。相控阵反应记录为获得 80% 屏幕振幅所需的数值。通过模拟焊接试样的所有试验,验证了模型的有效性(图 17)。再次利用蒙特卡罗方法,随机改变缺陷大小及其在脚部位置的两个参数,得到了 MAPOD 曲线。对于每个裂纹尺寸,考虑 29 个裂纹位置的提取,具体的操作是从一个均匀的分布中以保证最小样本量所需 95% 的置信水平均值来提取。收集的数据作为检测缺陷的反射面积函数[8]。

图 18 展示了获得的 MAPOD 曲线:Berens 方法可以使用,因为它的假设得到了满足。从图中可以看出,轧制表面的检测性能似乎要比脚上表面的检测性能好一些。这是可以预见的,因为存在与轧制表面相反且焊接后没有进行加工的表面,所以脚的上表面不平行于脚的基座。最终,导致其粗糙度较高,意味着有更高的声传递损失。

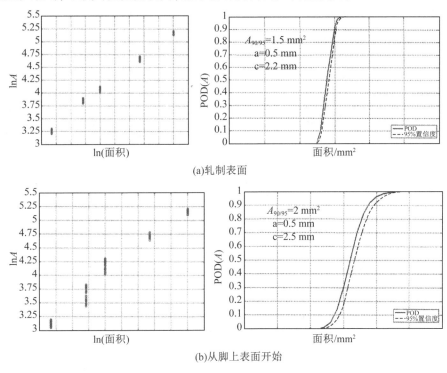

图 18　MAPOD 曲线[32]

6　结论

无损检测是一个统计过程,其可靠性的定义需要合适和专用的数学方法。本文介绍了铁路车辆材料(轴)和基础设施(轨)无损检测可靠性分析的常用方法、新方法和尚待解决的问题。需要强调的是,在公开文献中缺乏许多铁路部件安全关键组件的无损检测程序,也就是意味着我们还有很多工作去做。

参考文献

[1]　PANHUISE V E. Introduction to quantitative nondestructive evaluation [M]//ASM Handbook Volume 17 Nondestructive Evaluation and Quality Control. 3rd ed. USA:ASM

International,1994.

[2] MATZKANIN G A,YOLKEN H T. Probability of Detection(POD)for nondestructive evaluation(NDE)[R]. NTIAC – TA – 00 – 01,NTIAC,USA,2001.

[3] RUMMEL W D. Applications of NDE reliability to systems [M]//ASM Handbook Volume 17 Nondestructive Evaluation and Quality Control. 3rd ed. USA:ASM International,1994.

[4] RUMMEL W D,MATZKANIN G A. Nondestructive Evaluation(NDE)capabilities data book[M]. USA:NTIAC,1997.

[5] BERENS A P. NDE reliability data analysis [M]//ASM Handbook Volume 17 Nondestructive Evaluation and Quality Control. 3rd ed. USA:ASM International,1994.

[6] GEORGIOU G A. Probability of Detection(POD)curves:Derivation,applications and limitations[R]. Research Report 454,HSE,UK,2006.

[7] MILHDBK A. Nondestructive evaluation system reliability assessment[M]. USA:US Department of Defense Handbook,2009.

[8] CARBONI M. A critical analysis of ultrasonic echoes coming from natural and artificial flaws and its implications in the derivation of "probability of detection" curves[J]. Insight,2012 (54):208 – 216.

[9] TIDSTRÖM L,JELENIK T,BRICKSTADT B. How to extract POD—Information from qualification data,2004[C]. London,UK:In Proceedings of 4th International Conference on NDE in Relation to Structural Integrity for Nuclear and Pressurized Components,2004.

[10] GRANDT A F. Fundamentals of structural integrity [M]. Hokoben, USA: Wiley,2003.

[11] ZERBST U,VORMWALD M,ANDERSCH C,et al. The development of a damage tolerance concept for railway components and its demonstration for a railway axle[J]. Engineering Fracture Mechanics,2003,72:209 – 239.

[12] CARBONI M,BERETTA S. Effect of probability of detection upon the definition of inspection intervals for railway axles[J]. Journal of Rail and Rapid Transit,2007,221:409 – 417.

[13] CANTINI S, BERETTA S. Structural reliability assessment of railway axles [M]. LRS – Techno Series 4,Lovere(BG),Italy,2011.

[14] BERETTA S,CARBONI M,CERVELLO S. Design review of a freight railway axle: Fatigue damage versus damage tolerance[J]. Materialwissenschaft und Werkstofftechnik,2011,42 (12):1099 – 1104.

[15] BENYON J A,WATSON A S. The use of Monte—Carlo analysis to increase axle inspection interval, 2001 [C]. Roma, Italy: In Proceedings of 13th International Wheelset Congress,2001.

[16] KIEFEL D, SCIUS – BERTR M, STÖβEL R. Computed tomography of additive manufactured components in aeronautic industry,2018[C]. Wels,Austria:In Proceedings of 8th Conference on Industrial Computed Tomography,2018.

[17] MUELLER C,BERTOVIC M,KANZLER D,et al. Assessment of the reliability of NDE:A novel insight on influencing factors on POD and human factors in an organizational Context,2014[C]. Prague,Czech Republic :In Proceedings of 11th European Conference on

NDT,2014.

［18］　CARBONI M,CANTINI S. Advanced ultrasonic "probability of detection" curves for designing in – service inspection intervals［J］. International Journal of Fatigue,2016,86:77 – 87.

［19］　LAWLESS J. F. Statistical models and methods for lifetime data［M］. 2nd ed. USA: WileyInterscience,2002.

［20］　TAYLOR J R. An introduction to error analysis:The study of uncertainties in physical measurements［M］. 2nd ed. USA:University Science Books,1997.

［21］　NELSON W. Applied life data analysis［M］. USA:Wiley,1982.

［22］　LE GRATIET L, IOOSS B, BLATMAN G, et al. Model assisted probability of detection curves:New statistical tools and progressive methodology［J］. arXiv,2016:1601.05914.

［23］　KNOPP J S, ALDRIN J C, LINDGREN E. Investigation of a model – assisted approach to probability of detection evaluation ［M］//Review of Progress in Quantitative Nondestructive Evaluation(Vol. 26). New York,USA:American Institute of Physics,2006.

［24］　SMITH K, THOMPSON B, MEEKER B, et al. Model – assisted probability of detection validation for immersion ultrasonic application［M］//Review of Progress in Quantitative Nondestructive Evaluation(Vol. 26). New York,USA:American Institute of Physics,2006.

［25］　VPI. VPI 04—Maintenance of freight wagons—Wheel – sets［M］. 2nd ed. Germany: First Modification,2008.

［26］　CEN. Railway applications—In – service wheelset operation requirements—Inservice and off – vehicle wheelset maintenance［R］. EN 15313,Brussels:CEN,2010.

［27］　PETTINATO G. Il controllo ad ultrasuoni semiautomatico degli assi delle sale montate dei veicoli ferroviari in opera o fuori opera［C］. La Metallurgia Italiana,8,1971.

［28］　BENZONI F,CANTINI S,TONELLI L. Technical Instruction QUA IT 142 Rev. 1 ［M］. Lovere(BG),Italy:Lucchini RS S. p. A. ,2013.

［29］　CARBONI M, CANTINI S. On non – maximizable ultrasonic responses and POD curves,2016［C］. Munich, Germany:In Proceedings of 19th World Conference on Non – destructive Testing,2016.

［30］　CEDRAT. CIV Ande 11. 0 User's Manual［Z］. 2014.

［31］　CEN. Railway applications—Infrastructure—Non – destructive testing on rails in track［R］. EN 16729 – 3,Brussels:CEN,2018.

［32］　CARBONI M. A reliability study of phased array ultrasonic inspections applied to aluminothermic welds in rails,2017［C］. Potsdam,Germany:In Proceedings of 7th European – American Workshop on Reliability of NDE,2017.

使用疲劳测试评估疲劳性能
并估计关键部件的使用寿命

Raghu V. Prakash

摘要 准确可靠的使用寿命预测是电厂、交通运输、海上结构等安全关键领域中工程师所面临的挑战之一。本文介绍了用小体积试样估算材料疲劳性能的研究进展。循环球压痕和循环小冲头试验方法在近二十年的研究中得到了发展，并已被证明可以预测服役材料的疲劳性能，本文讨论了一些显著的结果。在海洋结构中，低频机械载荷与腐蚀环境的协同作用加速了结构的损伤。这种结构的寿命预测需要低频率腐蚀疲劳裂纹扩展的数据。这是一个耗时的工作，因此有必要通过新的测试方法来估计其性能。本文针对腐蚀环境下疲劳裂纹扩展速率，提出了一种频率脱落法。此外，海洋设备的设计者和操作者通过使用电极电位来避免自由腐蚀。然而，电极电位的选择取决于应力状态。通过系统地研究，本文确定了裂纹扩展研究的最佳电极电位，并对其进行了讨论。希望本研究的结果能够对寿命预测和寿命延长领域的发展有所帮助。

关键词 新型疲劳试验方法；循环球压痕；循环小冲头试验；腐蚀－裂纹生长；指数频率脱落；电极电位扫描技术

1 研究目的和意义

除了在石油、天然气和化工厂等恶劣环境中运行的系统外，还有一些用于发电厂部件、飞机和其他运输系统的关键结构与部件。在这些系统中，许多人在心理压力和复杂环境的共同作用下工作。寿命预测是控制操作可靠性的一个关键方面，因为事故可能是致命的，而且会造成很大的经济损失。针对疲劳，我们可以应用断裂力学和材料环境行为概念来估计构件的寿命。

寿命预测仍然是最具挑战性的活动之一，因为它受到材料特性、组件几何形状、加载历史和操作环境变化的影响。寿命预测是在设计阶段进行的，假设从试验室获得的材料力学性能数据以图表等形式存在；在运行中修正寿命估计；在设备大修或使用后确保剩余寿命。除此之外，从失败中吸取的经验教训被纳入这些预测中，以确保操作的可靠性。今天，人们关注的是如何保证在预期服役期间内没有失败的风险。

大多数情况下，寿命预测是在知道真实组件经历多轴应力状态（与试验室测试时的单轴应力状态非常不同）和尺寸尺度效应对寿命起作用的情况下完成的。虽然保守方法是在安全因素下考虑这些变量，但权重优化设计需要彻底重新考虑影响寿命预测的这些因素和变量。

首先，寿命预测依赖于材料的力学行为，表现为材料的拉伸性能、冲击、蠕变、疲劳、断裂韧性等性能,如图 1[1]所示。值得注意的是,这些特性中有许多是在试验室受控的加载条件下估计的,其结果对包括环境在内的几个变量很敏感。可以想象,当在试验室中进行多个试验时,结果很可能是分散的且可能是不确定的。然而,从实际观点来看,寿命计算是确定的,比如屈服强度和极限抗拉强度(UTS)是确定的,材料是固定的。值得注意的是,即使是 ASTM 拉伸测试标准 E‑08 M[2]也允许材料的估计弹性模量有 ±5% 的偏差。根据第一原理,弹性模量是一种材料对结构最不敏感的特性之一,它受多个试样之间相似缺陷密度的影响。然而,对于屈服应力、极限拉伸应力和断裂延性的变异性程度,却没有普遍的说法。当我们通过疲劳试验、疲劳裂纹扩展速率试验或断裂韧性试验来考虑其他类型的试验时,即使是从同一批次材料中提取的试样,最终的试验结果也会有相当大的不确定性。这意味着需要进行多次试验才能获得单个参数数据,这些数据要经过统计分析才能得到分布。典型的平均值、中值和标准差分析可以提供用于分析测试数据可重复性程度的初步估计。事实证明,这是基本可行的,但在许多实际情况下仍然可能不可行。例如,在核工业中,使用经过控制辐射剂量的监督管来提取微型拉伸断裂韧度试样。由于材料的可用性有限并需要建立长期的材料退化响应曲线,因此提取小体积试样的重复试验次数也较少。使用小体积试样进行性能评估时,散点具有显著性,但标准试验室试样和小体积试样[3]之间的相关性需要被准确评估[3]。

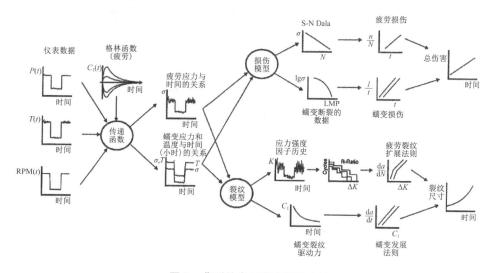

图 1　典型的电厂寿命评估方法

本文介绍了作者近二十年来在评估材料疲劳性能方面所做的研究工作,从而提高了寿命预测的可靠性。本文涉及的研究包括:(a)通过多种测试方法对电厂材料进行疲劳性能评估;(b)在腐蚀性环境和低频机械负荷下开发测试方法进行疲劳裂纹增长的预测;(c)对聚合物复合系统通过多种测量技术评估损伤。

2　采用新的试验方法对电厂材料进行疲劳性能评估

疲劳和断裂性能是电厂延长寿命的重要输入(见图1),剩余寿命计算的起点是低周疲劳、高周疲劳和断裂韧性。由于材料长期暴露在应力和温度/环境中,有蠕变、脆化和腐蚀的可能,这些都会降低机械性能,因此材料的现状是估算剩余寿命的起点。当可用来进行寿命评估的材料非常少时,这就成为一个挑战。在许多情况下,材料使用寿命从现有组件中进行舟皿取样技术,同时还需要从小体积的材料(小样本)中评估材料的物质属性,如图2所示。通常,研究人员通过微型拉伸试样或使用间接方法(如自动球压痕、剪切冲头和小冲孔试验方法)评价应变材料的属性状态。在某些情况下,研究人员使用小型冲击试样来估计老化材料[3]的韧性值。值得注意的是,在评估服役中老化材料的疲劳性能方面并没有太多的研究。这促使作者开发了两种新的测试方法(循环球压痕试验和循环小冲孔试验)来估计小体积材料的失效寿命数据。

(a)小样本舀取的流程图[4]

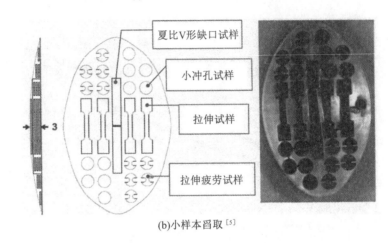

(b)小样本舀取[5]

图2　从小样本中评估材料的物质属性

2.1　循环球压痕试验

循环球压痕试验使用球形碳化钨压痕器,通常直径为 1.59 mm(1/16 in),在负载控制下厚度为 5~10 mm 的试样上施压,进行多次循环。它可以看作 Haggag 等人提出的自动球压痕(ABI)测试方法的延伸,用于评价材料的静应力–应变特性。在载荷循环作用下,球形压痕经过多个周期后,试样的变形和穿透深度作为载荷循环的函数进行测量。此外,该方法还连续记录材料的穿透载荷深度,并据此估算材料的塑性穿透深度。

图3为典型试验中建立的循环球压痕试验示意图和荷载–位移曲线。图4显示了单周荷载–位移数据的扩展视图,显示了材料的典型滞后响应。研究表明,在循环加载过程中穿透深度随加载循环次数的增加而增加,初始速度较快,之后趋于稳定。经过一定的加载周期后,基体的穿透深度和塑性穿透深度突然下降(图5),这说明基体由于疲劳循环而失效。

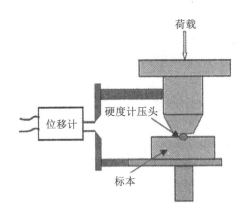

图3 循环球压痕试验示意图[7]

载荷–位移 –2014–T651

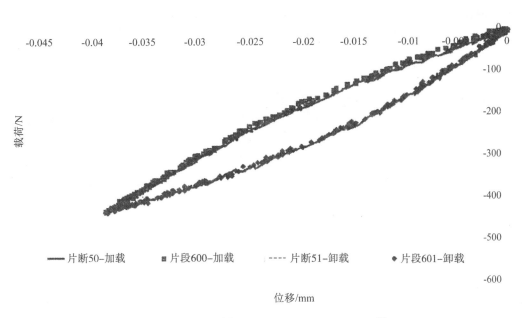

图4 单周荷载下[8]荷载 – 位移数据的扩展视图[8]

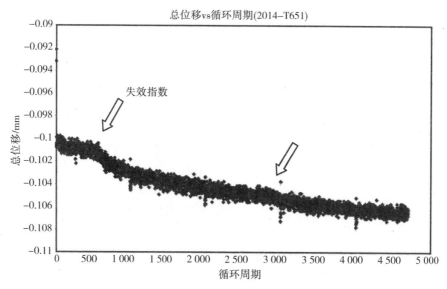

图5 循环球压痕[8]时的位移与循环响应[8]

值得注意的是,虽然试样是在压缩循环中加载的,但试样基体的某些部分受拉应力作用,在这些位置存在微观裂纹,导致穿透深度下降。采用与稳定的穿透深度对应的真实应变作为疲劳的参考应变。根据 Haggag 的工作[6],由式(1)估算真实应变。

$$\varepsilon_p = 0.2 \frac{d_p}{D} \tag{1}$$

式中,d_p 为塑料穿透深度;D 为球形压头直径。真实应力估计为

$$\sigma_t = \frac{4P}{\pi d_p^2 \delta} \tag{2}$$

式中,P 为加载;δ 为连环相撞的校正因子。在另一项工作[9]中,我们将失效寿命与常规低周疲劳试验获得的累积应变能进行关联,结果表明循环球压痕试验方法估算的失效寿命与常规低周疲劳试验方法存在关联。

图6 显示了 SS304 L(N)材料经母材循环球压痕试验、多道次 TIG(MP - TIG)焊接和活化 TIG(A - TIG)焊接[10]得到的应变幅值与破坏循环的关系[10],即电厂中使用的典型钢在不同条件下的应变与失效寿命,涉及金属和焊接区域[10]。这种逐点识别疲劳性能的方法在常规试样中是不可行的。结果表明,与活化 TIG(A - TIG)焊缝(0.371)相比,多道次 TIG(MP - TIG)焊缝区域的应变延性系数最高(0.579),母材的应变延性系数最低(0.213 8)。MP - TIG 焊缝的应变延性指数最高说明材料对低周疲劳敏感。值得注意的是,虽然失效寿命数据是按常规方法绘制的,但局部应力比并不等于整体加载应力比(R0.1),这是因为局部变形与整体变形差别很大。通过数值模拟技术估算循环压痕过程的实际应力比。数值模拟结果表明,即使整体最小荷载与最大荷载之比(也称应力比)为0.1,局部应力比也可高达0.7。

关于循环球压痕,需要提到的一个方面是,该特性是用一个相当大厚度(通常是晶粒尺寸的 10 倍)的样品来估计的,压头下方存在三轴应力状态,这与典型的低周疲劳试验试样应力状态有很大的不同。因此,循环 ABI 试验试样的失效寿命数据最多可以与标准试样数据相关联。所谓标准试样是指符合 ASTM E - 606[2]或等效试验标准且具有适当尺寸和合理体积的试样几何形状。

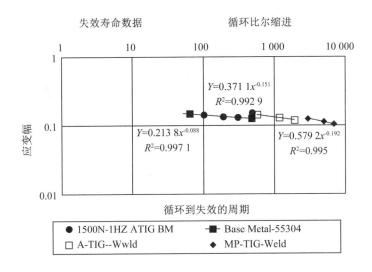

图6 典型钢在不同条件下的应变与失效寿命

2.2 循环小冲孔试验

对于从关键位置提取的薄试样,由于压痕的边界条件,使用循环 ABI 可能不能提供良好的结果。小冲孔试验(SPT)是一种很有前途的拉伸性能评估技术,因为试样尺寸小至 3 mm(类似于透射电镜(TEM)网格)就足以评估(局部)机械性能[11]。小冲孔试验方法在许多方面类似于小型圆盘弯曲试验(MDBT)[11],但 MDBT 试样与 SPT 试样的主要区别在于试样弯曲过程中的约束水平(自由弯曲与约束弯曲)。基于欧洲和日本对小冲孔试验的几项研究,相关学者提出了小冲孔试验中材料屈服的极限抗拉强度与传统大试件试验方法的经验关系[12,13]。

图7 为本研究中使用的小冲孔试验夹具示意图及照片。该小冲孔试验夹具由一对模具组成,即上模和下模各一个,分别用于承载冲头和试样。本研究对公称尺寸为 10 mm × 10 mm × 0.3 mm 的不锈钢进行了小冲孔试验。盘样安装在下模后,用夹紧螺丝牢牢地固定,用扭矩扳手控制试样上的压力;在试样上放置一个直径为 2.5 mm 的碳化钨球;通过导孔将冲头插入下模;然后,整个夹具安装在一个 100 kN MTS – 810 伺服液压测试系统的夹具之间。为了测量试样的局部挠度,在模具[14]的刀口之间安装裂纹张开位移计。在小冲孔试验测试中,测试系统的力和位移传感器被缩小到其全量程的 1/10。在试验室空气环境中,以 0.5 mm/min 的置换速率对所有试件进行单调小冲孔试验。

对采集频率为 20 Hz 时采集的典型载荷 – 位移响应(图8)进行弹性模量、冲头峰值位移分析,估算材料的拉伸性能。根据这一响应,我们可以从服役部件中估计材料的屈服应力和极限抗拉强度。

在恒幅载荷循环下的循环小冲孔试验中,试件在标称试验频率为 1 Hz 时受到压缩载荷的作用,局部位移响应作为循环函数不断被监测,直至被破坏。与上一节讨论的循环 ABI 试验不同,这种方法的失效识别非常简单,因为压头穿透了试样的薄片。图9 显示了 SS304 L(N)材料[7]在不同峰值载荷下循环小冲孔试验中位移随加载周期的变化规律,即典型位移与循环周期的函数如图9 所示。根据具有陡坡的二、三次区位移响应转变,可确定一组加载条件的破坏周期,并以此建立材料的低周疲劳数据。此外,如前所述,滞回能量用于估计标准低周疲劳试样失效寿命之间的相关性。

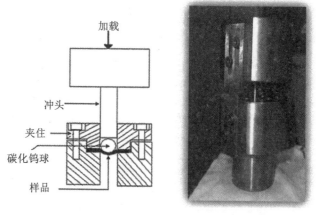

图7　小冲孔试验夹具示意图及照片[7]

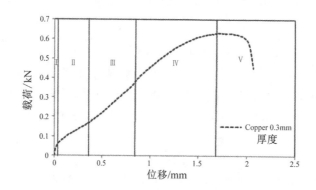

图8　典型小冲孔载荷－位移响应[7]

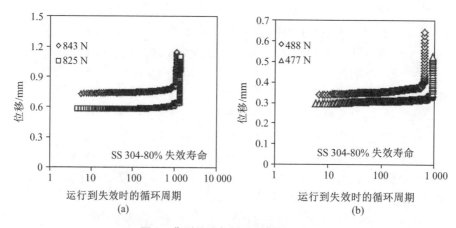

图9　典型位移与循环周期的函数

　　虽然在小冲孔试验中发生了双轴拉伸,但应力状态为平面应力,因此预计循环小冲孔试验预测的失效寿命将更接近传统低周疲劳试验数据。将相同材料的失效数据——用循环球压痕(代表三轴应力状态)测试得到的数据与循环小冲孔测试得到的数据进行比较将是非常有趣的。目前,这项研究已经开始了,希望这些研究可以帮助我们通过多种试验技术获得疲劳试验数据。

3 腐蚀疲劳裂纹扩展速率研究进展

发电厂的元件及海上结构都受到腐蚀和机械载荷的共同作用。由于这种协同加载,这些部件中裂纹的早期萌生也会导致裂纹的加速增长。与环境空气中疲劳裂纹扩展速率的研究不同,裂纹扩展动力学与加载频率有关。

图 10 为腐蚀环境不同频率(f_1 和 f_2)下疲劳裂纹扩展速率响应示意图,我们可以将其与惰性环境下裂纹扩展速率比较。图 10 显示了活性合金环境低循环频率下典型的真实腐蚀疲劳裂纹扩展动力学示意,其中 K_{th} 为给定环境下疲劳裂纹扩展的阈值应力强度因子[15]。在试验室高温下进行的试验也会有类似的反应,因为氧化或相关的环境影响可能会改变机械裂纹扩展速率的响应。然而,对于许多高温部件(如涡轮机),高温下的暴露时间会导致蠕变损伤,而不是腐蚀损伤。进一步分析可以发现,高温元件的工作频率普遍较高,但是由于平静海洋中的波浪周期,该频率在许多海洋结构中非常低(< 0.1 Hz)。因此,对于在海洋环境中工作的构件和系统,研究结构钢等材料在腐蚀环境和低频循环载荷(< 1 Hz)作用下的腐蚀疲劳裂纹扩展行为非常重要。在此类表征研究中,利用常规的单频裂纹扩展试验生成低频疲劳裂纹扩展速率数据较为烦琐,因此我们特别需要在合理的时间尺度内对不同的候选材料进行初步筛选。对于获得低频裂纹扩展数据,采用高通量试验方法将具有重要意义。

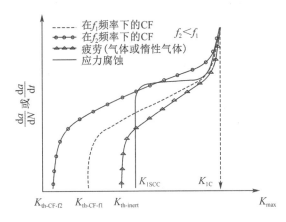

图 10   腐蚀环境下不同频率下疲劳裂纹扩展速率响应示意图

针对低频疲劳裂纹扩展速率测试方案的开发,本文提出一种减振方法。在一定的应力强度因子范围(K)下,即使裂纹长度增加,腐蚀疲劳裂纹扩展速率也会随着频率的变化而变化。随着裂纹长度的增加,加载频率从初始值(如 5 Hz)呈指数下降。对于船用钢(Mn – Ni – Cr)在 3.5% NaCl 溶液中的裂纹扩展行为,在 $K \sim A$ 频率范围内,裂纹扩展速率随频率呈线性增长,然后趋于稳定;同时,K 值越高,裂纹扩展速率越大。图 11 为模拟海水条件下 Mn – Ni – Cr 合金腐蚀疲劳裂纹扩展速率与频率的函数关系。

腐蚀性环境或空气中(只要是在线性区域内),在对数尺度下的裂纹增长率和循环频率会在一个特定的频率下影响裂纹扩展的线性响应,同时能够根据名义上的高频数据,在较低频率下预测腐蚀疲劳裂纹的增长率。然而,线性度占优势的频率范围在很大程度上取决于其他各种参数,特别是 K 和环境条件。

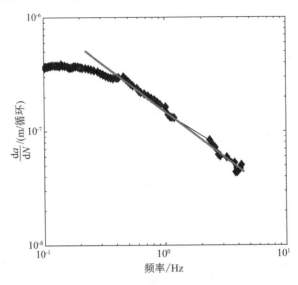

图 11　模拟海水条件下 Mn – Ni – Cr 合金腐蚀疲劳裂纹扩展速率与频率的函数关系[16]

3.1　通过电极电位降低腐蚀疲劳裂纹扩展速率

在减缓腐蚀疲劳裂纹扩展速率方面,可以采用电极电位来减小腐蚀效应。电极电位决定了金属表面的电化学反应,对腐蚀疲劳裂纹扩展速率有较大的影响。阴极保护是降低均匀腐蚀速率的有效措施之一。可以指出,腐蚀电位是材料应力状态的函数。在无应力的情况下,利用自由腐蚀电位可以解决材料的加速腐蚀问题。然而,在应力循环的情况下(典型的低或高循环疲劳),一个更负的电极电位需要考虑腐蚀影响。裂纹的存在导致其会在裂纹尖端附近引入非常高的应力梯度,因此即使是这样的电极电位也不足以减轻加速腐蚀对裂纹扩展速度的影响。文献表明,在阴极电位[17]作用下,光滑钢试样的腐蚀疲劳寿命在空气中恢复到了疲劳寿命。同样,采用阴极电位[18]可以降低钢的腐蚀疲劳裂纹扩展速率。然而,由于氢辅助裂纹[19,20],因此小于 – 1 000 mV SCE 的阴极电位会加速裂纹的扩展速率。此外,裂纹长度上的电位降会改变降低裂纹尖端腐蚀速率所需的阴极电位。在减频试验[21]和单频试验[22]中,分别测定了不同阴极电位下低频腐蚀疲劳裂纹扩展速率。

采用频率脱落法对 3.5% NaCl 溶液中钢的腐蚀疲劳裂纹扩展动力学(以裂纹扩展增强率为指标)进行评估时,发现在 5 ~ 0.01 Hz 的频率范围内,钢的腐蚀疲劳裂纹扩展动力学(以裂纹扩展增强率为指标)增加了一个数量级,不同应力强度因子(SIF)作用范围 $(MPa \sqrt{m})$[22]下 Mn – Ni – Cr 钢在 3.5% NaCl 溶液中的腐蚀疲劳裂纹扩展增强率(对应于应用应力强度因子范围的裂纹扩展率归一化)随循环频率的变化规律如图 12 所示[16,22]。裂纹扩展增强率定义为在相同条件下,腐蚀性环境中相对于空气中的裂纹扩展速率,包括对数线性、高原现象和陡裂纹扩展区。我们可以观察到,在低频范围内[22],阴极电位为 – 900 mV SCE 时,腐蚀疲劳裂纹扩展增强率显著降低。因此,阴极电位 – 900 mV SCE 明显降低了裂纹扩展速率,可以使其接近于 0.1 Hz 以下空气中的裂纹扩展速率。通过低频 0.01 Hz 和 0.1 Hz 阴极电位扫描试验,本研究进一步研究了阴极电位对钢腐蚀疲劳裂纹扩展速率的影响,发现 -950 mV SCE[22] 处裂纹扩展速率最小,K 恒为 15 MPa $\sqrt{m}$[22] 时,Mn – Ni – Cr 钢在 3.5% NaCl 溶液中的腐蚀疲劳裂纹扩展速率随循环频率为 0.1 Hz 和 0.01 Hz 外加电势的变化关系如图 13 所示。然而,当阴极电位进一步降低时,腐蚀疲劳裂纹扩展速率从最小值增加。裂纹扩展速率的增大主要是由于 -950 mV SCE 以下阴极电位下裂纹尖端产生的氢和吸附作用增强[20,23,24]。

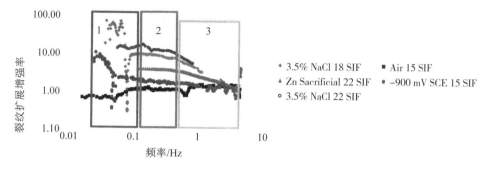

1—对数线性区域;2—高原地区;3—陡裂缝扩展区。

图 12　Mn – Ni – Cr 钢的腐蚀疲劳裂纹扩展增强率随循环频率的变化规律

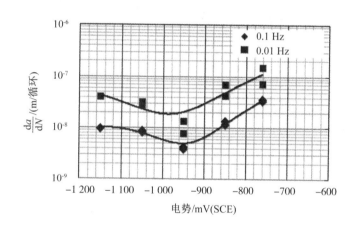

图 13　Mn – Ni – Cr 钢的腐蚀疲劳裂纹扩展速率随外加电势的变化关系

由以上研究可知,腐蚀疲劳裂纹扩展速率与试验频率和外加电极电位有关。根据腐蚀裂纹扩展速率随试验频率变化的斜率,可以预测任意中间试验频率的数据。目前尚不清楚频率变化对腐蚀裂纹扩展速率的影响,特别是在高频和低频混合的情况下。电极电位的选择不同于裂纹尖端附近存在局部应力梯度而导致总应力的低周疲劳状态,它取决于裂纹尖端附近的应力状态。

4　结论

本文综述了近十多年来发展起来的用于电厂或海上材料疲劳性能评估的新测试方法。循环球压痕试验方法能够估计疲劳性能的局部变化(如母材、焊缝区域),而循环小冲头试验方法非常适合于材料的小体积疲劳试验。循环球压痕试验方法可扩展为现场试验方法,可用于预测服役材料疲劳性能的退化。

腐蚀疲劳裂纹扩展速率测试结果可作为精密调整低频工作部件裂纹扩展速率预测的工具。正确选择电极电位有助于减轻腐蚀裂纹扩展的影响。

参考文献

［1］ ROSARIO D A,TILLEY R M. EPRI International Conference on Advances Plant Life Assessment［C］. Orlando,FL,USA,2002.

［2］ ASTM. Neural network Book of Standards［J］. ASTM International,2017,3.01.

［3］ LUCAS G E. Review of small specimen test techniques for irradiation testing［J］. ASM International,1988.

［4］ ESKNER M. Mechanical behavior of gas turbine coatings［D］. KTH,Sweden:Ph. D. thesis,2004.

［5］ KUMAR K, SHYAM T V, KAYAL J N, et al. Development of Boat Sampling Technique［R］. BARC Report No. BARC/2002/I/013,2002.

［6］ HAGGAG F M,WANG J A,SOKOLOV M A,et al. Use of portable/insitu stress－strain microprobe system to measure stress－strain behavior and damage in metallic materials and structures,1997［C］. West Conshohocken:In ASTM STP 1318,ASTM International,1997:85.

［7］ ARUNKUMAR S,PRAKASH R V. Estimation of tensile properties of pressure vessel steel through automated ball indentation and small punch test［J］. Transactions of Indian Institute of Metals,2015,69（6）:2－15.

［8］ PRAKASH R V, BHOKARDOLE P, SHIN C S. Investigation of material fatigue behavior through cyclic ball indentation testing［J］. Journal of ASTM International,2008,5（9）:128－139.

［9］ BANGIA A,PRAKASH R V. Energy parameter correlation of failure life data between cyclic ball indentation and low cycle fatigue［J］. Open Journal of Metal,2012,2:21005.

［10］ PRAKASH R V,MADHAVAN K,PRAKASH A R,et al. Localized fatigue response evaluation of weld regions through cyclic indentation studies［R］. Pittsburgh, PA, USA:In ASME－IMECE－2018－86420,2018.

［11］ MANAHAN M P, ARGON A S, HARLING O K. The development of miniaturized disk bend test for the determination of post－irradiation mechanical properties［J］. Journal of Nuclear Materials,1981,103&104:1545－1550.

［12］ MAO X,TAKAHASHI H. Development of a further－miniaturized specimen of 3 mm diameter for TEM disk（F 3 mm）small punch tests［J］. Journal of Nuclear Materials,1987（150）:42－52.

［13］ ETO M,TAKAHASHI H,MISAWA T,et al. Development of a miniaturized bulge test （small punch test）for post－irradiation mechanical property evaluation［J］. In ASTM STP 1204,1993:241－255.

［14］ RAMESH T. Mechanical property evaluation of pressure vessel materials through shear punch and small punch tests［D］. IIT Madras,India:M. Tech Dissertation,2012.

［15］ DHINAKARAN S. Corrosion fatigue crack growth behavior of structural materials at low cyclic frequencies［D］. IIT Madras,Chennai:Department of Mechanical Engineering Ph. D.

Thesis,2015.

[16] PRAKASH R V,SAMPATH D. Estimation of corrosion fatigue – crack growth through frequency shedding method[J]. Journal of ASTM International,2012,9:1 – 13.

[17] REVIE R W,UHLIG H H. Corrosion and corrosion control[M]. 4th ed. New Jersey: Wiley,2007.

[18] HOOPER W C,HARTT W H. Influence of cathodic polarization upon fatigue of notched structural steel in sea water[J]. Corrosion,1978,34:320 – 323.

[19] VIGILANTE G N, UNDERWOOD J H, CRAYON D, et al. Hydrogen induced cracking tests of high strength steels and nickel – iron base alloys using the bolt – loaded specimen [M]. Fatigue Fract. Mech. 28th Vol. ASTM STP 1321, ASTM International,West Conshohocken, PA,1997:602 – 616.

[20] GANGLOFF R P. Hydrogen assisted cracking of high strength alloys[M]. Compr. Struct. Integr. New York:Elsevier,2003:31 – 101.

[21] SAMPATH D,PRAKASH R V. Effect of low cyclic frequency on fatigue crack growth behavior of a Mn – Ni – Cr steel in air and 3. 5% NaCl solution[J]. Materials Science and Engineering A,2014,609:204 – 208.

[22] PRAKASH R V,SAMPATH D. Understanding fatigue crack growth behavior at low frequencies for a Mn – Ni – Cr Steel in 3. 5% NaCl solution under controlled cathodic potential [J]. Materials Performance and Characterization,2015,4:157 – 167.

[23] SCULLY J R,DOGAN H R,LI D R,et al. Controlling hydrogen embrittlement in ultra – high strength steels[J]. Corrosion,2004,63:7 – 8.

[24] HALL M M. Effect of inelastic strain on hydrogen – assisted fracture of metals[M]. Woodhead Publishing Limited,2012.

基于改变开发和测试变更点的策略进行软件发布与测试

P. K. Kapur ,Saurabh Panwar ,Ompal Singh ,Vivek Kumar

摘要 本研究提出了一种方法,使软件开发人员尽早发布产品,并在操作阶段继续测试。软件可靠性模型假设测试人员的故障识别率在软件发布后发生变化。错误检测率发生变化的瞬时称为变化点。本文从可靠性和成本两个标准出发,进一步讨论了确定软件上市时间和测试持续时间的最优软件发布策略。因此,将多准则决策(MCDM)技术作为多属性效用理论(MAUT)对最优发布策略进行度量。针对联合优化问题,本文研究了测试工作对软件可靠性和成本函数的影响。最后,本文利用实际数据集对所提出的最优发布时间和测试终止时间策略进行了验证,并给出了数值实例。

关键词 改变点;现场环境;MAUT;最佳发布;软件可靠性;SRGM;测试工作;试验终止时间

1 研究目的和意义

软件可靠性是软件质量的一个重要方面。可靠的软件在构建耐用、高安全性的计算机系统中起到至关重要的作用。可靠性是在确定的环境条件下,对软件产品在一定时期内的无故障使用情况进行统计度量。它需要足够的测试时间和测试工作(如 CPU 时间、熟练的测试专业人员),以提高软件系统的准确性和安全性。当前的市场场景要求在测试软件产品上的花费最好高于开发产品。测试的好处在于,它通过从系统中识别、隔离和消除错误(软件失败的原因),帮助企业达到所需的可靠性水平。在软件工程中,采用软件可靠性增长模型(SRGMs)对软件进行可靠性测试,从而有效地管理软件测试过程。近年来,学术界和相关研究人员推荐了相当多的 SRGMs 来评估软件的质量和可靠性。这些 SRGMs 大多基于非均匀泊松过程(NHPP),被认为是研究软件产品安全性的最有效的模型[1-7]。这些NHPP 模型将软件故障过程看作一个任意的过程,因其易于理解和适用性广而得到了广泛的应用。

此外,NHPP 模型还考虑了测试工作量、测试覆盖范围、调试不完善、故障检测率随机波动等基本因素,提高了预测能力。其中,测试因素是最关键的组成部分[8]。先前的研究已经证明,测试工作直接对应于软件产品的可靠性。此外,这些因素的消耗率应该是时间的函数[9]。描述测试期间,测试资源消耗模式的分布函数称为测试工作函数(TEF)。许多基于 NHPP 的包含测试功能(TEFs)的 SRGMs 已经由相关研究人员开发出来[3,4,10-14]。TEFs 的特征主要是以调试过程中消耗的人力资源、CPU 时间和测试用例为基础。项目经理一致地分配测试工作,以最大限度地提高软件可靠性和减少故障。

NHPP 模型已实际应用于多个软件项目中,用于测试和评估操作可靠性问题[15,16]。它们已成功地应用于关键决策,如成本控制分析、最优发布时间策略和资源分配问题[17-21]。其中,发布时间问题至关重要。相关软件工程文献对软件产品的最佳发布时间的确定和测试持续时间进行了全面的研究。虽然测试是一种识别和修复故障的强大方法,但是广泛测试是不经济的,并且会产生很高的开发成本。以往的研究表明,测试时间的延长最终会导致故障调试过程[6]的报酬率下降。此外,软件发布的延迟也增加了市场成本[22]。

相反,有限的测试周期和过早地发布产品可能会导致许多问题无法被识别。过快地发布软件将导致软件在操作阶段出现故障,并引起用户的不满,因此软件发布决策是一个复杂的问题,大量的风险与发布协议的过快或过慢都有关。过去,SRGMs 帮助测试人员确定最佳的软件分发时间。Okumoto 和 Goel[23] 首先提出了以最小软件成本为目标的软件系统最优发布策略。从成本效益的角度来看,管理人员的目标是确定最小化总体开发成本的软件发布时间。随后,Yamada 和 Osaki[24] 开发了约束成本优化问题来确定发布时间策略。不久之后,Kapur 和 Garg[25] 通过考虑基于 SRGMs 的测试工作,评估了发布时间问题。之后,Xie 和 Yang[26] 通过考虑不完善调试的影响,提出了成本模型。此外,相关研究人员还在确定最佳发布时间方面进行了一些尝试[27-33]。

然而,最近的研究建议,即使在软件发布之后公司也应该继续测试一段时间[22,34-36]。Kapur 等强调,发布时间和测试停止时间应该被视为两个不同的时间点。通过尽早发布软件,公司可以占领大量的市场,并且持续一段时间的测试过程将产生预期的可靠性水平。在这种情况下,测试分为两个阶段:发布前测试阶段和发布后测试阶段。在内部测试阶段仍然无法识别的问题将在发布后测试阶段被检测和删除,并以补丁的形式向客户提供修复。补丁是由软件开发人员分发给用户的小程序代码,用于修复在发布前测试阶段中遗漏的错误[37]。

之前的所有研究(包括发布后测试)都隐含着一个假设,即发布前和发布后,故障检测率都保持不变。然而,这一假设是不充分和不切实际的。在市场早期引入软件时,许多缺陷(bug)仍然存在于软件中。这个错误的软件在用户环境中运行就会出现很多问题,比如维护成本过高、客户投诉、商誉损失和市场份额下降。因此,为了防止该领域的软件崩溃,开发人员在发布后测试阶段加强了他们的测试策略,测试人员增加了现场测试期间的工作消耗率,以尽早达到预期的可靠性水平。所以,开发一个明确考虑测试人员故障检测率变化的 SRGM 可以提出一个更合理的软件发布时间。

本文将软件上市时间和测试持续时间作为两个不同的决策变量。本研究提出一种基于 NHPP 的软件可靠性模型,分为两个测试阶段;结合变更点的概念,开发了一个依赖于测试工作的 SRGM。变更点是测试期间故障去除率改变的一个点[9]。这种故障去除率的变化是由测试费用的变化、环境条件的变化等造成的。在本研究中,假设软件的发布时间也是测试人员故障识别率的一个变化点,在现场环境中以较高的强度检测故障;此外,利用现场测试(FT)阶段建立了软件产品的发布时间优化问题,确定了软件产品的最佳发布时间和测试终止时间。

2 软件可靠性建模

本节提出了基于 NHPP 的可靠性增长模型。非均匀泊松过程是一种计数过程,它测量测试过程中调试的故障总数。在目前的研究中,将故障排除现象解释为两个测试阶段,即预释放发布测试阶段和现场测试阶段,如图1所示;对模型基于的一些重要符号和假设,分别在第2.1节和第2.2节中进行描述;在第2.3节中建立了测试–效果相关模型,并在第2.4节中描述了与优化问题相关的成本。

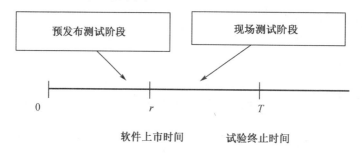

图1 测试过程的不同阶段

2.1 相关符号含义

相关符号及含义见表1。

表1 相关符号及含义

符号	含义
a	软件产品中出现的初始故障
$m_{t_1}(W(t))$	在预发布测试阶段识别的平均故障数量
$m_{t_2}(W(t-\tau))$	测试团队在现场测试阶段检测到的平均故障数量
$m_{t_3}(W(t-\tau))$	现场测试阶段用户识别的平均故障数
$W(t)$	随工作时间变化的累积测试消耗
$\overline{W}$	可用于故障排除的测试工作量
τ	是时候在市场上发布软件了,该软件也可以作为测试人员故障识别率的变化点
T	总测试时间 $T > \tau$
T_{l_c}	软件系统的整个生命周期
$F_{t_1}(W(t))$	变更点 τ 之前测试工作依赖于bug的分布函数
$F_{t_2}(W(t-\tau))$	变更点 τ 之后测试工作依赖于bug的分布函数
$F_{t_3}(W(t-\tau))$	现场测试阶段用户发现的bug分布函数
C_1	每单位时间测试软件的成本
C_2	软件发布与时间相关的市场机会成本
C_3	在发布前测试阶段(变更点之前)调试错误相关的成本
C_4	在现场测试阶段(变更点之后)调试与故障相关的成本
C_5	与调试用户在现场测试阶段识别的故障相关的成本
C_6	在测试阶段之后修复剩余故障相关的成本

2.2 假设

本研究所提出的 SRGM 基于下列假设。

①故障发现/故障消除现象在整个产品生命周期中使用非均匀泊松过程进行建模。

②在测试过程中发现的错误平均数量与软件产品中剩余的错误平均数量成正比。

③导致故障的 bug 将立即被删除,即故障修正时间可忽略不计。

④每一次故障的发生都具有概率分布函数,在软件生命周期内具有独立的恒等分布。

⑤检测到错误时,从软件中将其完全删除。

⑥假设在现场测试阶段,测试人员和用户都能识别出软件中存在的错误。

⑦用户发现 bug 时,将立即报告给测试团队,然后测试人员立即纠正错误,并向用户发送补丁来修复问题。

⑧修补一个 bug 的成本可以忽略不计。

2.3 测试-效果依赖模型的建模框架

本研究所提出的可靠性增长模型假设测试资源控制着故障排除过程。测试资源消耗被认为遵循威布尔测试工作函数。假设测试工作消耗率与可用的测试资源成正比,瞬时功耗微分方程为

$$\frac{\mathrm{d}W(t)}{\mathrm{d}t} = v(t)(\overline{W} - W(t)) \tag{1}$$

式中,$v(t)$ 为随时间变化的测试-效果消耗率,若服从威布尔密度函数,即,$v(t) = vkt^{k-1}$,则

$$\frac{\mathrm{d}W(t)}{\mathrm{d}t} = vkt^{k-1}(\overline{W} - W(t)) \tag{2}$$

在初始条件 $W(0) = 0$ 下求解式(2),则测试-效果函数(TEF)的累计支出为

$$W(t) = \overline{W}(1 - \mathrm{e}^{-vt^k}) \tag{3}$$

式中,$W(t)$ 为威布尔分布,是一个非常灵活的分布函数,能够非常好地拟合 SRGM 研究中使用的大部分数据集。需要注意的是,测试工作的总开销是有限的,当 t 趋于无穷大时,它趋于 $\overline{w}$。

1. 预发布测试阶段 $[0, \tau)$

在预发布测试阶段,测试团队严格识别和移除错误,并交付高度可靠的软件产品时所需时间表示为 τ。这段时间内检测到的故障总数与系统中出现的故障数量成正比,表示为

$$\frac{\mathrm{d}m_{t_1}(W(t))}{\mathrm{d}W(t)} = \frac{f_{t_1}(W(t))}{1 - F_{t_1}(W(t))}(a - m_{t_1}(W(t))) \tag{4}$$

式中,$\dfrac{f_{t_1}(W(t))}{1 - F_{t_1}(W(t))}$ 为描述故障检测/故障排除率的危险率函数;$a - m_{t_1}(W(t))$ 为第 t 时刻需要排除的剩余故障数量。

利用 $t = 0$、$W(t) = 0$、$m_{t_1}(W(t)) = 0$ 时刻的边界条件,进一步求解上述微分式(4),得到 t 时刻检测并消除的累积故障平均次数为

$$m_{t_1}(W(t)) = aF_{t_1}(W(t)), 0 \leq t < \tau \tag{5}$$

式中,a 为软件的初始故障内容;$F_{t_1}(W(t))$ 为测试-效果相关的故障分布函数。如果累积故障分布函数服从指数函数,则

$$m_{t_1}(W(t)) = a(1 - \mathrm{e}^{-b_1 W(t)}), 0 \leq t < \tau \tag{6}$$

式中，a 为测试过程开始时软件系统中出现的 bug 总数；b_1 为发布前测试阶段（变更点之前）的 bug 检测参数。

2. 实地试验阶段$^{[\tau,T]}$

这个阶段从软件在市场上发布之后开始。假设开发人员继续测试，直到从软件系统中删除仍然存在的错误为止。在现场测试阶段，测试团队和用户都独立工作来识别故障。现在，由于软件处于操作阶段，开发人员试图快速删除错误并避免用户端出现故障，软件开发人员有意改变他们的测试策略，以修改这一阶段的故障检测率，因此发布时间 τ 也充当一个变更点，该点表示测试人员剔除错误的过程。此外，它假定比例为 λ，剩余的故障为 $a[1-F_{t_1}(W(\tau))]$ 的预测试阶段将被测试团队在实地试验和其余的比例（$1-\lambda$）一起进行修正。测试团队在现场测试阶段任意时刻 t 的瞬时故障检测微分方程为

$$\frac{\mathrm{d}m_{t_2}(W(t-\tau))}{\mathrm{d}W(t)} = \frac{f_{t_2}(W(t))}{1-F_{t_2}(W(t))}(\lambda a[1-F_{t_1}(W(\tau))]-m_{t_2}(W(t-\tau))), \tau < t \leqslant T \quad (7)$$

式中，$\dfrac{f_{t_2}(W(t))}{1-F_{t_2}(W(t))}$ 为在变更点 τ 之后修改的故障检测率。公式（7）可以进一步利用 $t=\tau$，$m_{t_2}(W(t))=0$ 的初始条件解决，测试人员在现场测试中检测到的故障平均数量为

$$m_{t_2}(W(t-\tau)) = \lambda a(1-F_{t_1}(W(\tau)))\left[1-\left(\frac{1-F_{t_2}(W(t))}{1-F_{t_2}(W(\tau))}\right)\right], \tau < t \leqslant T \quad (8)$$

式中，$W(t-\tau)=W(t)-W(\tau)$。

如上所述，用户将发现发布前测试阶段遗留的部分错误，并且会向测试团队报告错误，然后测试团队立即从软件中删除错误。此外，用户的故障检测强度与测试团队的检测强度不一致。用户在任意时刻 t 所识别的故障瞬时数量为

$$\frac{\mathrm{d}m_u(W(t-\tau))}{\mathrm{d}W(t-\tau)} = \frac{f_u(W(t-\tau))}{1-F_u(W(t-\tau))}((1-\lambda)a[1-F_{t_1}(W(\tau))]-m_u(W(t-\tau))), \tau < t \leqslant T$$

$$(9)$$

式中，$\dfrac{f_u(W(t-\tau))}{1-F_u(W(t-\tau))}$ 为结合用户的故障检测率。方程（9）可以进一步在 $t=\tau$ 且 $m_\mu W(t-\tau)=0$ 的边界条件下获得平均识别出的错误数，即

$$m_u(W(t-\tau)) = (1-\lambda)a(1-F_{t_1}(W(\tau))F_u(W(t-\tau)), \tau < t \leqslant T \quad (10)$$

当 bug 检测现象服从指数分布函数时，则均值函数变为

$$m_{t_2}(W(t-\tau)) = \lambda ae^{b_1W(\tau)}(1-e^{-b_2(W(t)-W(\tau))}), \tau < t \leqslant T \quad (11)$$

式中，b_2 为现场测试阶段（变更点后）测试者的故障识别参数。

$$m_u(W(t-\tau)) = (1-\lambda)ae^{-b_1W(\tau)}(1-e^{-b_3(W(t)-W(\tau))}), \tau < t \leqslant T \quad (12)$$

式中，b_3 为用户在现场测试阶段的综合 bug 检测率。

这里，测试-效果函数遵循威布尔分布函数，$W(t)=\overline{W}(1-e^{-vt^k})$。

2.4 成本建模

对于软件发布时间和测试停止时间的联合优化，考虑以下成本因素。

①测试费用：与测试阶段测试工作支出有关的费用称为测试费用。这个成本被认为与所消耗的测试工作量成正比$^{[29]}$。

$$C_{\text{Testing}}(t) = C_1 W(T) \quad (13)$$

②市场机会成本：市场机会成本是指公司以市场份额低的形式承担损失。该成本是由于产品进入市场较晚而产生的，假设它随着发布时间的增加而呈非线性增加[22]，即

$$C_{\text{Market\_opp}}(t) = C_2\tau^2 \tag{14}$$

③在预发布测试阶段修复 bug 的成本：此成本与调试测试团队在预发布测试阶段检测到的错误相关。假设与此期间观测到的故障数量呈线性关系，即

$$C_{\text{sys\_testing}}(t) = C_3 m_{t_1}(W(\tau)) \tag{15}$$

④现场测试阶段修复 bug 的成本：此成本与调试测试人员和用户在现场测试阶段发现的错误有关。它还假定此阶段中确定的 bug 数量，则有

$$C_{\text{Field\_testing}}(t) = C_4 m_{t_2}(W(T-\tau)) + C_5 m_u(W(T-\tau)) \tag{16}$$

⑤在测试期之后修复故障的费用：这笔费用与在操作阶段发生故障时纠正故障有关。它与测试停止后仍然存在的剩余故障成正比，即

$$C_{\text{oper\_phase}}(t) = C_6(a - \{m_{t_2}(W(T-\tau)) + m_u(W(T-\tau))\}) \tag{17}$$

因此，总成本 $C(\tau,T)$ 是上述所有费用的总和。

3 使用 MAUT 的最优策略

本节将描述带有现场测试（FT）的软件发布时间策略。在建议的发布时间策略中，考虑到开发人员在操作阶段将测试过程延长一段时间，以提高产品的可靠性，因此本节提出一种基于 MAUT 的多准则联合优化问题，计算最优释放时间和测试停止时间。

3.1 多属性效用理论

多属性效用理论（MAUT）是[38]一种多准则决策技术，用于检验不同目标之间的权衡。这种分析是定量评估替代方案的一种工具。MAUT 包括以下步骤[32,33]。

步骤1：属性确定——考虑与软件产品相关的两个重要属性，特别是可靠性度量和成本。

$$\begin{aligned}
\max : R &= \frac{m(\tau_{FT}, T_{FT})}{a} \\
&= \frac{m_{t_1}(W(\tau_{FT})) + m_{t_2}(W(T_{FT}-\tau_{FT})) + m_u(W(T_{FT}-\tau_{FT}))}{a}
\end{aligned} \tag{18}$$

式中，τ_{FT} 为软件市场时间；T_{FT} 为测试终止时间。此外，软件开发人员的花销不得不少于成本预算。因此，成本属性采用以下形式，即

$$\min : C = \frac{C(\tau_{FT}, T_{FT})}{C_b} \tag{19}$$

式中，C_b 为测试团队可用的总预算。

步骤2：单效用函数公式（SAUF）——在 MAUT 中，所有准则的期望水平通过效用函数表示[32]。这些效用函数的形式是线性 $u(x) = l + mx$ 或指数 $u(x) = l + me^{px}$。在本研究中，这两个属性都采用线性形式。此外，每个实用函数都以每个属性的最佳值 $u(x^{\text{best}}) = 1$ 和最差值 $u(x^{\text{worst}}) = 0$ 为界。对于给定的问题，SAUF 基于以下管理策略。

①必须检测到至少60%的故障，对于可靠的软件，最大吸收率为100%。

②最低需要60%的预算，最高要求是100%。

此外，$C^{\text{worst}} = 0.6, C^{\text{best}} = 1, R^{\text{worst}} = 0.6$ 和 $R^{\text{best}} = 1$。因此，成本和可靠性属性的 SAUF 为

$$U(C) = 2.5C - 1.5 \; ; \; U(R) = 2.5R - 1.5 \tag{20}$$

步骤 3:属性的相对重要性——管理决策为每个属性分配相对重要性。在目前的问题中,管理层优先考虑可靠性属性,即可靠性权重为 $w_R = 0.6$,成本准则权重为 $w_c = 0.4$。

步骤 4:MAUF 公式——将所有单个效用函数相加,每个函数乘以各自的权重,形成多属性效用函数(multi-attribute utility function,MAUF)。对于给定的问题,目标为最大化的多属性效用函数为

$$\text{Max } U(R,C) = w_R u(R) - w_C u(C) \tag{21}$$

式中,$w_R + w_c = 1$。

管理者想要使可靠性 R 最大化,使成本 C 最小化。因此,用一个负号乘以成本效用。使用以上步骤中的值,MAUF 的形式如下:

$$\text{Max } U(R,C) = 0.6 \times (2.5R - 1.5) - 0.4 \times (2.5C - 1.5) \tag{22}$$

最大化问题受到以下预算约束:

$$C(\tau_{FT}, T_{FT}) \leq C_b \tag{23}$$

4 数值计算案例

在对效果函数和均值函数进行参数估计时,利用预测试期间[39]采集 release - 1 串联计算机的故障计数数据。数据分析使用统计软件 SAS[40] 中的 SYSNLIN 程序进行。该数据集在 0.384 年或 20 周的测试期内,共排除了 100 个故障。建议的 SRGM 参数估计值为 $\overline{W} = 11\ 710.75$,$v = 0.023\ 5$,$k = 1.460$,$a = 118.23$,$b_1 = 0.018\ 7$。该模型的性能是通过均方误差(MSE)和 R^2 来衡量的。拟合优度值分别为 MSE $= 24.304$ 和 $R^2 = 0.973$。

此外,假定测试人员在发现错误后,在变更点后加速 50% 变点,测试团队的 τ 和用户故障检测效率仅为 60%。在现场测试阶段,测试人员的故障检测参数值为 $b_2 = 0.028\ 1$,用户的故障检测参数值为 $b_3 = 0.011\ 2$。其余的参数值是基于之前的研究,分别为:$C_1 = 120$ 美元,$C_2 = 20$ 美元,$C_3 = 80$ 美元,$C_4 = 110$ 美元,$C_5 = 130$ 美元,$C_6 = 180$ 美元,$c_b = 55\ 000$ 美元和 $\lambda = 0.6$。

利用上述参数值,利用计算软件 MAPLE 求解所提出的优化问题。在解决 MAUF 时,如公式(22)所示,由 60% 的最大效用得到软件发布时 $\tau = 0.578$ 年(或 30 周),测试终止 $T = 0.64$ 年(或 33 周)。如图 2 所示,效用函数的图形化表示给出了不同的 τ 和 T 值。

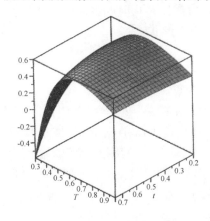

图 2 目标函数的凹度图

5 结论

针对故障检测过程,本文提出了一种新的基于测试 – 效果的可靠性增长模型。在本研究中,测试过程分为两个阶段,即预发布测试阶段和现场测试阶段。在预发布测试阶段,软件开发人员对软件进行全面测试,以消除系统中最大的 bug。在现场测试阶段,测试人员和用户都独立地发现产品中存在的错误。然而,在这两个测试阶段中,只有测试人员从软件中删除 bug。

在此基础上,本文提出了一个效用最大化问题来优化软件运行时间和测试时间。结果表明,一个公司应该在市场早期少量发行软件,以在竞争激烈的市场中获得优势地位。此外,所提问题的结果可以帮助软件公司规划有效的发布时间和测试策略。

参考文献

[1] MUSA J D. A theory of software reliability and its application[J]. IEEE Transactions on Software Engineering,1975(3):312 – 327.

[2] GOEL A L,OKUMOTO K. Time – dependent error – detection rate model for software reliability and other performance measures[J]. IEEE Transactions on Reliability,1979,28(3): 206 – 211.

[3] YAMADA S, OHTERA H, NARIHISA H. Software reliability growth models with testing effort[J]. IEEE Transactions on Reliability,1986,35(1):19 – 23.

[4] YAMADA S, HISHITANI J, OSAKI S. Software – reliability growth with a Weibull testeffort: A model and application [J]. IEEE Transactions on Reliability, 1993, 42 (1):100 – 106.

[5] KAPUR P K, KUMAR S, GARG R B. Contributions to hardware and software reliability[M]. Singapore:World Scientific,1999.

[6] KAPUR P K, PHAM H, GUPTA A, et al. Software reliability assessment with OR applications[M]. London:Springer,2011.

[7] KAPUR P K, PHAM H, AGGARWAL A G, et al. Two dimensional multi – release software reliability modeling and optimal release planning[J]. IEEE Transactions on Reliability, 2012,61(3):758 – 768.

[8] ZHANG J,LU Y,YANG S,et al. NHPP – based software reliability model considering testing effort and multivariate fault detection rate [J]. Journal of systems engineering and electronics,2016,27(1):260 – 270.

[9] KAPUR P K, GUPTA A, SHATNAWI O, et al. Testing effort control using flexible software reliability growth model with change point[J]. International Journal of Performability Engineering,2006,2(3):245 – 262.

[10] KAPUR P K, GROVER P S, YOUNE S. Modelling an imperfect debugging phenomenon with testing effort,November 1994[C]//Proceedings of 5th International Symposium on Software Reliability Engineering. IEEE,1994:178 – 183.

[11] KAPUR P K,GOSWAMI D N,GUPTA A. A software reliability growth model with testing effort dependent learning function for distributed systems [J]. International Journal of

Reliability, Quality and Safety Engineering, 2004, 11(4):365 – 377.

[12]　HUANG C Y, KUO S Y. Analysis of incorporating logistic testing – effort function into software reliability modeling[J]. IEEE Transactions on Reliability, 2002, 51(3):261 – 270.

[13]　PENG R, LI Y F, ZHANG W J, et al. Testing effort dependent software reliability model for imperfect debugging process considering both detection and correction[J]. Reliability Engineering & System Safety, 2014(126):37 – 43.

[14]　LI Q, LI H, LU M. Incorporating S – shaped testing – effort functions into NHPP software reliability model with imperfect debugging[J]. Journal of Systems Engineering and Electronics, 2015, 26(1):190 – 207.

[15]　ZHANG X, PHAM H. Predicting operational software availability and its applications to telecommunication systems [J]. International Journal of Systems Science, 2002, 33 (11):923 – 930.

[16]　LIN C T, HUANG C Y, CHANG J R. Integrating generalized Weibulltype testing – effort function and multiple change – points into software reliability growth models, December 2005 [C]//12th Asia – Pacific Software Engineering Conference. IEEE, 2005.

[17]　KAPUR P K, GARG R B. Optimal release policies for software systems with testing effort[J]. International Journal of Systems Science, 1991, 22(9):1563 – 1571.

[18]　DAI Y S, XIE M, POH K L, et al. Optimal testing – resource allocation with genetic algorithm for modular software systems [J]. Journal of Systems and Software, 2003, 66 (1):47 – 55.

[19]　JHA P C, GUPTA D, YANG B, et al. Optimal testing resource allocation during module testing considering cost, testing effort and reliability [J]. Computers & Industrial Engineering, 2009, 57(3):1122 – 1130.

[20]　KAPUR P K, PHAM H, CHANDA U, et al. (Optimal allocation of testing effort during testing and debugging phases: a control theoretic approach[J]. International Journal of Systems Science, 2013, 44(9):1639 – 1650.

[21]　YANG J, LIU Y, XIE M, et al. Modeling and analysis of reliability of multirelease open source software incorporating both fault detection and correction processes[J]. Journal of Systems and Software, 2016, 115:102 – 110.

[22]　JIANG Z, SARKAR S, JACOB V S. Postrelease testing and software release policy for enterprise – level systems[J]. Information Systems Research, 2012, 23(3 – part – 1):635 – 657.

[23]　OKUMOTO K, GOEL A L. Optimum release time for software systems based on reliability and cost criteria[J]. Journal of Systems and Software, 1980, 1(4):315 – 318.

[24]　YAMADA S, OSAKI S. Optimal software release policies with simultaneous cost and reliability requirements[J]. European Journal of Operational Research, 1987, 31(1):46 – 51.

[25]　KAPUR P K, GARG R B. (Optimal release policies for software systems with testing effort[J]. International Journal of Systems Science, 1991, 22(9):1563 – 1571.

[26]　XIE M, YANG B. A study of the effect of imperfect debugging on software development cost[J]. IEEE Transactions on Software Engineering, 2003, 29(5):471 – 473.

[27]　HUANG C Y. Performance analysis of software reliability growth models with

testingeffort and change – point[J]. Journal of Systems and Software,2005,76(2):181 –194.

[28] HUANG C Y,LYU M R. Optimal release time for software systems considering cost, testing – effort,and test efficiency[J]. IEEE Transactions on Reliability,2005,54(4):583 –591.

[29] PHAM H,ZHANG X. Software release policies with gain in reliability justifying the costs[J]. Annals of Software Engineering,1999,8(1 –4):147 –166.

[30] INOUE S, YAMADA S. Optimal software release policy with change – point, December 2008 [C]//International Conference on Industrial Engineering and Engineering Management. IEEE,2008:531 –535.

[31] LAI R,GARG M,KAPUR P K,et al. A Study of when to release a software product from the perspective of software reliability models[J]. JSW,2011,6(4):651 –661.

[32] KAPUR P K,KHATRI S K,TICKOO A,et al. Release time determination depending on number of test runs using multi attribute utility theory [J]. International Journal of System Assurance Engineering and Management,2014,5(2):186 –194.

[33] MINAMINO Y,INOUE S,YAMADA S. Multi – attribute utility theory for estimation of optimal release time and change – point[J]. International Journal of Reliability, Quality and Safety Engineering,2015,22(04):1550019.

[34] ARORA A,CAULKINS J P,TELANG R. Research note—Sell first,fix later:Impact of patching on software quality[J]. Management Sci. ,2006,52(3):465 –471.

[35] MAJUMDAR R,SHRIVASTAVA A K,KAPUR P K,et al. Release and testing stop time of a software using multi – attribute utility theory [J]. Life Cycle Reliability and Safety Engineering,2017,6(1):47 –55.

[36] KAPUR P K,SHRIVASTAVA A K,SINGH O. When to release and stop testing of a software[J]. Journal of the Indian Society for Probability and Statistics,2017,18(1):19 –37.

[37] TICKOO A,KAPUR P K,SHRIVASTAVA A K,et al. Testing effort based modeling to determine optimal release and patching time of software[J]. International Journal of System Assurance Engineering and Management,2016,7(4):427 –434.

[38] KEENEY R L. Utility independence and preferences for multi attributed consequences[J]. Operations Research,1971,19(4):875 –893.

[39] WOOD A. Predicting software reliability[J]. Computer,1996,29(11):69 –77.

[40] SAS. STAT User guide [R]. Version 9. 1. [2] Cary, NC, USA: SAS Institute Inc,2004.

基于 MIRCE 科学的运行风险评估

Jezdimir Knezevic

摘要 MIRCE 科学基于这样一个前提,即任何功能系统的存在都有其目的,功能系统类型是一组相互关联的物理实体和人类制定的规则,它们被独特地组合在一起,以完成特定功能的工作(克尼泽维奇,《MIRCE 科学的起源》)。期望的可测函数随时间执行时就完成了它们的工作。然而,经验告诉我们,预期的工作往往受到自然环境、人口或企业的困扰,其中一些会导致危险的后果。毫无疑问,在设计阶段早期准确和定量地评估这些不希望发生的风险,特别是那些导致系统中断的风险,对所有决策者来说都是非常重要的。无论是选择工程解决方案还是管理方法来控制风险,它们都将对运营计划产生直接影响,该计划应该在预期预算内交付预期工作,并获得预期的投资回报(如利润或业绩)。在过去的 60 年里,可靠性理论被用来解决这一需求。然而,这些预测的有效性只在功能系统第一次出现故障时才有效。当我们使用可修复或可维护的系统设备在预期寿命内工作时,这一点却很少被理解,同时也不是非常令人满意。因此,本文的主要目的是演示如何使用 MIRCE 科学中的知识体系来评估给定功能系统在生命周期中发生操作中断的风险。MIRCE 科学是建立在对产生这些中断机制的科学理解基础上的,这些中断发生在 $10^{-10} \sim 10^{10}$ 的物理范围之内。这些机制,连同相应的应用规则,可以被理解为 MIRCE 空间(该概念空间定义了 MIRCE 中功能字段的组合,这是一个无限但可数集的所有功能点,每个点代表一个能找到系统类型的功能状态,同时系统类型的概率可以体现在日历时间的每个实例中[1]。利用 MIRCE 功能方程,从设计的早期就可以预测未来各功能系统类型所期望产生的终身模式,本文给出了该方程的数学表达式。按照 MIRCE 科学,一些实际操作干扰被分析和介绍,从而作为有效的证据来执行风险评估,我们可以通过在每个功能系统类型的生命周期中预期交付的可能工作数量来量化分析。

关键词 功能系统;MIRCE 科学;风险评估

1 研究目的和意义

根据爱因斯坦的理论,"人类所做的和所思考的一切都是为了满足感觉上的需要"。例如,船舶、飞机、拖拉机、计算机、无线电等功能系统满足了人类对运输、通信、防御、供热、娱乐等多种功能的需要。由于它们是根据科学规律运行的,而这些规律是独立于时间、地点和人类而产生影响的,所以它们在功能性能方面的设计(如速度、加速度、功率、油耗等)都是可以被精确预测的[1]。

然而,经验告诉我们,功能系统的运作寿命经常受到以下因素的干扰。

·内部发生的物理和化学过程,如腐蚀、疲劳、蠕变、磨损等。

·由自然现象引起的环境影响,如闪电、雪、雨、沙、雾、风、太阳辐射、地震、海啸等。

·人为行为,如缺乏操作和维护资源(人员、燃料、备件、设施、工具等)、执行任务(操作、维护、存储、运输等)时出现错误、组织问题和监管机构等。

上述操作中断会导致:

·用户将面临危险的后果:在一些主要的核事故中,如三里岛核事故(1979年,美国)、切尔诺贝利核事故(1986年,苏联)、福岛核事故(2011年,日本),以及在深海石油泄漏事故(2010年,美国)、NTPC电厂爆炸事故(2017年,印度)和其他事故中,自然环境和人类面临严重的问题。

·由于收入损失、消费者或公众信心的丧失以及罚款(合同/法律)而导致的业务后果。例如,在商业航空运营中,每次航班的延误都会产生下列费用:

——航空公司因运送旅客和货物而产生的收入损失、客户关系不佳;对支助资源(备件、工具、设备等)的需求增加;越来越多的维修设施;处理或取消合同所需的技能和人员培训;改道、换机、旅客处理(酒店、巴士、餐券)所产生的费用。

——客户也会被打乱计划;错过商业约会;错过"不可重复"的家庭和个人事件;失去时间;可能对货物造成迟交的后果。

毫无疑问,准确和定量地评估在设计阶段早期发生业务中断风险的能力对决策者来说是很有价值的。无论是选择工程解决方案还是管理方法来控制风险,它们都将对运营计划产生直接影响,该计划应该在预期预算内交付预期功能,并获得预期的投资回报(如利润或绩效)。因此,本文的主要目的是演示如何利用 MIRCE 科学中包含的知识来评估风险带来的操作中断及其危害和商业影响。

2 风险评估的可靠性理论方法

预测业务中断发生风险的必要性始于军事、航空和核能工业的先进发展。在这些工业中,意外业务中断所产生的潜在后果可能导致巨大的危险和商业影响。因此,在20世纪50年代,可靠性理论应运而生。它基于数学定理而不是科学理论。目前,研究人员已经花费了大量努力来尝试和进一步应用现有数学统计分析技术,而很少去了解造成这些业务中断(通常称为失败)的机制。

有必要强调,人们在理解和解释可靠性函数方面似乎存在一些基本困难,特别是对于受过确定论教育的工程师和管理人员而言。这是因为随机过程(概率)不能像物理特性那样被直接看到或测量。例如,压力、温度、体积和质量的一个组件可以测量,他们有明确可测的意义;同时对于系统/组件,其故障也很明显。然而,可靠性函数的概念是抽象和不可测的。事实上,它是系统/组件的抽象属性,只有在考虑大量的系统/组件样本时,它才具有物理意义。

1980年,由于人们对解决可靠性特征所需的数学复杂性知之甚少,因此从事可靠性工作的工程师和分析人员转而求助于他们所拥有的知识,即通常所说的失效模式,开发和使用了大量"实用可靠性方法",这些方法都基于失效模式、效果和后果分析,但仍然没有从根本上理解和解决产生失效的机制。

2.1 可靠性方程

为了说明上述事实,我们使用可靠性的基本表达式。一般认为,可靠性是部件在规定

的时间(t)内无故障运行的概率(P),则

$$R(t) = P(\text{TTF} > t) = \int_t^\infty f(t)\,\mathrm{d}t, t \geq 0 \tag{1}$$

式中,$R(t)$为可靠性函数;$f(t)$为构件失效随时间随机变化的概率密度函数。

由多个部件组成的系统对应的可靠性函数$R_S(t)$由系统可靠性函数各部件失效对系统的影响来定义,其可靠性框图如图1所示,如果一个组件A失败,或者如果两个组件B和C都失败,则该系统将发生故障,其数学形式如下:

$$R_S(t) = P(\text{TTF}_S > t) = R_A(t) \times \{1 - [1 - R_B(t)][1 - R_C(t)]\}, t \geq 0 \tag{2}$$

已知组成部件A、B、C的可靠性函数,可以绘制系统的可靠性函数图,并计算在未来时间t的任意区间内系统不发生故障的概率,如图2所示。

图1和图2简要总结了可靠性理论的本质,其中主要关注的是预测系统在第一次发生故障之前的行为。

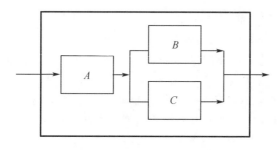

图1　一个假设系统的可靠性框图

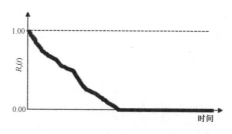

图2　系统的可靠性函数图

2.2　可靠性函数的物理意义

本文作者积极参与系统操作行为的研究已经超过二十年。20世纪90年代末,作者意识到基本可靠性理论的局限性,即一个系统通过其可靠性函数的数学定义只对以下物理现实系统是适用的。

·100%的零部件生产和安装质量。

·零运输、储存和安装任务。

·组件是相互独立的。

·无维护活动(检查、维修、清洁等)。

·系统持续运行(24/7)。

·第一个可观察到的故障是系统故障。

·时间从一个系统的"诞生"开始计算。

· 固定操作场景(负荷、应力、温度、压力等)。

· 操作行为与空间位置无关(GPS 坐标)。

· 可靠性独立于人(操作员、用户、维护人员、经理、公众、法律制定者等)。

· 可靠性与日历时间无关(不存在季节相关性)。

2.3 可靠性函数的数学意义

系统的可靠性是通过统计它不会失效的时间 t 来量化的。例如,如果计算系统在500 h 内连续操作的可靠性是 0.68,那么就意味着平均 100 个组件中,有 68 个组件在这个间隔时间内不会失效,如图 3 所示。但是这也意味着,平均而言,在"物理现实"中,这类系统在这段操作时间内会有 32 个失败。

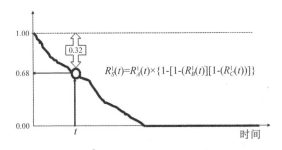

$$R_S^1(t) = R_A^1(t) \times \{1 - [1 - (R_B^1(t))][1 - (R_C^1(t))]\}$$

图3　新系统的可靠性功能

对于不可维护或不可修复的系统,这是它们运行的终点。随着时间间隔的增大,系统发生故障的比例也在增大,直至全部发生故障为止,如图 1 所示。

然而,如果组件和系统是可维护或可修复的,通常很难用组件的可靠性来表示系统的可靠性。观察图 2 中给出的系统,如果在个体失效后立即修理/更换组件 B 或 C,或者失败组件被修理时其他组件同时失效,那么很难用数学表达式表示系统可靠性函数。

更进一步,由图 3 所示的可靠性函数,我们有理由问在 t 时间之前发生故障的"32 个系统"到底发生了什么。显然,其中可能包括:

· 仍然处于失败状态,因为没有人对它们做任何事情。

· 处于首次修理/更换状态。

· 恢复运行,因为第一次修复/替换已经完成。

· 第二次处于故障状态,等待维修/更换。

· 处于第二次修理/更换状态等。

"自我发现"这些可靠性函数的物理和数学意义,促使作者去寻找这些复杂问题的答案。本文其余部分介绍了这项持续了二十多年的研究工作的一部分,更多详细内容在文献[1]中给出。

3　什么是可靠性函数之外的?

系统的正常运行受到干扰可能会造成重大的风险或后果,因此为了充分了解可靠性理论对系统进行风险评估的方法,作者要解决的问题是"什么是可靠性函数之外的?",该问题的本质如图 4 所示。这是一个相当困难的问题,因为没有可靠性理论的"机制"能够接受分析的顺序操作、维护和支持活动,而它们每一个都对可靠性有相当大的影响。同时,可靠性函数只能覆盖组件的操作或者系统的第一个新失效。

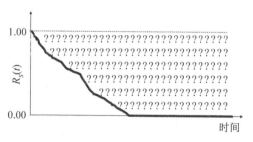

图4 "什么是可靠性函数之外的?"的图形化表示

4　超越物理现实的可靠性功能

为了找出可靠性函数之外的东西,作者意识到有必要从更多的维度来研究功能系统的潜在"寿命",如图5所示。

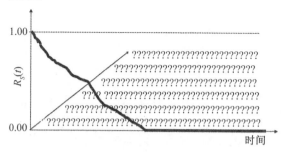

图5　超越可靠性函数的"现象"概念

作者提出一个小研究:观察物理现实功能系统中超过设计阶段全部或部分可靠性功能后的不良干扰。

4.1　波音 N747PA

1965—1969 年,波音公司创造了波音 747(B747),被称为"巨型喷气式飞机"。数千名设计工程师用了 4 年时间,创造了一架令人兴奋的、"改变全球生活"的飞机,其功能表现见表1。

毫无疑问,B747 的诞生是商业航空史上的一项革命性成就。然而,航空公司购买飞机是为了测量翼展,还是为了计算货物部门能装多少个集装箱?[1] 当然都不是,他们购买这些飞机是为了将乘客和货物空运到目的地来增加收入,他们希望这些飞机"准时到达,永不坠毁"。在文献[1]中,Knezevic 展示了 Pan Am 拥有的第一架波音 747 的部分日志,注册号 N747PA,在其服役的 22 年里记录了表 2 中的数据。

以上信息主要与飞行业务的收入和成本有关,这对 Pan Am 航空公司至关重要。然而,与本文相关的重要信息是表3所列与维护相关的数据。

对这架飞机执行的所有维修行动(预定、有条件和非预定)共达 806 000 个维修工时。这相当于在役维修工时每年约为36 636 h,或每月 3 053 h,或每周 102 h,或每天4.24 h。

表 1　B747 的功能表现

乘客	
三级配置	366
二级配置	452
一级配置	N/A
货物	6 190 f_t^3 = 30 LD - 1 集装箱
引擎最大推力	Pratt & Whitney JT9D - 7A,46 500 lb
	Rolls - Royce RB211 - 524B2,50 100 lb
	GE CF6 - 45A2,46 500 lb
最大燃油容量	48 445 gal(美)(183 380 L)
最大起飞质量	735 000 lb(333 400 kg)
最大航程	6 100 mile(法)(9 800 km)
在 35 000 ft 的正常巡航速度	0.84 Ma,555 mile/h(895 km/h)
基本维度	
翼展	195 ft 8 in(59.6 m)
全长	231 ft 10.2 in(70.6 m)
尾高	63 ft 5 in(19.3 m)
舱内宽度	20 ft(6.1 m)

注:1 ft≈0.3 m;1 lb≈453.6 g。

表 2　N747PA 的功能性表现

操作动作	单位	数值
机载	h	80 000
飞行	mile	37 000 000
运输	人	4 000 000
起飞	n/a	40 000
着陆	n/a	40 000
耗油	gal	271 000 000

注:1 mile≈1 609.3 m;1 gal≈0.005 m^3。

表 3　N747PA 的维护活动表现

维护操作	数量
更换轮胎数目	2 100
更换多个制动系统	350

表3(续)

维护操作	数量
更换发动机数量	125
更换客舱次数	4
更换厕所次数	4
用于金属疲劳和腐蚀结构检查的X射线胶片架数	9 800
机翼和腹部上层建筑上的金属外壳更换次数	5

作者受过可靠性理论的数学教育,充分了解物理现实,可以用图2所示的数据类型来总结。作者几十年来一直困惑于如何将这两者有机地结合在一起。例如,在B747型飞机的可靠性函数中,如何得到B747所使用的125个引擎的"寿命"?

4.2 2018F1摩纳哥大奖赛

2018年F1世界大奖赛的第六场比赛在摩纳哥的蒙特卡罗赛道举行,比赛于2018年5月27日当地时间15时开始。为了便于比较,表4总结了法拉利车队和威廉姆斯车队在比赛中所遇到的中断数量和持续时间,这些中断超出了可靠性函数的范围。

表4 法拉利车队和威廉姆斯车队的进站数据

停站	车号	车手	车队	当天圈数	时间点	持续时间	总时间
1	35	Sirotkin	Williams	7	15:22:13	31.810 s	31.810 min
1	18	Stroll	Williams	9	15:25:39	33.887 s	33.887 min
1	5	Vettel	Ferrari	16	15:33:21	23.964 s	23.964 min
1	7	Raikkonen	Ferrari	17	15:34:47	24.263 s	24.263 min
2	35	Sirotkin	Williams	19	15:38:41	25.170 s	56.980 min
2	18	Stroll	Williams	34	15:59:55	31.104 s	1 h 4.991 min
3	35	Sirotkin	Williams	49	16:18:49	25.563 s	1 h 22.543 min
3	18	Stroll	Williams	59	16:33:18	24.852 s	1 h 29.843 min

如表5所示,以78圈的比赛来观察两队的表现,其中DNF表示没有完成,NC表示未分类(本例主要强调系统的可靠性函数)。在这种情况下,一个F1赛车的最终结果并不取决于进坑停止比赛的次数,而是取决于汽车性能。由于两个团队的两辆赛车都是按照一级方程式规定设计的,而且威廉姆斯车队的两辆赛车在进站时间上都比法拉利车队的赛车多出大约1 min,但他们却最终获得了第一名。此外,在某些情况下,维修站工作人员的失误也最终会影响比赛成绩。

表 5　法拉利车队和威廉姆斯车队的比赛结果

最终排名	车辆号	赛车手	车队	完全圈数	完成时间	完成时间	赛车距离
1	3	Ricciardo	Red Bull	78	1 h 42 min 54.807 s	1 h 42 min 30.265 s	260.286 km
2	5	Vettel	Ferrari	78	1 h 43 min 2.143 s	1 h 42 min 38.179 s	260.286 km
4	7	Raikkonen	Ferrari	78	1 h 43 min 12.920 s	1 h 42 min 48.657 s	260.286 km
…							
16	35	Sirotkin	Williams	77	1 h 43 min 52.620 s	1 h 42 min 30.120 s	256.949 km
17	18	Stroll	Williams	76	1 h 43 min 56.826 s	1 h 42 min 27.036 s	253.612 km
18	16	Leclerc	Sauber	70	DNF	233.59	—
19	28	Hartley	Rosso	70	DNF	233.59	—
NC	14	Alonso	McLaren	52	DNF	173.52	—

4.3　小结

作者在几十年中对许多航空航天、军事和核能工业中遇到的问题进行了系统的研究,清楚地表明下列事实是正确的。

· 生产的零部件质量低于标准。

· 运输、储存和安装引起的故障百分比大于零。

· "独立"组件之间存在较多的交互。

· 维护活动(如检查、维修、清洁等)是系统生命周期的一部分,通常也是法律要求的一部分。

· 并非所有系统都是连续运行的。

· 第一个可观察到的故障不一定是硬件/组件的故障。

· 组件和系统有相关但明显不同的"时间"(操作时间和日历)。

· 系统受各种运行场景(负荷、应力、温度、压力等)的影响。

· 操作行为取决于空间中的位置(如在地球上,由 GPS 坐标定义)。

· 可靠性依赖于人与人之间的互动,如运营商、用户、维护者、管理者、公众、法律制定者等。

· 可靠性取决于日历时间。

上述事实严重挑战了基于可靠性理论的风险预测准确性和相关性。因此,在过去的 60 年里,可靠性理论在成为一门科学方面几乎没有取得什么进展,实践者可以依靠这门科学做出准确的预测,这些预测可以通过实际观察得到证实,很少有例外。原因很简单:统计并不强制要求理解统计行为的原因。此外,通过合同要求,可靠性工程和可靠性实践者错误地将重点放在提供某种"信心"或可靠性度量上,这种"信心"或可靠性度量必须符合不相关的原则,同时它可以很容易生成、操作、处理和比较。

只有当系统的安全性达到临界状态时,才会有人去探索部件或系统实际会如何发生故障,但通常是通过广泛而昂贵的测试或仿真来获得的。然而,这种对"事件如何真正失败"的有限理解,并没有更广泛地推动或刺激摆脱根深蒂固的标准化模型和流程。不足为奇的是,支撑失效预测所必需的科学和理解,未能被开发准确的风险评估方法完全利用。

5 MIRCE 科学的理论

在指出了可靠性理论方法的一些关键不足之处后,本文的其余部分将介绍由作者[1]开发并命名为 MIRCE 科学的新知识体系。该体系的运行可能会带来显著的改变,本文将使用可靠性理论方法对这些系统进行风险评估。

MIRCE 科学的理论建立在这样一个前提之上:任何功能系统存在的目的都是完成既定工作。当期望的可测函数通过时间[1]执行时,就完成了相关功能。

MIRCE 科学是一种预测功能系统类型的理论。预测的准确性取决于对物理机制和人类规则的科学理解程度,这些物理机制和人类规则控制着通过 MIRCE 空间下功能系统的运动。

MIRCE 科学包括公理、定律、数学方程和计算方法,能够准确预测给定"未来"系统的功能性能。

1993 年,Knezevic 引入了功能性的概念,其定义是"功能系统类型可完成功能性工作的能力"。因此,在 MIRCE 科学中,从功能角度来看,在任何时间,给定的功能系统类型可能处于以下两种状态之一。

· 正向功能状态(PFS):一个通用名称,表示功能系统类型能够交付预期可度量功能的状态。

· 负向功能状态(NFS):一个通用名称,表示功能系统类型由于任何原因无法交付预期可度量功能的状态。

功能系统类型通过功能状态沿时间方向的运动由功能动作生成,功能动作可分为:

· 正向功能行为(PFA):任何迫使系统迁移到 PFS 的自然过程或人类活动的通用名称。

· 负向功能行为(NFA):用于任何自然进程或人类活动,这些活动会迫使系统迁移到 NFS。

功能系统类型通过功能状态的转换表现为功能事件的发生,功能事件可分为:

· 正向功能事件(positive functionability event,PFE):一个通用名称,表示任何物理上可观察到的及时发生的事件,表示功能系统类型从 NFS 转换到 PFS。

· 负向功能事件(negative functionability event,NFE):一个通用名称,表示任何物理上可观察到的及时发生的事件,表示功能系统类型从 PFS 转换到 NFS。

因此,MIRCE 科学的概念是概念化的功能状态变化通过时间的功能系统类型,使功能行动产生功能运动所需的行为,如图 6 所示。

图6 功能系统通过功能状态的运动

6 MIRCE 科学的公理

MIRCE 科学是建立在概率论基础上的,为了在 MIRCE 科学中建立"科学真理"的"结构",已经建立了下列公理。

公理1:功能系统类型以正向功能状态开始。

公理2:功能系统类型保持在给定的功能状态,直到由于强加的自然现象或人类行为而被迫更改它。

公理3:功能性事件是在日历时间方向上的一种可观察到的事件,此时功能性系统类型更改其功能状态。

公理4:功能系统类型在任何时刻转移到负向功能状态的概率都大于零。

公理5:在执行任何功能操作时,人为错误的概率都大于零。

公理6:功能系统类型以负向功能状态结束生命。

这些公理是 MIRCE 科学中所有计算和预测的基础。有必要强调的是,有许多陈述不是这些公理的结果,但也不否定它们。"Lancia Stratos 是一辆漂亮的车"或"保养是一件必须做的坏事"之类的说法,既不是上述任何一个公理的结果,也没有否定任何一个公理。因此,MIRCE 科学的公理对所有关于功能系统类型的行为进行陈述。通过时间的推移,可以将这些陈述划分为三个相互排斥的组。

(1)真命题:与公理一致。

(2)错误陈述:这意味着它与任何公理相矛盾。

(3)不相关:这意味着它不来自任何公理,也不与任何公理相矛盾。

这些公理还限制了 MIRCE 科学应用的范围,因为它没有涵盖功能系统类型中的所有活动和事件,如营销、契约、保险和许多其他类型。

7 MIRCE 空间超出了可靠性功能

由于数学是科学的语言,因此有必要通过数学语言中的功能状态来描述功能系统的可观察运动,从而预测预期的功能性能。

在数学语言中,试验被定义为"一个实际的或概念性的行为、任务或过程,每次导致一个且只有一个结果,这样就可以指定所有可能的结果集"。因此,在 MIRCE 科学中,功能点是每个状态,在此状态下区分功能系统类型。任意时刻 t 的初始正向功能状态记为 $\mathrm{PFS}_s^0(t)$;第一个负函数性状态记为 $\mathrm{NFS}_s^1(t)$;第一个 PFS 记为 $\mathrm{PFS}_s^1(t)$;第二个 NFS 记为 $\mathrm{NFS}_s^2(t)$;……;第 i 个 NFS 记为 $\mathrm{NFS}_s^i(t)$。这个新的"概念实体"被命名为系统的 MIRCE 功能性字段(MFFS),我们可以在图7中图形化地表示功能系统类型。它是一个无限可能的功能点集合,每个点表示在任何与功能相关的试验中都可以找到功能系统类型的功能状态,定义为[1]

$$\mathrm{MFF}_S(t) = \{\mathrm{PFS}_S^{i-1}(t), \mathrm{NFS}_S^i(t), i=1,2,\cdots,\infty, t \geqslant 0\} \qquad (3)$$

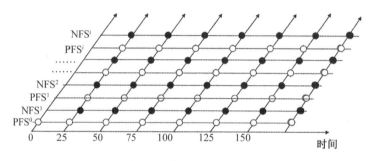

图 7   MIRCE 功能领域

关于功能系统类型的功能状态中,基本功能事件完全由以下两个"新"事件定义。

·在给定的日历时间内,PFS 中的功能系统类型表示为 $PFS_S(t)$,表示相互排斥的功能点的并集,在时间 t 时 PFS^i 中的功能系统类型表示为 $\{PFS^i_S(t)\}$,完全由以下表达式定义:

$$\{PFS_S(t)\} = \{PFS^0_S(t) \cup PFS^1_S(t) \cup \cdots \cup PFS^i_S(t)\cdots\} = \bigcup_{i=1}^{\infty}\{NFS^i_S(t)\} \quad (4)$$

·在给定的日历时间内,NFS 中功能系统类型表示为 $NFS_S(t)$,代表相互排斥的功能点的并集;NFS^i 在 t 时刻的功能系统类型表示为 $NFS^i_S(t)$,完全由以下表达式定义:

$$\{NFS_S(t)\} = \{NFS^1_S(t) \cup NFS^2_S(t) \cup \cdots \cup NFS^i_S(t)\cdots\} = \bigcup_{i=1}^{\infty}\{NFS^i_S(t)\} \quad (5)$$

功能域的创建和定义是理论部分所有分析要素的基础。

8   MIRCE 科学中 MIRCE 空间的概念

现代物理学不可能用完全确定论来预测任何事情,因为它从一开始就涉及概率。

——Arthur Eddington

根据过去对功能系统类型行为的大量观察,作者非常清楚地认识到在 MIRCE 科学中,运动的必要维度是在时间方面处于不同功能状态的概率。这一认识促成了 MIRCE 空间[1]概念的建立。它由连续的 MIRCE 功能域和相应的概率函数组成,这些函数在数学上定义了一个功能系统在任意日历时刻的物理位置,如图 8 所示。

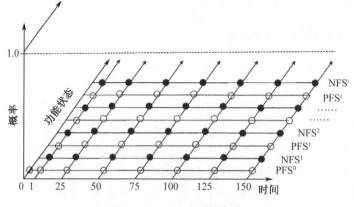

图 8   MIRCE 空间的内容

概率函数的定义是基于 Kolmogorov 的公理化方法,可以在 MIRCE 空间中代表特定状态下功能系统类型的瞬时的 PFS 满足以下属性。

（1）$P\{\mathrm{PFS}_S^{i-1}(t)\} \geqslant 0, i = 2, \cdots, \infty, t \geqslant 0$。

（2）$P\{\mathrm{MFF}_S(t)\} = P\{\mathrm{PFS}_S^{i-1}(t), \mathrm{NFS}_S^i(t)\} = 1, i = 1, 2, \cdots, \infty, t \geqslant 0$。

（3）$P\{\mathrm{PFS}_S^i(t) \cup \mathrm{PFS}_S^{i+1}(t)\} = P\{\mathrm{PFS}_S^i(t)\} + P\{\mathrm{PFS}_S^{i+1}(t)\}, i = 1, 2, \cdots, \infty, t > 0$。

对于给定的功能系统类型，这些三维关系使得计算预期功能系统的性能和消极功能事件出现的风险评估数学模型与他们的危险或业务的后果紧密关联。

8.1 通过 MIRCE 空间的概率运动

运动并不意味着球型电子沿着原子核的某些轨道运动。运动是系统状态的变化。

——Werner Heisenberg

通过描述正向和负向功能事件的发生，功能系统类型在 MIRCE 空间中的运动示意图如图9所示。顺序事件之间的距离定义了系统在相应功能状态下所花费的时间。试验表明，这些时间间隔是统计变量。在 MIRCE 科学中，正向、负向功能事件按发生的时间和起源记为 $\mathrm{TNE}_{S,i}$、$\mathrm{TPE}_{S,i}$（$i = 1, \infty$）[1]。

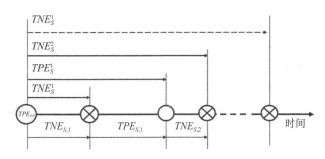

图9 在 MIRCE 科学中，正向和负向功能性事件的累积时间

对于每个 NFA，都可以使用一个概率分布函数来定义 NFE 相对于时间的发生概率。因此，在系统级，NFE 在给定时间之前或在给定时刻发生的概率定义为

$$\mathrm{F}_{S,i}(t) = P(\mathrm{TNE}_{S,i} \leq t) = \int_0^t f_{S,i}(t)\,\mathrm{d}t, i = 1, \infty, t \geq 0 \tag{6}$$

式中，$f_{S,i}(t)$ 为随机变量 $\mathrm{TNE}_{S,i}$ 的概率密度函数。对应地，对于任何功能行为，存在一个概率分布函数，该概率分布函数在数学上定义了相应的正向功能事件在任意时间间隔 t 内发生的概率，其定义为

$$O_{S,i}(t) = P(\mathrm{TPE}_{S,i} \leq t) = \int_0^t o_{S,i}(t)\,\mathrm{d}t, i = 1, \infty, t \geq 0 \tag{7}$$

式中，$O_{S,i}(t)$ 为随机变量 $\mathrm{TPE}_{S,i}$ 的概率密度函数。

8.2 MIRCE 科学中功能事件的顺序性

功能系统类型通过功能状态的连续运动（包含在 MIRCE 功能域中）是对所观察到的物理现实进行"数学解释"的基础。它基于时间方向上 PFEs 和 NFEs 出现的顺序性。然而，作者充分认识到式（9）和式（10）所定义的概率函数都是从各自的起始时间开始的[1]。这一事实引发了额外的挑战，据作者所知，在任何功能系统中，只有一个起源时间。我们可以将它表示为 $t = 0$，同时将功能系统类型引入操作中。因此，所有其他功能事件都必须引用它。

图9 示意性地表示了正向功能事件和负向功能事件的发生顺序，它们都源于时间，从 $t = 0$ 开始累积，从上一个功能事件的发生开始累积。

此时,有必要清楚地理解测量过程和预测过程的区别。如果有足够的时间,试验性的 MIRCE 科学将能够测量 TNE_S^i、$TPE_S^i (i = 1, \infty)$ 的数值,然后使用足够的统计方法来确定它们的概率分布函数。这些函数的一般形式如下:

$$O_S^i(t) = P(TPE_S^i \leqslant t) = \int_0^t o_S^i(t)\mathrm{d}t, i = 1, \infty, t \geqslant 0 \tag{8}$$

$$F_S^i(t) = P(TNE_S^i \leqslant t) = \int_0^t f_S^i(t)\mathrm{d}t, i = 1, \infty, t \geqslant 0 \tag{9}$$

如果花费无限长的测试时间来测试新功能系统类型的每个解决方案,那么任何寻求风险评估的解决方案都将得不到实际应用。因此,在创建 MIRCE 科学的过程中,主要的挑战是创建一个理论方案,该理论方案考虑到每个功能系统类型,并通过数学公式计算时间方向上功能事件的顺序发生情况[1]。

因此,序列正功能函数 $O_S^i(t)$ 定义了在一个功能系统类型的生命周期中,PFE_S^i 发生在时间 t 之前或该时刻的概率,由以下卷积积分定义:

$$
\begin{aligned}
O_S^i(t) &= P(TPE_S^i \leqslant t) - P(TNE_S^i + TPE_{S,i} \leqslant t) \\
&= P(TNE_S^i \leqslant x \cap TPE_{S,i} \leqslant t - x) \\
&= \int_0^t F_S^i(x)O_{S,i}(t-x)\mathrm{d}x - \int_0^t F_S^i(x)\mathrm{d}O_{S,i}(t-x), i = 1, 2, \cdots, \infty, t \geqslant 0
\end{aligned}
\tag{10}
$$

以上数学解释有以下物理意义:在第 i 个序贯正向功能事件 PFEi 发生之前或在时间 t 时刻前,有必要分析在这一实例的 NFEi 中发生在时间 t 之前的功能事件。然后,序列 PFEi 必须发生在剩余时间间隔内,在这种情况下用 $(t-x)$ 表示,其中 x 的值为 $0 \sim t$[1]。

定义负序贯分布函数 $F_S^i(t)$ 的过程遵循相同数学原理,它定义了功能系统类型的第 i 个顺序 NFE 在时间 t 之前或在某个时刻发生的概率。因此,序贯功能函数完全由下式定义[1]:

$$
\begin{aligned}
F_S^i(t) &= P(TNE_S^i \leqslant t) = P(TPE_S^{i-1} + TNE_{S,t} \leqslant t) \\
&= P(TPE_S^{i-1} \leqslant x \cap TNE_{S,i} \leqslant t - x) \\
&= \int_0^t O_S^{i-1}(x)f_{S,i}(t-x)\mathrm{d}x = \int_0^t O_S^{i-1}(x)\mathrm{d}F_{S,i}(t-x), i = 1, 2, \cdots, \infty, t \geqslant 0
\end{aligned}
\tag{11}
$$

以上两个卷积积分形式定义的泛型函数,是科学方法理论中功能系统类型的操作行为和发展任何功能类型的定量预测基础[1]。

理论上来说,这些多维积分可以"穿越"MIRCE 空间,通过每个序贯的功能状态在时间方向上运行,从而生成每个功能系统独有的轨迹类型,如图 10 所示(负向功能函数由虚线表示)。这样做的原因是,用同一组通用方程,应用于不同的设计解时将产生不同的运动轨迹;通过 MIRCE 空间意味着不同的风险暴露。因此,可创建一个通用的平台,在这个平台上每个可行的设计解决方案都将产生自己的"轨迹"。

这些未来的"轨迹"可以进行比较、改进或修改,直到选择系统的最终配置。当然,每个轨迹都与它自己相应的风险及后果相关联。然而,对于功能系统类型,这种预测的"未来轨迹"包括相关方、生产者、用户甚至是规划人员和管理人员的关注点。

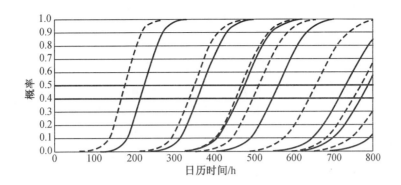

图 10　正向和负向功能函数的序贯出现

9　MIRCE 功能方程

从系统的诞生到退役,功能事件的轨迹是由唯一的序贯功能事件定义的。因此,MIRCE 科学的基本方程——功能方程 $y(t)$,定义了一个系统在给定时刻 t 的功能概率,即

$$y_S(t) = P\{\mathrm{PFS}_S(t)\} = \sum_{i=1}^{\infty} y_S^i(t) = \sum_{i=1}^{\infty} \left[O_S^{i-1}(t) - F_S^i(t) \right], t \geqslant 0 \tag{12}$$

式(12)根据 MIRCE 空间的功能状态定义了功能系统类型运动的期望轨迹,同时做正向功能工作。由于式(12)是作者在 MIRCE 学院提出的,故将其命名为 MIRCE 功能方程。

图 11 为一个假设功能系统的 MIRCE 功能函数,其正向、负向功能函数如图 10 所示。该系统的"经典"可靠性函数(式(1))用折线表示。

显然,当 $i=1, y_S(t) = P\{\mathrm{PFS}_S(t)\} = O_S^0(t) - F_S^1(t) = 1 - F_S^1(t) = R_S^1(t)$ 时,可靠性函数是功能函数(式(12))的一个特例。

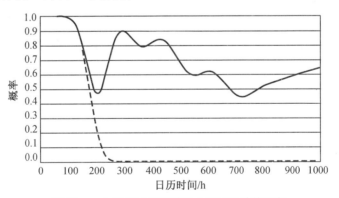

图 11　一个假设功能系统的 MIRCE 功能函数

10　MIRCE 功能工作方程

真理一旦被发现就很容易理解,关键是要发现它们。

——Galileo Galilei(1564—1642)

根据 MIRCE 科学,当功能系统交付功能性能时(见表 1 中的波音 747),它们必须处于正向功能状态才能完成正向功能工作。功能系统在 MIRCE 空间中运动轨迹下的面积由MIRCE 功能方程定义,并等于系统在时间 $t^{[1]}$ 区间内所做的正向功能工作。

功能系统类型在给定的时间间隔 t 内所做的预期正向功能工作 $\mathrm{PFW_S}(t)$ 以小时（h）为度量单位，可由下式计算：

$$\mathrm{PFW'_S}(T) = \int_0^T y_S(t)\,\mathrm{d}t \tag{13}$$

利用式（13），可以在设计阶段计算出一个给定的功能系统对未来系统的每个可行选项所做的预期功能工作。与当前的实践相比，这是一个巨大的优势，因为过去所做的工作是在功能系统的操作生命周期中度量的，然后只生成用于计算样本量的必要统计数据。

因此，功能系统的寿命可以看作系统通过功能状态的运动。系统通过功能状态运动所产生的模式随着时间的推移形成功能轨迹。这一事实的明显例子是 F1 赛车在 2018 年摩纳哥大奖赛期间通过 PFSs（见表 5）和 NFS（见表 4）在它们的 MIRCE 空间中运动。

11 MIRCE 力学

基于几十年对功能系统操作行为的经验和研究，作者相信，为了理解它们，甚至预测它们的行为，有必要了解功能事件发生的物理机制。如果没有对这些机制的科学理解，就不可能确定最合适的概率分布函数，这些函数能够准确地描述功能系统在 MIRCE 空间中的运动，并最终量化所做的功能工作和相应的功能成本。要做到这一点，对于每个可运行的系统，对式（6）和式（7）中的一般随机变量进行"物理化"是至关重要的。它需要基于科学的对物理过程和人类规则的理解。

有必要强调，"数学并没有教我们如何正确地思考"。为了通过概率分布函数提高可观测物理过程与人类行为及其数学描述之间的精确度，作者创建了 MIRCE 力学。它是 MIRCE 科学的一部分，专门侧重于基于科学理解和描述物理机制，这些物理机制控制功能系统的行为，从而控制它们的功能性能。

11.1 负向功能事件生成机制

根据 MIRCE 科学的第二个公理，功能化系统在 MIRCE 空间中的运动是强加于人的自然现象或人类行为的结果，这些共同称为功能化行为，它可以被看作牛顿力学中的力。大量的观察性研究和试验表明，计算功能事件的出现意味着从 PFS 到 NFS 的过程中有足够的统计分析数据，但是无法理解导致它们发生的物理机制和原因。

为了科学地理解产生负向功能事件的机制，MIRCE 学院对国防、航空航天、核工业、交通、赛车、通信和其他行业的数千个功能系统组件和模块的操作行为进行了分析。

在 MIRCE 科学中，所有负向功能行为都被归纳为以下几类[1]：

· 组件内部行为

——与设计、制造、运输、维护、存储和类似过程相关的活动，在组件进入运行寿命之前引入的固有动作。

——由于腐蚀、疲劳、蠕变、磨损等自然衰变过程而产生的不可避免的部件工作寿命的累积和连续作用。

· 组件外部行为

——造成离散过载的环境现象，如外来物体的损坏、鸟类撞击（家养和野生动物）、天气原因（冰雹、雨、雪、闪电、太阳辐射等）等。

——人类活动：与导致过载现象相关的错误，如操作人员（飞行员、驾驶员和其他用户）、维护人员（维护引起的错误）和后勤支持人员（伪造零件、保质期等）的使用与滥用；与组织政策、法律要求、国家和国际或任何其他人为强加的与功能相关的行动(计划的和基于条件的维护任务)或相关规则。

· 系统内部行为:由系统内部发生的过程导致,如某些组件和模块从被动状态变为主动状态,其部分组成组件的功能状态发生变化,从而影响系统的功能。

· 系统外部行为

——与天气有关的离散环境现象(冰雹、雨、雪、闪电、火山爆发、强风、太阳辐射等)及其他影响可运作系统功能的原因。

——人类活动:与操作人员、维修人员或供应链人员使用和滥用有关的错误。

——规则:这些规则与组织政策、法律要求、国家和国际、最佳实践或任何其他人为强加的功能行为相关,这些行为导致功能系统的 NFEs 发生。

在近 40 年的可靠性研究中,作者了解并证明了负向功能事件发生的时间(TNE)是一个随机变量,它由适当的概率分布来定义。因此,每个负向功能事件必须与产生它的单一物理机制或人类行为相关联。

11.2　正向功能行为

为了科学地理解产生正向功能事件的机制,作者分析了 MIRCE 学院在美国自然科学基金会的支持下,在国防、航空航天、航天、交通、汽车运动、通信等行业中对数千个组件、模块和功能系统进行的运动分析。因此,在 MIRCE 科学中,所有正向功能行为都被归纳为[1]:

· 系统内部行为:通常的维护任务,有以下行为。

——维修:补充消耗品液体以及清洗、洗涤等。

——润滑:安装或补充润滑油。

——根据规定的物理标准检查部件。一般目视检查:检查明显不满意的情况。详细目视检查:对任何不规则现象进行深入的目视检查,通常辅以检查辅助。特殊目视检查:使用特殊检查设备,采用放射线照相、热像仪、染料渗透剂、涡流、高倍放大或其他无损检测手段对特定区域进行深入的检查。

——审查:对一个组成部分的一项或多项功能进行定量评估,以确定其是否在可接受的限度内。

——恢复:将组件返回到特定标准。这可能包括清洗、修理、更换或大修。

——丢弃:从操作中移除。

· 系统外部行为:与影响整个功能系统的活动相关,并按以下方式进行分组。

——环保积极行为:除雾、解冻、去污和清洗等。

——法律上的积极行为:涉及因国家、国际司法管辖与限制的卫生和安全条例而必须进行的所有活动。

——针对功能系统用户或一组用户的正向行为,可涉及市场、业务、政治、经济和其他职能。

11.3　MIRCE 力学的物理尺度

充分理解驱动功能事件产生功能现象的运动机制是至关重要的,因为用于分析和量化可靠性的统计方法并不研究统计行为的原因。因此,必须进行系统研究,以了解导致下列情况发生的现象。

· 正向功能事件:产生(开始使用)、维修、润滑、目视检查、修复、更换、最终修复、检查、部分修复、故障排除、存储、修改、运输、保留、拆装、翻新、健康监测、修复、包装和诊断等。

·负向功能事件:热老化、光化性退化、疲劳点蚀、酸反应、翘曲、磨料磨损、热屈曲、生产错误、大风、维护错误、雹灾、雷击、硬着陆、质量问题和沙尘暴等。

为了理解功能性运动,有必要了解运动的机理。"疲劳、风向变化、焊接缺陷、鸟撞、橡胶老化、维修引起的错误、化油器结冰等问题的真正原因是什么?"没有对这些问题的准确答案,就不可能预测它们未来发生的情况,如果没有预测未来的能力,使用"科学"这个词就不合适了。

多年来,国际会议、暑期学校和其他活动的举办,都是为了理解功能现象的物理尺度。从这些大量的讨论、研究和试验中得出的结论是:从 MIRCE 力学的观点来看,这一领域的任何研究都必须遵循以下两个界限。

·物理世界的"底端":存在于 10^{-10} m 范围内的原子和分子。

·物理世界的"顶端":相当于太阳系的水平,在物理尺度上延伸约 10^{10} m。

这个"物理范围"能够科学地解释操作过程和系统操作事件之间的关系。换句话说,这是上述系统运行过程(疲劳、风向变化、焊接缺陷、鸟撞、橡胶老化、维修引起的错误、化油器结冰等)发生的物理范围,因此可以被理解和预测。

12 MIRCE 科学在生命周期工程和管理中的作用

MIRCE 科学对于科学家、数学家、工程师、管理人员、技术人员和分析师是必不可少的。要完成相关工作,需要 MIRCE 科学方程。这些方程在许多方面与经典科学中使用的基于确定论的方程不同,它们独立于时间和人的影响,用于预测功能系统的功能性能。

任何"组件/产品设计"工程师和经理的主要任务是对分配给他们的单个组件/产品做出决策。对于他们所关注的组件/产品,他们必须在所有可能的替代解决方案中选择一个解决方案。例如,某些决策可能有利于可靠性性能,但同时会增加生产或维护成本。其他方法可能会降低开发成本,但会增加非故障发现率或周转周期。因此,当工程师和经理们努力在自己的组件/产品上做到最好时,他们不断地冲突和妥协。

功能系统设计师的主要工作是了解"组件"工程师的决定,针对给定的功能和性能需求,在时间和预算分配上将它们添加到"最好的功能系统选择上"。为了实现这一点,必须在系统类型级别上进行多维度的权衡。例如,作为波音 777 的首席机械师,Jack Hessburg 的工作是设计波音 777,使其"准时飞行,永不坠毁",而不是将起落架、发动机、空调系统或任何其他部件孤立起来。为此,Hessburg 通过努力使波音公司所认为的"功能性 B777"与联合航空公司所认为的"功能性 B777"权衡关系正常化。这一点已经体现在 MIRCE 科学的公理、方法和数学方案的创造中。

随着现代系统中新技术的复杂性不断增加,仅仅依靠系统工程师和项目经理的"个人经验和直觉"做出关键决策已经不再可行,甚至不可能了。也许这方面的主要原因是,每一项决定系统未来的业务行为所产生的后果不确定性相应地增加了。因此,功能系统类型的决策者主要关心的是通过可行的选项量化和规范他们决策未来结果的能力。如果没有封装在 MIRCE 科学中的知识体,这是不可能准确和可靠地执行的。

MIRCE 科学最重要的特性是,所有决策都是基于总体量化的、针对每个设计选项性能的相关措施,以及完整的可见性规则和假设,而不取决于设计团队中工程师和管理人员的"直觉"或资历。这概括了 Dubi 教授所说的现象:"问题越复杂,一个人就越不需要为了有自己的观点而去学习。"

13 结论

本文的主要目的是提出 MIRCE 科学方法进行风险评估。这是一种基于科学定律的方法,它否认平行宇宙的存在,因为在平行宇宙中,法律要么被忽视,要么被歪曲以适应行政或合同的要求。在本文中,我们已经看到了后者的一个主要例子,被广泛接受的系统可靠性模型要求接受"可选宇宙"的概念,该概念的基础是组件和系统具有恒定的、独立于时间的故障率,而完全忽略了操作、维护和支持过程的物理存在,这些过程会对功能系统的操作寿命造成明显的非预期干扰。这种方法既不是源于科学,也不是源于观察,而是由于使用的模型和过程不能准确地反映交付给最终用户的产品以及系统的现实妥协。这种不准确的预测导致:错误的备件采购;无法预测或安排修复;操作能力的丧失(在不合时宜的时刻)。作为一个专业团体,我们必须接受这一学说,它与我们所观察到的物理现象(如腐蚀、疲劳、蠕变、磨损和类似的中断)是直接对立的,这些现象是因为"损害"的累积主要由生产、运输、操作、维护和储存相关的危险事件等人类依赖的物理过程造成,这清楚地显示了系统可靠性功能(式(1)和式(2))的不足,因此我们无法保证能够预测功能系统的终身行为。

最后,正如今天许多行业的情况一样,我们有必要重申在 MIRCE 科学、力学以及本文提出的管理方法中,功能系统通过功能状态的科学运动公式与具有法律约束力的合同中系统可靠性模型管理方法的区别。必须强调,科学是经过观察现实而得到证明的模型。所以最后,作者希望能够鼓励所有可靠性专业人士从科学定律被暂停的宇宙转移到以科学规律为基础的宇宙,只有这样才能真正地利用风险评估和可靠性预测反映未来发展趋势。作者相信,所有希望接受准确的和经业务确认的风险评估任务的专业人员,都将期待 MIRCE 科学所包含的知识体系,并将其作为他们未来努力的基础。

附录:全球观察到的 MIRCE 科学功能性事件

2014 年 6 月,作者开始收集与 MIRCE 科学相关的全球功能性事件,作为通过操作过程收集功能系统类型信息的连续过程。相关事件和过程的全文都保存在 MIRCE 学院的档案中,该学院的网站为所有感兴趣的人提供了简短的描述。

- 2014 年 6 月 12 日:风推迟了 NASA 低密度超音速演示机的试飞。
- 2014 年 6 月 23 日:F-35A 飞机着火。
- 2014 年 7 月 14 日:F-35A 飞机起火原因分析。
- 2014 年 7 月 15 日:C 系列发动机停油试验。
- 2014 年 7 月 17 日:马航 MH17 航班被击落。
- 2014 年 7 月 25 日:在马里发现 MD-83 飞机残骸。
- 2014 年 10 月 16 日:国际空间站太阳能通道修复。
- 2014 年 10 月 17 日:Spaceplain X-37B 在轨道运行 675 天后着陆。
- 2014 年 10 月 22 日:国际空间站的 218 min 功能行动。
- 2014 年 10 月 23 日:SpaceX"龙"号太空舱因海上大浪推迟返航。
- 2014 年 10 月 29 日:轨道科学公司 Antares 火箭升空 10 s 后爆炸。
- 2014 年 10 月 31 日:维珍银河发生事故。
- 2014 年 12 月 8 日:轻型飞机在华盛顿特区机场附近坠毁。

- 2014 年 12 月 28 日:亚航空客 A320 客机在爪哇海坠毁。
- 2015 年 1 月 5 日:SpaceX 向国际空间站发射时出现技术问题。
- 2015 年 1 月 12 日:SpaceX 的"龙"号补给舱被国际空间站宇航员捕获。
- 2015 年 1 月 14 日:宇航员被迫放弃部分国际空间站。
- 2015 年 1 月 15 日:误报导致国际空间站宇航员疏散。
- 2015 年 1 月 26 日:暴风雨袭击美国东北部,航空公司取消了 1 900 个美国航班。
- 2015 年 2 月 19 日:由于宇航服问题,美国宇航局推迟了太空行走。
- 2015 年 3 月 1 日:国际空间站对接端口天线安装完成。
- 2015 年 3 月 2 日:美国空军气象卫星在热峰值后爆炸。
- 2015 年 3 月 4 日:土耳其航空公司一架喷气式飞机在尼泊尔滑行。
- 2015 年 3 月 4 日:欧洲航天局专家评估了美国空军气象卫星爆炸的风险。
- 2015 年 3 月 19 日:德国汉莎技术公司(Lufthansa Technik)基于机器人的发动机零部件检测。
- 2015 年 3 月 23 日:757 飞机迫降南极洲。
- 2015 年 3 月 24 日:德国之翼 A320 飞机在法国阿尔卑斯山脉出现异常。
- 2015 年 3 月 24 日:英国 A330 飞机因机长个人相机定位问题险些失事。
- 2015 年 3 月 29 日:加拿大航空 A320 飞机在哈利法克斯着陆时打滑。
- 2015 年 4 月 6 日:西部火车司机坐错了火车,走错了路。
- 2015 年 4 月 16 日:猎鹰 9 号进行失效后节流阀检查。
- 2015 年 4 月 29 日:俄罗斯空间站补给任务失败。
- 2015 年 4 月 30 日:空客 A320 试飞时发生飞鸟撞击。
- 2015 年 5 月 9 日:空客 A400 客机在西班牙试飞时坠毁。
- 2015 年 5 月 10 日:MA60 机翼在跑道漂移中脱离。
- 2015 年 5 月 12 日:由于运输安全管理局人员返家,航班延误 4 h。
- 2015 年 5 月 25 日:空客 A330 双发动机故障。
- 2015 年 5 月 29 日:伪造使用 CFM56 发动机叶片记录。
- 2015 年 5 月 29 日:A400 因发动机软件安装错误而坠毁。
- 2015 年 6 月 1 日:空客 A310 原型机在服役 33 年后退役。
- 2015 年 6 月 15 日:机舱内的浓烟迫使乘客离开机舱。
- 2015 年 6 月 28 日:太空 X 猎鹰 9 号在发射后爆炸。
- 2015 年 7 月 8 日:联合航空公司经历了全国范围的停飞。
- 2015 年 7 月 29 日:冰雹损坏的波音 787 飞机返回中国。
- 2015 年 7 月 30 日:迪拜机场规划摄像头碎片检测。
- 2015 年 8 月 12 日:美国航空公司修复冰雹损坏的 B787。
- 2015 年 8 月 16 日:印度尼西亚 Trigana Air 42 坠毁。
- 2015 年 8 月 19 日:调查人员发现埃塞俄比亚 B787 飞机起火原因。
- 2015 年 9 月 8 日:英国航空公司波音 777 客机在拉斯维加斯发生火灾事件。
- 2015 年 10 月 1 日:空客替换了第一架 A320 测试飞机发动机。
- 2015 年 11 月 7 日:空客 A321 飞机在埃及坠毁。
- 2015 年 11 月 30 日:波音公司结束了 C - 17 在加州的生产。

- 2015 年 12 月 1 日:亚航 QZ850 因部分设备故障而坠毁。
- 2015 年 12 月 2 日:波音完成 787 机身 5 年疲劳试验。
- 2015 年 12 月 14 日:印度航空(Air India)一名地勤人员"被吸进"飞机发动机。
- 2015 年 12 月 31 日:飞机上的老鼠迫使印度航空公司的航班返回孟买。
- 2016 年 1 月 12 日:"菲莱登陆器"未能对唤醒它的最后努力做出回应。
- 2016 年 1 月 17 日:猎鹰 9 号发射杰森 – 3 号卫星,但未能成功着陆。
- 2016 年 1 月 29 日:韩国廉价航空公司发生两起事件。
- 2016 年 2 月 22 日:禁止在客机上运输锂离子电池。
- 2016 年 2 月 28 日:SpaceX 终止了 sts – 9 的发射。
- 2016 年 3 月 1 日:空客修复 A320neo 误报和 PW1100G。
- 2016 年 3 月 19 日:迪拜 FZ981 航班迫降,机上 62 人遇难。
- 2016 年 4 月 7 日:脑外伤未见爆炸伤。
- 2016 年 4 月 17 日:波音 787、N36962 烟雾事件。
- 2016 年 5 月 15 日:空客 A380 烟雾事件。
- 2016 年 5 月 18 日:空客 A320 客机在地中海上空失踪。
- 2016 年 7 月 7 日:油系统缺陷导致 PW1524G 发动机无载故障。
- 2016 年 8 月 3 日:阿联酋航空 B777 客机在迪拜降落,起落架被收回。
- 2016 年 8 月 8 日:达美航空全球航班停飞后滞留乘客。
- 2016 年 8 月 15 日:英国皇家空军(RAF)飞行员将一架 A330 飞机投入水中。
- 2016 年 8 月 27 日:电厂进气罩在波音 737 – 700 飞机的半空中脱落。
- 2016 年 8 月 28 日:6 架波音 787 飞机因发动机检查而停飞。
- 2016 年 9 月 1 日:全日空将替换 787 客机上 RR Trent 1000 发动机的涡轮叶片。
- 2016 年 9 月 1 日:SpaceX 发射台爆炸。
- 2016 年 9 月 6 日:阿联酋航空坠机事故的关键因素是电源设置混乱。
- 2016 年 9 月 13 日:金属疲劳导致左侧发动机失控。
- 2016 年 10 月 1 日:瑞安航空(Ryanair)波音 737 飞机烟雾的调查。
- 2016 年 10 月 4 日:亚航 X 改道背后的人为失误。
- 2016 年 10 月 4 日:安全机构就空客 A320 致动器故障事件展开辩论。
- 2016 年 11 月 1 日:美国空军 KC – 10 加油机在飞行中失去加油臂。
- 2016 年 11 月 2 日:美国 CF6 失效原因不明。
- 2016 年 11 月 2 日:Weather scrubs 太空船 2 号滑翔飞行测试。
- 2016 年 12 月 25 日:Wings Air ATR 72 – 600 在印度尼西亚硬着陆。
- 2017 年 1 月 9 日:SpaceX 因天气原因推迟发射。
- 2017 年 1 月 14 日:SpaceX 通过部署铱卫星重返太空。
- 2017 年 1 月 16 日:土耳其一架波音 747 – 400 货机在吉尔吉斯斯坦马纳斯机场附近的一个村庄坠毁。
- 2017 年 1 月 24 日:纳什维尔国际机场熄灯失误引发西南航空事故。
- 2017 年 2 月 22 日:用于预测危险太阳风暴的 GPS 传感器数据。
- 2017 年 2 月 19 日:SpaceX 发射第十次 ISS 补给任务。
- 2017 年 3 月 8 日:MD – 83 拒绝起飞时电梯发生故障。

·2017 年 5 月 29 日:英国航空公司(British Airways)的 IT 崩溃。

·2017 年 6 月 1 日:美联航因运营一架适航的 B787 客机而面临处罚。

·2017 年 6 月 18 日:中国一颗卫星发生故障。

·2017 年 6 月 18 日:SpaceX 推迟了一颗保加利亚通信卫星的发射。

·2017 年 8 月 15 日:通过太阳系追踪太阳爆发。

·2017 年 9 月 18 日:高尔夫球大小的冰雹迫使易捷航空(EasyJet)航班紧急着陆。

·2017 年 10 月 31 日:美国政府问责局(Government Accountability Office)发现,损坏的 F－35 部件需要 6 个月的时间才能修好。

·2017 年 11 月 13 日:首架新加坡航空(Singapore Airlines)空中客车 A380 目前正在存放中。

·2017 年 11 月 20 日:SpaceX 将 Zuma 的发射推迟到至少 12 月。

·2017 年 11 月 29 日:美国空军地面 T－6 教练机发生缺氧事件。

·2017 年 11 月 30 日:轻维护手机 APP。

·2018 年 1 月 7 日:推迟发射的 SpaceX 猎鹰将有效载荷送入轨道。

·2018 年 1 月 18 日:美国空军试图解决缺氧问题。

·2018 年 1 月 23 日:谷歌月球 X 奖结束,没有获奖者。

·2018 年 1 月 29 日:利用日常电脑部件进行 Cpace 辐射测试。

·2018 年 2 月 6 日:SpaceX 猎鹰首次试飞成功。

·2018 年 2 月 6 日:波音 777X 发动机飞行测试面临延迟。

·2018 年 2 月 7 日:MRJ 飞行测试的主要风险。

·2018 年 2 月 16 日:地球上的空间辐射。

·2018 年 2 月 18 日:首个商业宇航员培训项目。

·2018 年 3 月 6 日:新加坡航空公司 A380 交付使用。

·2018 年 3 月 9 日:生产第 1 000 架波音 737。

·2018 年 3 月 12 日:尼泊尔一架飞机在着陆时坠毁,造成至少 49 人死亡。

·2018 年 3 月 25 日:塑料三明治袋导致威廉姆斯的 F1 赛车在墨尔本报废。

·2018 年 4 月 9 日:长期心脏健康和宇宙辐射之间的潜在联系。

·2018 年 4 月 10 日:空中客车公司研发无人机用于检查机库中的飞机。

·2018 年 4 月 17 日:波音 737－700 引擎在西南航空 1380 航班上爆炸。

·2018 年 4 月 17 日:劳斯莱斯(Rolls－Royce)为波音 787 飞机的运营商提供动力,准备迎接颠覆。

·2018 年 4 月 19 日:达美航空取消减少航班。

·2018 年 4 月 23 日:CFM56－7B 紧急适航指令。

·2018 年 4 月 27 日:随着 CFM56 检查的进展,没有发现全舰队的问题。

·2018 年 5 月 2 日:波音 737－700 飞机在飞行中窗户破裂后安全着陆。

·2018 年 5 月 5 日:空客 319 客机挡风玻璃爆裂后安全着陆。

·2018 年 5 月 6 日:对 CFM56 探头叶片的疲劳裂纹和损伤形态进行检测。

·2018 年 5 月 12 日:寒冷天气行动的教训。

·2018 年 5 月 15 日:碳纤维健康监测新方法。

·2018 年 5 月 16 日:SpaceX 计划在未来 5 年内完成 300 个任务。

·2018 年 5 月 18 日:在古巴,超过 100 人在 B737 起飞后不久坠毁。

·2018 年 5 月 21 日:美国航空航天局(NASA)得出结论,波音公司没有采取任何行动来解决 F/A – 18 的缺氧问题。

·2018 年 5 月 28 日:塞尔日·达索去世,享年 93 岁。

·2018 年 6 月 27 日:日本"隼鸟二号"宇宙飞船抵达小行星 162173"琉球"。

·2018 年 6 月 28 日:疲劳裂纹导致波音 777 发动机起火。

·2018 年 6 月 30 日:日本火箭发射第二次失败。

·2018 年 6 月 27 日:火星天线消毒。

·2018 年 7 月 4 日:月球有毒的一面。

·2018 年 7 月 31 日:汉莎技术开发无水发动机清洗产品。

参考文献

[1]   KNEZEVIC J. The origin of MIRCE Science[M]. Exeter:MIRCE Science,2017:232.

基于有限监测数据的混凝土桥梁
预应力损失 Polya Urn 模型

K. Balaji Rao，M. B. Anoop

摘要 本文提出了一种基于 Polya Urn 模型的使用有限数量梁应变监测数据的损失评估方法。该程序包括 Polya Urn 模型（一种纯随机过程模型）、AASHTO LRFD 2012 规范的预应力损失估算方法，以及利用监测的应变数据对不同时刻的预应力损失进行评估。本文假设考虑的桥梁系统中所有梁都暴露在名义相似的环境中，整个桥梁系统中梁的数量远远大于被检查/监测梁的数量。虽然相关文献中已经提出了基于有限检验数据的桥梁系统状态评估马尔可夫链模型，但这些模型只能在相邻梁检验数据可用的情况下使用。然而，从相邻的梁中获取信息并不总是可行的。当检测/监测数据来自随机选择的环境中时，可以使用所提出的基于 Poly Urn 模型的程序。本文以一座由 100 根 PSC 主梁组成的桥梁为例，说明了该方法的有效性；考虑了三种不同的情况，即 5、15 和 20 根 PSC 梁的应变情况。不同情境下得到的不同概率值表明，该模型考虑了相关可用信息。本文通过实际案例研究名义相似的 PSC 梁暴露在名义相似环境中的预应力损失，证明了该方法的有效性。

关键词 Polya Urn 模型；预应力混凝土梁；预应力损失；概率分析

亮点

·本文提出了基于 Polya Urn 模型的 PSC 梁预应力损失评估方法。

·当随机选择 PSC 梁的检查/监测数据可用时，可以使用该方法。

·本文通过一个预应力损失监测的案例研究，证明了名义相似的 PSC 梁暴露在相似环境中的计算有效性。

1 介绍

预应力混凝土渐变收缩和预应力钢松弛引起的预应力损失随时间变化会导致现有预应力混凝土（PSC）主梁产生较大的挠度和相关的使用性能问题。例如，帕劳的 Koror - Babeldaob 桥在 18 年内平均承受了 50% 的预应力损失，导致了过度受力并需要采取补救措施[1]。Bazant 等[1]报道了一些预应力混凝土桥梁主梁过度挠度的案例，这表明需要定期检查和维护，以确保 PSC 桥梁主梁的功能并延长其使用寿命。鉴于现有桥梁检修资金有限，有必要制定更加合理和优化的检修调度策略[2,3]。

我们回顾历史发现，有几个桥梁系统具有大量名义相似的 PSC 梁暴露在名义相似环境中的事件。例如，印度钦奈的快速公交系统有 270 根名义相似的 PSC 主梁，跨度22.5 m，

288 根跨度为 18.0 m。然而,在这样的桥梁系统中,监测所有 PSC 梁的预应力损失可能是不现实的或在经济上不可行的。因此,有必要从有限的梁中使用监测数据来找到一些方法以评估 PSC 梁的预应力损失[4]。Balaji Rao 和 Appa Rao[5]等人在检查期间使用有限的观测集并提出了一种基于马尔可夫链模型的钢筋混凝土桥梁主梁状态评估方法。该方法可用于确定桥梁中钢筋锈蚀梁的百分比。然而,为了使用这种方法,需要对相邻的梁进行数据检查,这可能并不总是可行的。在本研究中,我们提出了一个基于 Polya Urn 模型的程序来评估桥梁系统中混凝土梁的预应力损失,该程序使用了有限数量的梁应变监测而不需要相邻梁的数据。该程序包括 Polya Urn 模型(一种纯随机过程模型)和 AASHTO LRFD 2012 规范的预应力损失估算方法。

本论文组织如下:第 2 节将介绍 Polya Urn 模型及其一些重要特性;第 3 节基于有限的监测数据,采用 Polya Urn 模型对桥梁体系中混凝土梁进行预应力损失评估;第 4 节将给出一个由 100 个名义相似的梁组成 PSC 桥的例子,以说明所提出的方法;第 5 节将考虑一个实际的案例研究,以比较使用本文提出的方法对桥梁预应力损失评估与桥梁的实际性能;第 6 节是研究的总结。

2 Polya Urn 模型

在开发对整体结构构件进行状况评估的模型时,只能使用有限的实地调查数据,需要考虑的重要因素之一是预期的较大偏差。这些偏差是由材料性质的空间随机性、仪器与测量误差以及采集和解释数据时的人为误差引起的。模型应该显式地标识给定类型的信息量,即使用该模型做出的预测应考虑到可用的信息量。在本文中,信息量是指从实地调查或相关试验调查中获得的同质数据点。较大偏差的主要来源是将观测数据分为两类(根据钢筋/混凝土构件腐蚀电流的实测数据,考虑是否超过规定的极限状态等)。综上所述,本研究选择了 Polya Urn 模型,该模型受初始条件(即可用信息的数量和类型)和较大波动(会导致较大的偏差)的影响较大。

Polya Urn 模型是一种纯数据生成过程。在 Polya Urn 模型中,有两类球,即黑色球和白色球。在基本步骤(或试验)中,从盒中随机选择一个球,然后将该球连同另一个相同颜色的球一起放回盒中。因此,每次试验,盒中的球都会增加 1 个。正如 Antal 等[6]所指出的,由于球可以代表从原子到生物有机体甚至到人类的任何东西,因此 Urn 模型在物理、生命和社会科学中得到了广泛的应用。在目前的研究中,球代表 PSC 梁相对于预应力损失的状态。

设 B 为黑球数,W 为盒中初始白球数,则 $n = B + W$ 为初始球在盒中的总数,Polya urn 的初始构型为 (B, W)。设 x_0 和 y_0 分别为黑球与白球的分数。经过 M 次试验(或步骤)后,假设 N 是盒中球的总数(即 $N = n + M$)。设 B_M 和 W_M 分别为 M 次试验后盒中黑球与白球的个数,x_M 和 y_M 分别为黑球与白球的分数,则有[7]

$$E[B_M] = \frac{B}{n}M + B; E[W_M] = \frac{W}{n}M + W \tag{1}$$

$$\text{Var}[B_M] = \text{Var}[W_M] = \frac{BW(M+n)}{n^2(n+1)}M \tag{2}$$

式中,$E[.]$ 和 $\text{Var}[.]$ 分别表示期望值与方差。由式(1)和(2)可以看出,期望值和方差都依赖于初始配置与试验次数。

假设我们对确定第一次通过的概率很感兴趣,在 M 次试验后盒中 50% 的球是白色的。这可以用 Antal 等提出的第一通道概率关系来确定[6],即

$$G_n(B,W) \cong A(B,W)\left(\frac{N}{2}\right)^{-2} ; \quad \frac{N}{2} \gg B,W \tag{3}$$

$$A(B,W) = \frac{(B-W)(B+W-1)!}{(B-1)(W-1)!}2^{-B-W} \tag{4}$$

在 M 次试验后,盒中恰好有 $p\%$ 的球是白色的概率为

$$Pr_{W_M} = \binom{B_M-1}{B-1}\binom{W_M-1}{W-1}\binom{N-1}{B+W-1}^{-1} \tag{5}$$

式中,$W_M = p/100 \times N$;$B_M = N - W$;B_M 和 W_M 是积分因子;盒中至少有 m 个球是白色的概率为

$$PR_m = 1 - \sum_{k=1}^{m-1} Pr_k \tag{6}$$

本研究考虑 (9,1)、(90,10) 和 (8,2) 三种初始构型,研究了可用信息的数量和类型对 Polya Urn 模型预测的影响。假设在多次试验之后,盒中有 1 000 个球(即 $N=1\,000$)(因此,对 $N=10$ 的案例进行 990 次试验,对 $N=100$ 的案例进行 900 次试验),则利用式(1)和式(2)计算三种不同初始构型下黑球数和白球数的期望值与方差,见表 1。由表 1 可以看出,对于初始配置 (9,1) 和 (90,10),黑球数的期望值是相同的,而对于初始配置 (8,2) 则不同。

表 1　球的总数为 1 000 时预计的期望值和方差

初始配置	(9,1)		(90,10)		(8,2)	
白球的相对频率	0.10		0.10		0.20	
M	990		900		990	
N	1 000		1 000		1 000	
	黑色	白球	黑色	白球	黑色	白球
$E[.]^*$	900	100	900	100	800	200
$Var[.]^{**}$	8 100	8 100	801.98	801.98	14 400	14 400
$COV[.]^{\#}$	0.10	0.90	0.031	0.28	0.15	0.60

注:*—利用式(1);**—利用式(2);##—B_M 或 W_M 的变化系数取决于相应的案例。

这表明,预期的黑球数只取决于球最初在盒中的相对频率。通过仿真得到初始构型 (9,1) 和 (90,10) 的典型样本路径,分别如图 1(a)(b)所示。可以看到,在这两种情况下,白球的比例是相等的(即 0.10),而最初出现在盒中的球总数是不同的(分别为 $n=10$ 和 $n=100$)。由图 1 可以看出(由表 1 也可以看出),黑球和白球的数量分布依赖于盒中初始球的总数(n)。随着 n 的增大,盒中黑球和白球最终数量的比例减小,即随着初始信息的增加,最终结果的不确定性降低。黑、白球数的变化系数(COV)的值随试验次数的变化如图 2 所示。由图 2 可以看出,在初始阶段,随着试验次数的增加,COV 值增加;然而,当试验次数

足够大时,COV 值变为常数。这是预料之中的,因为盒中黑球频率的极限概率分布是参数 B 和 W 的 β 分布[7]。也就是说,当试验次数很大($M \gg n$)时,极限概率分布只取决于初始构型,而不取决于试验次数。由图 2 还可以看出,COV 随着 n 的增加而减小,即使 x_0 的值是相等的(如对于配置(9,1)和(90,10))。这表明,预测的不确定性随着可用信息的增加而减小。还可以看到,在 $n = 10$ 的情况下,B 和 W 的 COV 均在 100 次左右达到稳态值,在 $n = 100$ 的情况下均在 1 000 次左右达到稳态值。

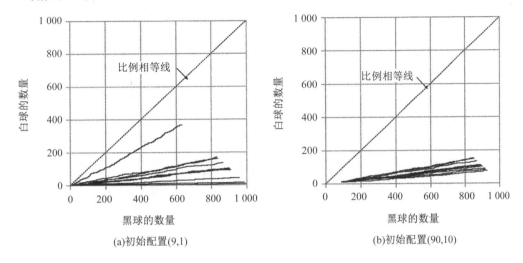

(a)初始配置(9,1)　　　　　　　　(b)初始配置(90,10)

图1　两种初始构型的典型样本路径

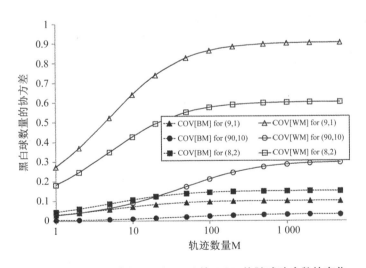

图2　黑球数和白球数(B_M 和 W_M)的 COV 值随试验次数的变化

在第一段,通过概率计算,即在这三种情况下,盒中有 50% 的球是白色的的概率分别用式(3)表示为 2.81×10^{-7}、3.93×10^{-20} 和 1.69×10^{-6}。这些值之间的显著差异表明 Polya Urn 模型明确地标识了给定类型的信息量。

也可以看出,通过使用 Polya Urn 模型,可以估计非常低的概率值,否则就需要非常高的数值计算能力。

上述意见可概括如下:

· 经过多次试验后,预期的球数(给定颜色的球数)只取决于球最初在盒中的相对频率,而不取决于最初盒中球的总数。

· 即使球数的相对频率相同,初始构型中 COV 也随球数的增加而减小。

· 盒中球数频率的极限概率分布为参数 B 和 W 的 β 分布。

· 即使是初始配置中的一个小变化也会导致第一次通过概率的显著差异。这一观察结果表明,需要监测桥梁的数量并进行适当的选择。这就需要制定一个基于可靠性程序的可以根据损坏可能性和破坏后果为桥梁主梁选择检查间隔的程序[8]。

3 利用有限的监测数据对桥梁系统预应力混凝土梁进行状态评估的程序

假定桥梁系统中 PSC 梁暴露在名义相似的环境中,利用位于预应力钢质心水平的应变计对少量梁进行应变监测,并据此估算这些梁的预应力损失。根据这些监测的 PSC 梁预应力损失,必须确定预应力损失超过桥梁允许预应力损失的百分比。本研究采用 Polya Urn 模型来实现。

如上一节所述,Polya Urn 模型表示包含两类对象的系统。本文中的对象称为球,对象类型由球的颜色来区分。在本研究中,研究对象(或球)为 PSC 梁,球的颜色表示梁中预应力损失的状态,即黑色表示梁内预应力损失小于允许预应力损失,白色表示梁内预应力损失大于允许预应力损失。Polya Urn 模型的初始配置表示监测梁中预应力损失的状态。从盒中抽取的每一个样本都相当于多检查了一根最初并没有被监测的 PSC 梁。也就是说,每个未监测的 PSC 梁预应力损失状态是基于取样球的颜色推断的。因此,监测到的梁的预应力损失超过允许预应力损失越多,下一根被检查的梁预应力损失超过允许预应力损失的可能性就越大。这种推理是通过 Polya Urn 模型的自增强特性(即观察到球的颜色更有可能被再次观察到)而建立的[7]。

桥梁系统中 PSC 主梁状态评估的程序如下:

(1)设 N 为桥梁系统中 PSC 梁的总数,采用埋设在预应力钢质心水平的混凝土应变片(即振弦应变片)进行监测,N 为监测到的 PSC 梁的总数。

(2)计算不同时刻的预期预应力损失 t(使用 AASHTO LRFD 2012 详细程序)。

(3)将步骤(2)中计算出的预应力损失值视为各时刻的容许预应力损失($P_{L\_all}(t)$)(因为在确定初始预应力时考虑了这些值)。

(4)利用监测的应变数据估计 t 时刻 n 根监测梁的实际预应力损失($P_{L\_act}^i(t)$,$i = 1$,2,$\cdots$,n)。

(5)确定 B 和 W 的值,最后可以得到 $B + W = n$。

(6)利用式(5)计算桥梁体系中 p% 梁的预应力损失超过允许范围的概率(Pr)。

(7)如果计算的概率(Pr)大于可接受的概率值(由 codal 委员会/决策当局决定),则进行详细检查。

3.1 不同时刻预应力预期损失预测

ASSSHTO LRFD 2012 详细预应力损失估算方法是对 PSC 主梁[9]时变分析的一种改进方法,不需要混凝土配合比信息。Garber 等人利用一个包含 237 根 PSC 梁的广泛数据库,对 ASSSHTO LRFD 2012 的预应力损失规定进行了评估,这些 PSC 梁代表了现场发现的梁。

基于这些研究,Garber 等人[10]表示,使用详细的 AASHTO LRFD 程序,预估总预应力损失与实测总预应力损失的平均比率为 1.25,变异系数为 0.24。本研究采用 ASSSHTO LRFD 2012 的详细预应力损失估算方法,对不同时刻的预应力损失进行预测。

3.2 通过监测应变数据估算预应力损失

现有预应力混凝土梁的预应力损失可以通过监测应变数据来确定,也可以通过局部弹性应力释放技术(如钢骨应力释放孔技术、中心孔应力释放技术、混凝土应力释放芯技术和混凝土芯嵌固技术)来确定[11]。预应力损失监测采用的应变传感器已被用于 PSC 桥梁[12-15],并被发现比其他方法[16]更有用。由于长期测量准确稳定,无须对每个结构进行标定,此外,由于应力变化不直接测量,测量应变与预应力损失[17]直接相关,因此该方法适用于 PSC 梁的健康监测。采用埋入式应变仪对预应力钢质心水平混凝土中的应变进行连续监测[18,19]。假定预应力刚传递后测得的应变为有效应变,取基线值为 $\in_{\mathrm{CG,baseline}}$,则任意时刻的预应力损失估计为

$$\Delta f_{\mathrm{ps,estimated}}(t) = E_{\mathrm{ps}} \times \Delta\varepsilon_{\mathrm{CG}}(t)$$
$$\Delta\varepsilon_{\mathrm{CG}}(t) = \varepsilon_{\mathrm{CG}}(t) - \in_{\mathrm{CG,baseline}}$$

(7)

式中,$\varepsilon_{\mathrm{CG}}(t)$ 为在时间 t 时混凝土的预应力钢的质心水平应变测量;E_{ps} 为预变形钢的弹性模量。

预应力损失的估计百分比由下式得出:

$$f_{\mathrm{psloss,predisted}}(t) = \frac{\Delta f_{\mathrm{ps,estimated}}(t)}{f_{\mathrm{st}}} \times 100$$

(8)

4 示例

本例的主要目的是演示第 3 节中开发过程的有效性,以由 100 个名义上相似的 PSC 桥梁组成的桥(即 $N = 100$)为对象。假定桥梁中的 100 根梁都暴露在名义相似的环境中。PSC 大桥主梁是 C 类(1 016 mm 深 I 段),跨度 = 17.22 m,横截面积 = 3.2×10^5 mm²,预应力钢面积 = 3 748.38 mm²、预应力钢筋弹性模量 = 2×10^5 MPa,预应力钢转移压力 = 1 398.9 MPa,f_{pu} = 1 860.3 MPa,相对湿度 = 60%,固化时间 = 2 d,预应力传递龄期 = 1 d。

本例有三种不同的方案,即梁数为 5、15 和 20 时,对 PSC 梁在 10 年结束时进行应变检查/监测,并考虑梁数(即现有资料)对程序所得结果的影响。

4.1 确定不同时刻的允许预应力损失

采用 AASHTO LRFD 2012 预应力损失估算方法对不同时刻的预应力损失进行预测。渐变、收缩、松弛引起的预应力损失,以及不同时刻渐变、收缩、松弛引起的预应力总损失如图 3 所示[20]。由图 3 可以看出,渐变引起的预应力损失占主导地位。由于在设计中要考虑这些值,因此将不同时刻预测的预应力损失作为允许预应力损失($P_{L\_\mathrm{all}}(t)$)。

4.2 Polya Urn 模型的应用

采用式(5)对不同初始构型的预应力损失进行计算,可得到三种情况下预应力损失超过允许预应力损失百分比的概率分布(一般为预应力传递 10 年后的龄期),如图 4 所示。由图 4 可以看出,距离空间随着信息的增加而减小,即场景 1(图 4(a))的概率分布范围大于场景 2(图 4(b)),而场景 2 的概率分布范围又高于场景 3(图 4(c))。可用信息越少(即

不确定性越高),概率分布的空间范围就越大。在初始配置中,概率分布的距离空间随梁数的增加而减小,即可用信息越多,概率分布的距离空间越小。由图4还可以看出,概率分布的偏态依赖于初始构型。当初始构型中的黑球和白球概率接近时(如图4c中的初始构型(10,10)),概率分布或多或少是对称的。这是可以预料的,因为前文解释过,盒中黑球频率的极限概率分布是参数为 B 和 W 的 β 分布,当 $B = W$ 时,β 分布将是对称分布。

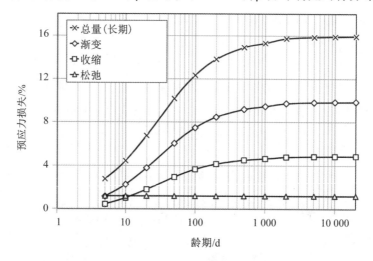

图3　PSC 梁预应力损失随寿命的变化

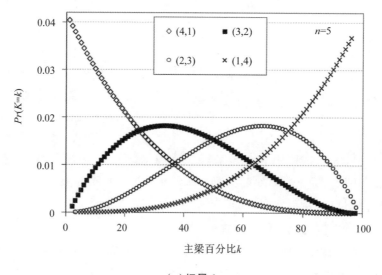

(a)场景1

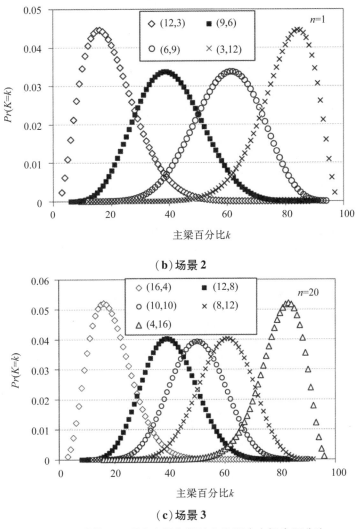

（b）场景 2

（c）场景 3

图 4　三种情况下预应力损失超过允许预应力损失百分比
的概率分布（预应力传递后龄期 = 10 年，初始配置如图例所示）

本例通过考虑三种情况（即具有初始配置的场景 1（3，2）、具有初始配置的场景 2（9，6）和具有初始配置的场景 3（12，8））研究了用频域法得到推论与用本例方法得到推论之间的差异。

在这三种情况下，频域法得到的结果是相同的，即 40% 的桥梁预应力损失大于允许的预应力损失。三种情况下预应力损失大于允许预应力损失主梁百分比的概率分布如图 5 所示。由图 5 可以看出，最大概率对应约 40% 的梁，但概率值随着可用信息量的减少而减小。本例采用该方法对预应力损失大于允许预应力损失梁的概率分布进行了分析，得到了预应力损失大于允许预应力损失主梁百分比的概率分布，这具有较丰富的信息量，可用于做出更合理的决策。

图 6 为预应力传递 10 年后，梁的最小预应力损失百分比大于允许预应力损失的概率。对这些概率的估计将有助于做出对桥梁主梁进行详细检查的有关决定。例如，假设桥梁中至少 40% 的梁的预应力损失超过允许范围的概率为 10%（即如果 $PR_{40} > 0.10$），则计划进

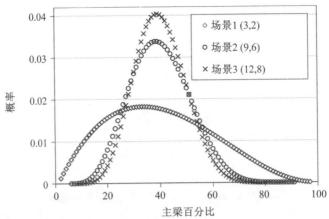

图5 在 B/W 恒定的三种情况下（预应力传递后龄期＝10年，初始配置如图例所示），预应力损失大于允许预应力损失主梁百分比的概率分布

行一次详细的检查。由图6可以看出，场景1所有的初始配置考虑 $PR_{40} > 0.10$，而对于场景2和场景3，除了第一个配置（如场景2(12、3)和场景3(16,4)），所有其他配置中 $PR_{40} > 0.10$，表明桥需要进行详细的检查。

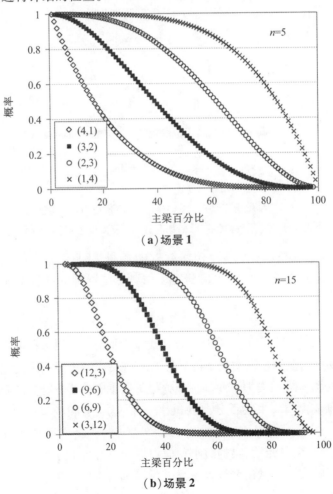

（a）场景1

（b）场景2

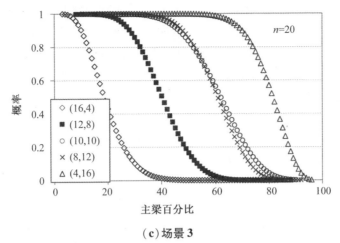

（c）场景 3

图 6　三种情况下梁的最小预应力损失百分比大于

允许预应力损失的概率（预应力传递后龄期＝10 年，初始配置如图例所示）

5　案例研究

本案例的目的是用程序评估桥梁的预应力损失和桥梁的实际性能。为此，我们考虑了 Garber 等人针对 PSC 梁预应力损失的试验研究结果。在本研究中，假设所有梁都是 PSC 桥梁中的梁。

然而，并不是所有的梁都需要监测预应力损失，只是对选定的梁需要监测，如图 7 所示。通过对采用 Polya Urn 模型监测的 PSC 梁预应力损失进行分析，可得出预应力损失大于桥梁允许预应力损失的百分比。

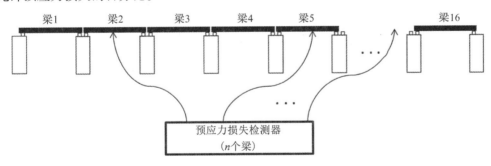

图 7　案例研究中考虑的 PSC 桥梁示意图和预应力损失监测

Garber 等人[21]对 16 根 c 型（1 016 mm 深 I 段）PSC 主梁（$N＝16$）的预应力损失进行了试验研究。之所以考虑这一测试数据，是因为这 16 根梁在试验过程中是名义相似的，并且暴露在名义相似的环境中。考虑的梁跨度＝17. 22 m，横截面积＝3.2×10^5 mm²，预应力钢面积＝3 748. 38 mm²，预应力钢弹性模量＝2×10^5 MPa，预应力钢转移压力＝1 398. 9 MPa，$f_{pu}＝1 860.3$ MPa，预应力传递龄期＝1 d。表 2 列出了 PSC 梁的其他重要详情，以及观测到的预应力损失。

梁内预应力损失的值对应于预应力损失测量的龄期，是使用 AASHTO LRFD 2012 准则计算的,该准则可精确估计损失随时间的变化。计算得到的预应力损失值见表2,其值可以作为允许的预应力损失。可见计算的预应力损失与考虑梁的实际预应力损失(试验推导)吻合较好。由表2可知,16根梁中有4根(即25%的梁)的实际预应力损失大于计算预应力损失。

表 2 PSC 梁的基础信息(Garber et al. [21])

横梁号	水泥含量 /(kg/m³)	粉煤灰混凝土含量 /(kg/m³)	粗集料含量 /(kg/m³)	细集料含量 /(kg/m³)	水灰比	f_{ci}' /MPa	相对湿度 /%	测量预应力损失的龄期/d	测量引起的预应力损失/%	计算预应力损失 /%
Ⅰ-1							49	980	26.44	22.67
Ⅰ-2							65	939	24.52	24.15
Ⅰ-3							65	948	24.52	22.67
Ⅰ-4	320.4	100.9	1 097.6	723.8	0.34	48.3	65	962	24.52	20.21
Ⅰ-5							49	975	26.44	25.14
Ⅰ-6							49	973	26.44	27.60
Ⅰ-7							65	946	24.52	24.15
Ⅰ-8							65	966	24.52	24.64
Ⅱ-1							49	955	28.03	15.76
Ⅱ-2							65	922	25.99	19.21
Ⅱ-3							65	932	25.99	16.75
Ⅱ-4	314.4	100.9	1 168.7	777.2	0.22	45.5	65	936	25.99	15.76
Ⅱ-5							49	952	28.03	11.82
Ⅱ-6							49	949	28.03	17.73
Ⅱ-7							65	937	25.99	11.82
Ⅱ-8							65	923	25.99	16.26

本研究考虑了四种情况,即 $n=3$、5、7、10,每一种情况分别对应于预应力损失下不同数量的 PSC 梁。由于 Polya Urn 模型在任何给定时间都是一个随机模型,所以使用该模型所做的预测应该在随机/统计的基础上进行,除非这个过程可以被认为在绘制的球中遍历。

在目前的研究中,通过以下方法可以为上述每个情况生成 1 000 个模拟集合。

i. 在区间内生成 n 个均匀分布的随机数[11,20]。(假设这 n 个数字对应于监测/检查预应力损失的 PSC 梁)。

ii. 通过将这些梁的实际预应力损失与相应允许预应力损失(计算)进行比较,确定黑色球数量(B)和白色球数量(W)。其中,B 为实际预应力损失小于允许预应力损失的监测梁数;W 为实际预应力损失大于允许预应力损失的监测梁数。

iii. 利用式(5)($p = k/N \times 100$，$W_M = p/100 \times N = k$；$B_M = N - k$，$N = 16$)计算 k($k = 1, \cdots, N$)时梁的预应力损失大于允许值的概率(Pr_k)。

iv. 用下式计算至少 m 根梁的预应力损失超过大于预应力损失的概率(PR_m)：

$$PR_m = 1 - \sum_{k=1}^{m-1} Pr_k \tag{9}$$

v. 重复步骤 i ~ iv 1 000 次，计算 Pr_k 和 PR_m 的统计性质，即均值($E[.]$)、标准差($SD[.]$)和变异系数($COV[.]$)。

$$E[Pr_k] = \frac{\sum_{i=1}^{1\,000} Pr_k(i)}{1\,000} ; SD[Pr_k] = \sqrt{\frac{1}{1\,000} \sum_{i=1}^{1\,000} (Pr_k(i) - E[Pr_k])^2}$$

$$COV[Pr_k] = \frac{SD[Pr_k]}{E[Pr_k]} \tag{10}$$

$$E[PR_m] = \frac{\sum_{i=1}^{1\,000} PR_m(i)}{1\,000} ; SD[PR_m] = \sqrt{\frac{1}{1\,000} \sum_{i=1}^{1\,000} (PR_m(i) - E[PR_m])^2}$$

$$COV[PR_m] = \frac{SD[PR_m]}{E[PR_m]} \tag{11}$$

式中，$Pr_k(i)$ 和 $PR_m(i)$ 分别为步骤 iii 和步骤 iv 中计算第 i 个仿真周期的 Pr_k 和 PR_m 值。

在上述四种情况下，由式(10)计算出预应力损失大于允许预应力损失梁数的概率期望值，如图8所示。由图8可以看出，随着 n 的减小，分布趋于均匀。还可以注意到，当 $n = 10$ 时，概率的峰值对应于4根预应力损失大于允许预应力损失的梁，这与4根 PSC 梁预应力损失大于允许预应力损失的实际值相同。

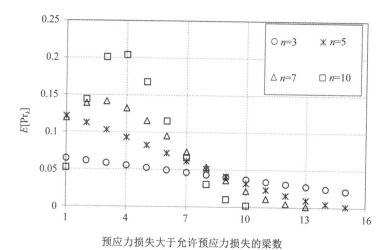

图8　预应力损失大于允许预应力损失的梁数的期望概率

由式(11)计算预应力损失大于允许预应力损失时梁最小数目的概率期望值如图9所示。由图9可以看出，随着可用信息的增加，当梁的最小数目小于4时，概率值增大（这是实际中梁的预应力损失大于允许的数目），当梁的最小数目大于4时，概率值减小。在四种情况下，至少有四根梁的预应力损失超过允许值的概率期望值，其值约为0.40。

在这四种情况下，由式(11)计算得到的预应力损失大于允许预应力损失时梁最小数目的概率标准差(SD)如图 10 所示。由图 10 可以看出,当 $n=3$ 时,标准差值最高,当 $n=10$ 时,标准差值最低,即随着可用信息的增加,预测的不确定性降低。这表明,对要监测的梁的数目选择是很重要的。因此,考虑到桥梁的功能和现有的财政资源,有必要制定准则来选择要监测的梁的数目。这可以通过建立风险矩阵来实现,类似于在选择桥梁检查间隔时考虑失效可能性和后果[8]。

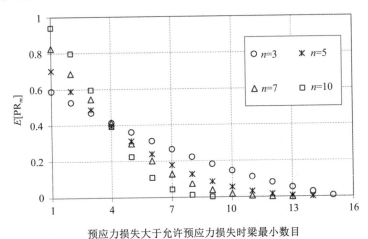

图 9 预应力损失大于允许预应力损失时梁最小数目的概率期望值

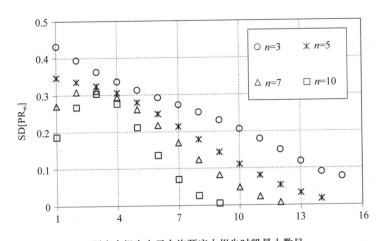

图 10 预应力损失大于允许预应力损失时梁最小数目的概率标准差

对要监测梁的数目选择可做如下规定:

(1)考虑预应力损失影响的临界极限状态,对其中一根相似的 PSC 梁进行可靠性评估,并确定相应的失效概率。

(2)利用表 3 确定主梁的发生因子类别。

(3)根据梁的破坏后果,利用表 4 确定结果因子(CF)类别。

(4)根据表 5 所示的风险矩阵,利用步骤 ii 和步骤 iii 所确定的类别继续分析要监测的梁的数量。

风险矩阵是在工程判断的基础上建立的。概率的期望值（$E^{[PR_1]}$）和概率的方差（$COV^{[PR_1]}$）至少在一根钢梁的预应力损失中超过允许的损失值。

表3　发生因子量表[8]

层级	分类	描述	可能性（失效概率）
1	非常低	失效基本上不可能发生	≤1/10 000
2	低	低发生概率	1/1 000 ~ 1/10 000
3	中等	中度发生概率	1/100 ~ 1/1 000
4	高	高发生概率	>1/100

表4　结果因子量表[8]

层级	分类	安全影响	服务能力影响	描述
1	低	无	微小	对服务能力有轻微影响,对安全没有影响
2	中等	微小	中等	对服务能力有适度影响
3	高	中等	主要	对安全有小影响
4	严重	主要	主要	对服务能力有主要影响

表5　根据所监测梁的最小数目选择的风险矩阵

发生因子	4	Ⅲ	Ⅱ	Ⅰ	Ⅰ
	3	Ⅲ	Ⅱ	Ⅱ	Ⅰ
	2	Ⅲ	Ⅲ	Ⅱ	Ⅱ
	1	Ⅳ	Ⅲ	Ⅲ	Ⅱ
		1	2	3	4
	结果因子				

注：Ⅰ—60%；Ⅱ—50%；Ⅲ—40%；Ⅳ—30%。它们是不同风险情境下需要监测的梁的最小数目。

$E[PR_1]$ 和 $COV[PR_1]$ 随监测梁百分比的变化如图11所示。由图11可以看出,当对60%的主梁进行监测时,$E[PR_1]$ 接近0.95,$COV[PR_1]$ 约为20%。这与16根钢梁的实际预应力损失测量结果一致,其中4根钢梁的预应力损失超过了允许范围。$E[PR_1]$ 随监测梁的百分比从60%增加,增幅很小。因此,对于高风险场景(具有"高风险"类别和"严重"类别),需要监测60%的梁。然而,对于一个非常低风险的场景(具有"远程"类别和"低风险"类别),监视30%的主梁就足够了,它的 $E[PR_1]$ 为0.71。然而,当监测梁的百分比小于30%时,$E[PR_1]$ 显著降低。要监测其他风险情况下梁的百分比可以取这两个值之间(即低风险情况为30%,高风险情况为60%)。

值得注意的是,表5中给出的风险矩阵是基于至少有一根梁的预应力损失超过允许值概率的期望值和方差而建立的。类似的矩阵可以考虑其他情况,如至少10%的梁预应力损

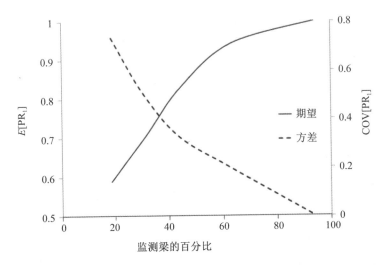

图11 至少有一根梁的预应力损失大于允许值的概率期望和方差

失超过允许值的概率。

假设我们对概率的期望值感兴趣,即至少有一半的梁(本例中为 8 根)的预应力损失要超过允许值。由图 9 可知,$n = 3$、5、7、10 的概率期望值分别为 22.2%、12.7%、7.5% 和 1.2%。因此,在信息有限的情况下使用程序表明,桥梁中超过一半的梁预应力损失超过允许损失的概率至少为 1%。这类信息将有助于做出详细检查主梁的决定。

6 总结

本文提出了一种基于 Polya Urn 模型的方法,利用有限数量梁的应变监测数据,评估桥梁系统中 PSC 梁的预应力损失。假设桥梁系统中所有梁都暴露在名义相似环境中,整个桥梁系统中梁的数量远远大于监测到的梁的数量。该程序可用于监测桥梁系统中随机选取的梁的数据。我们以一座由 100 根 PSC 主梁组成的桥梁为例来说明该方法的有效性。不同场景下得到的不同概率值表明,该模型考虑了可用信息的价值。以实际工程为例,我们将所提出的方法用于梁的预应力损失评估,并与梁的实际性能进行比较。结果表明,所做的预测与预应力损失的实际观测结果是一致的。进一步地,我们还提出了选择监测梁数的准则。

参考文献

[1] BAZANT Z P, HUBLER M H, YU Q. Pervasiveness of excessive segmental bridge deflections: wake – up call for creep [J]. ACI Structural Journal, 2011, 108(6): 766 – 774.

[2] SÁNCHEZ – SILVA M, FRANGOPOL D M, JAMIE PADGETT J, et al. Maintenance and operation of infrastructure systems: review[J]. Journal of Structural Engineering, 2016, 142 (9): 1 – 12.

[3] SCHÖBI R, CHATZI E N. Maintenance planing using continuous – state partially observable Markov decision processes and non – linear action models [J]. Structure and Infrastructure Engineering, 2016, 12(8): 977 – 994.

[4] SALIYA M M. Case study on launching of PSC box girders in mass rapid transit system(MRTS) elevated structures[R]. Pune: Indian Railway Institute of Civil Engineering, 2008.

［5］ BALAJI RAO K,APPA RAO T V S R. A methodology for condition assessment of RC girder with limited inspection data［J］. The Bridge and Structural Engineer,Ing – IABSE,1999,29 (4):13 – 26.

［6］ ANTAL T,BEN – NAIZ E,KRAPIVSKY P V. First – passage properties of the polya urn process［J］. Journal of Statistical Mechanics:Theory and Experiment,2010:7 – 9.

［7］ MAHMOUD H M. Polya urn models［M］. Boca Roston:CRC Press,2000.

［8］ NCHRP. Proposed guideline for reliability – based bridge inspection practices［R］. Washington:NCHRP Report 782,National Academy of Sciences,2014.

［9］ SWARTZ B D,SCANLON A,SCHOKKER A J. AASHTO LRFD bridge design specifications provisions for loss of prestress［J］. PCI Journal,2012:108 – 132.

［10］ GARBER D B,GALLARDO J M,DESCHENES D J,et al. Prestress loss database for pretensioned concrete members［J］. ACI Structural Journal,2016,113(2):313 – 324.

［11］ KESAVAN K,RAVISANKAR K,PARIVALLAL S,et al. Technique to assess the residual prestress in prestressed concrete members［J］. Experimental Techniques,2005,29(5):33 – 38.

［12］ BARR P,HALLING M,BOONE S,et al. UDOT's calibration of AASHTO's new prestress loss design equations［M］. Logan,UT:Utah State University,2009.

［13］ COUSINS T E. Investigation of long – term prestress losses in pretensioned high performance concrete girders［R］. Charlottesville:Virginia Transportation Research Council,2005.

［14］ ROLLER J J,RUSSELL H G,BRUCE R N,et al. Evaluation of prestress losses in high – strength concrete bulb – tee girders for the Rigolets Pass Bridge［J］. PCI Journal,2011:110 – 134.

［15］ YANG Y,MYERS J J. Prestress loss measurements in Missouri's first fully instrumented high – performance concrete bridge［J］. Transportation Research Record:Journal of the Transportation Research Board,2005:118 – 125.

［16］ ACI 4［23］Guide to estimating prestress loss［R］. ACI 423. 10R – 16,joint ACI – ASCE committee 4［23］American Concrete Institute,MI,48331,2016.

［17］ ABDEL – JABER H,GLISIC B. Monitoring of long – term prestress losses in prestressed concrete structures using fiber optic sensors［R］. Structural Health Monitoring,2018.

［18］ KAMATCHI P,BALAJI RAO K,DHAYALINI B,et al. Long – term prestress loss and camber of box girder bridge［J］. ACI Structural Journal,2014,111(6):1297 – 1306.

［19］ RAVISANKAR K,SREESHYLAM P,PARIVALLAL S,et al. Final project report on health monitoring of a flyover bridge at Visakhapatnam port trust for the extended period［R］. Sponsored Project Report No. EML – SSP 05741 – 6,CSIR – SERC,2008.

［20］ AASHTO. AASHTO LRFD bridge design specifications［R］. Washington,DC:American Association of State Highway and Transportation Officials,2012.

［21］ GARBER D,GALLARDO J,DESCHENES D,et al. Effect of new prestress loss estimates on pretensioned concrete bridge girder design［M］. London:Springer,2012.

地震下随机动力荷载作用的结构元模型
可靠性分析

Subrata Chakraborty , Atin Roy , Shyamal Ghosh , Swarup Ghosh

摘要 基于蒙特卡罗仿真(MCS)的结构可靠性分析(SRA)方法使得结构安全评估更加现实。然而,它涉及大量的结构动态分析,使其在计算上具有挑战性。元模型技术在这方面是有用的。本文分别用多项式响应面法、人工神经网络法、克里格法和支持向量回归机等多种元模型方法对随机动力荷载作用下的非线性动力响应和结构可靠性进行了分析,并着重讨论了地震荷载作用下的非线性动力响应。在此过程中,元模型被直接构造为随机荷载在每个响应处的近似值。在没有额外计算量的情况下,该方法不需要预先假定结构响应,一旦获得了元模型,就可以通过获得输入参数的随机样本,同时可以从元模型集合中随机选择元模型来轻松地执行蒙特卡罗仿真。元模型的随机选择考虑了地震的随机性质,紧跟着传统的概念反映了地表运动的记录变化。数值仿真结果表明,直接响应近似方法在非线性动力响应近似和各种元模型可靠性后续估计中的有效性与准确性。

1 介绍

各种工程系统在随机环境下运行,如大气与边界层湍流、射流噪声激发的航空航天系统,轨道感应振动下的飞机和车辆结构、地震和风力作用下的地基系统、风浪荷载作用下的海洋结构系统等,以及表征这些荷载的物理变量(如风速、噪声场、轨道剖面、地震动、海浪等)在空间和时间上都随机变化。除此之外,地震、风和海洋风暴等随机事件的发生还存在大量不确定性,需要考虑到屡次突破记录的变化,并以此来捕捉载荷的随机性质。另外,现实的结构安全评估也需要考虑到结构的非线性行为及其参数的不确定性。随机结构动力学研究了此类荷载作用下的响应不确定性量化问题。具体地说,随机动态分析的任务是捕获内力、变形或任何其他感兴趣的响应,以此了解系统的行为。此外,人们有兴趣研究结构响应是否满足特定限制,这通常被称为可靠性评估。

基于计算技术的随机荷载下不确定度量化需要进行详细的工程分析,严格考虑涉及随机荷载和结构特性的不确定度。随机荷载作用下的结构可靠度分析问题,本质上是以极限状态函数作为能力与需求的时间域求得可靠度。这里需要指出的是,原则上能力和需求都是随时间而变化的。传统的随机振动理论[1-4]包含一个结构可靠性分析远交问题的解,其中动态载荷被描述为一个随机过程。基于频域的线性响应假设解决了交叉问题,它为弹性范围内结构响应的概率性质提供了有用的信息。该方法依赖于随机过程的频谱,这种频谱通常是通过统计平均得到的。该方法得到的响应变异性明显小于考虑一组随机载荷时的响应变异性[5]。频域方法是基于结构的线性行为,需要在分析中考虑非线性行为时,其不适用于结构可靠性分析。但在许多情况下,考虑超弹性范围结构的能量耗散能力,需要获得结构在极端罕见情况下的非线性响应。因此,考虑非线性响应特性的可靠性评估具有重要意义。在这种情况下,结构可靠性分析问题通常被简化为在整个荷载持续时间内,结构的最大响应允许超过的阈值响应[6]。极限状态函数可简化为

$$g(\boldsymbol{X}) = \min_t C(\boldsymbol{X}_{C,t}) - D(\boldsymbol{X}_{D,t}) \tag{1}$$

式中,$\boldsymbol{X}_C$ 和 $\boldsymbol{X}_D$ 分别为容量变量和需求变量的向量;t 为时间参数。可以注意到,式(1)定义的极限状态函数通过考虑其在整个加载期间的最小值来去除时间变量。因此,结构可靠性分析需要对上述简化的极限状态函数进行失效概率估计,其数学表达式如下:

$$P_f = \int_{g(\boldsymbol{X}) \leq 0} f_X(\boldsymbol{X}) \, \mathrm{d}\boldsymbol{X} \tag{2}$$

在上述多维积分中,$f_X(\boldsymbol{X})$ 是 $\boldsymbol{X}$(包含 $\boldsymbol{X}_C$ 和 $\boldsymbol{X}_D$ 的 n 维向量)的联合概率密度函数(pdf)。一般来说,这个积分的精确计算是困难的,通常需要使用各种近似方法。其中,最简便的方法是蒙特卡罗仿真(MCS)技术。这种方法概念简单,但最准确。此外,它不需要假设涉及结构可靠性分析问题中极限状态函数的概率密度函数性质。但将蒙特卡罗仿真应用于结构可靠性分析的主要问题是需要对结构进行重复的非线性动力分析(NLDA)来生成样本响应集合[7]。因此,用高效的计算方法获得具有理想精度的复杂结构整体响应是非常重要的。在这方面,我们认为元模型方法是一种方便的替代方法。

基于多项式响应面法(P-RSM)的结构可靠性分析元模型化方法在蒙特卡罗仿真技术框架下的应用最为广泛。自它成立以来[8],响应面法领域的发展引人注目。Faravelli[9]介绍了响应面法在结构可靠性分析中的应用,后续通过计算技术处理涉及复杂结构响应分析的隐式性能函数尤为值得注意[10-13]。响应面法在解决非时变的结构可靠性分析问题中得到了广泛的应用。然而,应用于时间相关问题,特别是涉及非线性动态响应近似的结构可靠性分析,则不是这样。此外,在大多数研究中应用的P-RSM基于最小二乘法(LSM)。但是,这种方法可能无法有效地抑制局部区域内的响应行为。各种新兴的自适应元模型方法提高了响应预测能力,如人工神经网络(人工神经网络)[14]、克里格[15]、多项式混沌扩展(PCE)[16]和支持向量机(SVM)[17]等方法。在这方面,Kroetz等人研究的各种元模型的相对性能值得注意。基于移动最小二乘法(MLSM)的响应面法[19,20]、人工神经网络[21]、克里格[22]、支持向量机[23]等也尝试了在随机地震荷载下的结构可靠性分析。这些方法主要应用双响应面法来获得预测结构响应均值及其标准差(SD)的元模型,然后根据总体地震响应的对数正态分布假设进行可靠性评估。然而,在不增加计算量的情况下,我们直接获得了结构的元模型,而不是使用通常的双响应面法[24],以近似考虑每个随机荷载向量的结构响应。这里我们讨论了在随机动力荷载作用下,以地震荷载为重点的各种元模型技术。为了便于介绍,将五种元模型方法(即基于最小二乘法和基于移动最小二乘法的多项式响应面法、克里格、人工神经网络和基于支持向量回归(SVR)的元模型方法)分别记为最小二乘法-响应面法、移动最小二乘法-响应面法、K-响应面法、人工神经网络-响应面法和支持向量回归机-响应面法。一旦元模型被开发出来,就可以很容易地对结构可靠性分析执行蒙特卡罗仿真,使用相关概率密度函数获得输入参数随机样本,并从相应容器中随机选择元模型。随机选择元模型假设每个给定强度的地震都可能以相同的概率发生。这隐含地考虑了地震的随机性质,密切遵循传统的概念来反映地震运动的变化,从数值上说明了各

种元模型动态响应近似和可靠性分析的精度。

2　元模型框架中蒙特卡罗仿真对结构的可靠性分析

在蒙特卡罗仿真方法中,由式(1)得出的结构失效概率为

$$P_f = \iint I[g(\boldsymbol{X})] f_X(\boldsymbol{X}) \mathrm{d}\boldsymbol{X} \tag{3}$$

式中,$I[g(\boldsymbol{X})]$为一个指示函数,当$g(\boldsymbol{X}) < 0$时,它的值为1,否则为0。通常需要通过计算模型获得结构的响应,然后用该结构响应阈值来评估极限状态函数,其失效概率近似为

$$P_f = \frac{1}{N_{\mathrm{sim}}} \sum_{i=1}^{N_{\mathrm{sim}}} I[g(X_i)] \tag{4}$$

式中,X_i为第i个样本。在蒙特卡罗仿真框架中,通过构建直接模拟极限状态且隐藏极限状态函数的代理模型来估计失效概率。这里需要注意的是,通过元模型方法的结构可靠性分析不像静态或确定性动态负载下的结构可靠性分析那么容易。这是由于随机动力载荷具有高维性质的情况下,为正确描述输入－输出关系所涉及的输入将非常大。为了克服这个问题,基于随机因素的响应面法[6]将输入分为两组,即随机负载组和其他不确定系统参数组。基于相似的概念,结构可靠性分析在随机动力荷载作用下通常采用双重响应面法[19,20,24,25]。通过考虑随机动态负载的集合,可以间接表示随机动态负载的变化。根据试验设计(DOE),考虑组内的所有负载向量求得各点的响应,并据此求得响应的均值和标准差,最后响应是根据响应的适当统计分布假设得到的。然而,在没有额外计算量的情况下,可以由此得出直接响应近似。该方法不要求在响应近似前假定概率分布,否则它将是双响应面法的先决条件。为了更好地说明所提出的直接响应近似法,本文首先简要讨论对偶响应面法。

2.1　响应近似的对偶响应面法

在对偶响应面法中,首先在试验设计点获得所有荷载矢量的响应,以考虑随机动力荷载的不断变化;然后,得到给定最大负载时的平均值μ_Y和标准差SD、y的响应σ_Y。由此得到预测平均响应的响应面及其标准差值为

$$\mu_Y \cong g(\boldsymbol{x}), \sigma_Y \cong h(\boldsymbol{x}) \tag{5}$$

一旦构造了μ_Y和σ_Y的元模型,即$g(\boldsymbol{x})$和$h(\boldsymbol{x})$,就可以在兴趣响应量的对数正态假设下得到最终的总体响应。

2.2　直接响应近似法

本研究试图直接建立元模型来模拟试验组中各随机负荷向量的响应,以代替通常的对偶响应面法,即得到随机负荷k次实现的元模型为

$$y_k = g_k(\boldsymbol{x}), k = 1, 2, \cdots, m \tag{6}$$

一旦获得了盒中所有m次负载的响应面,就可以根据相关pdf中的模拟输入参数直接应用蒙特卡罗仿真方法,并以随机的方式从盒中选择元模型。这隐含地考虑了负载的记录变化,以考虑负载的随机性。值得注意的是,与对偶响应面法不同,本文提出的响应近似法没有结构响应的先验假设。然而,这样做时,通常的对偶响应面法和直接响应近似法所需要的非线性动力分析总数保持不变。值得注意的是,对偶响应面法获得了任何响应的平均值以及它在"p"点处的标准差值,并对所有试验设计点重复进行。因此,对于m个输入负载

向量数本,非线性动力分析运行的数量为($p \times m$)。然而,该方法首先在所有试验设计点上执行非线性动力分析,以获得套件中每个输入负载向量的响应,从而获得相关的元模型,并对套件中的所有输入负载向量重复该过程,以构建 m 个元模型。因此,对于这两种方法,非线性动力分析运行的必要性是相同的。然而,本文所提出的非线性动力直接响应近似法并不涉及近似响应分布的假设,这与通常采用的对偶响应面法不同。式(6)的响应近似值取决于随机荷载的特定大小。但是,在许多情况下,研究人员有兴趣评估结构在不同荷载(如不同的风速、地面峰值加速度或波浪高度等)下的安全性。这需要在不同负载级别上重复元模型的生成。这需要一组新的试验设计数据,包括每个强度级别的另一组非线性动力分析。因此,对不同的强度进行结构可靠性分析是计算密集型的。为了避免这种情况,在响应预测模型[25,26]中,将荷载的最大值即强度测度(intensity measure,IM)作为预测因子之一,将式(5)修改为

$$y_k = g_k(\boldsymbol{x}, \mathrm{IM}) = g_k(\boldsymbol{x}) \tag{7}$$

现在,向量 $\boldsymbol{X}$ 包含了系统参数($\boldsymbol{x}$)和强度测度(IM)。强度测度值表示对其不同值执行结构可靠性分析的负载强度。因此,这个过程取决于系统参数和强度测度,而不是临时的特定负载大小。所以,对于不同量级的结构可靠性分析,只需要在蒙特卡罗仿真算法执行阶段通过调节强度测度变量来执行即可。

3 不同的元模型生成方法

本文研究了随机动力荷载作用下的结构可靠性分析的最小二乘法－响应面法、移动最小二乘法－响应面法、K－响应面法、人工神经网络－响应面法和支持向量回归机－响应面法等元模型对直接响应近似法的比较和评价,下面将简要讨论这些元模型技术。

3.1 基于最小二乘法的响应面法

响应面法主要通过经验模型揭示输入量与目标输出之间的内在联系。通常,输出由一个简单的函数(大部分是多项式)表示,并且通过最小化试验设计点处预测响应的平方和误差来获得响应预测函数所涉及的系数[27]。假设用响应面法表示第 k 个负载向量的隐式响应 y_k。在试验设计中,x_i^l 表示第 i 个输入 x_i 的给定值,y_k^l 是施加第 k 个负载向量时相应的输出。在响应面法中,输出和输入之间的关系通常用二次多项式形式表示为

$$y_k = \beta_0 + \sum_{i=1}^{n} \beta_i x_i + \sum_{i=1}^{n} \sum_{j=1}^{n} \beta_{ij} x_i x_j \tag{8}$$

式中,参数 β_0、β_i 和 β_{ij} 的多项式系数是未知的,需要通过适当拟合数据来获得。最小二乘法通常用于根据所选择试验设计方案获得的数据进行拟合,该方案最小化误差范数如下:

$$L = \sum_{i=1}^{p} \left(y_k^l - \beta_0 - \sum_{i=1}^{n} \beta_i x_i^l - \sum_{i=1}^{n} \sum_{j=1}^{n} \beta_{ij} x_i^l x_j^l \right)^2 = (\boldsymbol{y} - \boldsymbol{X}\boldsymbol{\beta})^T (\boldsymbol{y} - \boldsymbol{X}\boldsymbol{\beta}) \tag{9}$$

为了获得 $\boldsymbol{\beta}$,应使用最小二乘和获得的系数向量来估算,即

$$\boldsymbol{\beta} = [\boldsymbol{X}^T \boldsymbol{X}]^{-1} \{\boldsymbol{X}^T \boldsymbol{y}\} \tag{10}$$

一旦从式(10)中得到未知系数,则可方便地从公式(7)中得到新的输入组合,从而得到盒中第 k 个负荷向量的响应 y_k。

3.2 基于移动最小二乘法的响应面法

本质上,移动最小二乘法－响应面法是一个加权的最小二乘法,它建立了响应的局部

近似值。插值多项式系数 β 的任何位置域都是使用权重函数得到的。权重函数在近似值附近被很好地定义，并且权重函数的值随距离增加而减小。现在重新定义最小二乘函数 $L_y(x)$，其涉及的权重函数如下：

$$L_y(x) = \sum_{i=1}^{p} w_i \varepsilon_i^2 = (\boldsymbol{y} - \boldsymbol{X\beta})^T W(x)(\boldsymbol{y} - \boldsymbol{X\beta}) \tag{11}$$

式中，$W(x)$ 为权重函数。我们可以看出，移动最小二乘法的精度很大程度上取决于 $W(X)$ 的选择。这里使用的是结构可靠性分析常用的权重函数[28]，即

$$W(x) = \begin{cases} \dfrac{\mathrm{e}^{-(x/cD)^{2k}} - \mathrm{e}^{-(1/c)^{2k}}}{1 - \mathrm{e}^{-(1/c)^{2k}}}, & x < D \\ 0, & \text{其他} \end{cases} \tag{12}$$

式中，D 为兴趣点到计算权重试验设计点的欧氏距离，在试验设计点中，D 是被训练的半球直径；c 和 k 是两个自由参数，需要仔细选择以提高效率。我们可以通过最小化修改后的最小二乘估计量 $L_y(x)$ 得出系数 $\beta(x)$，即

$$\beta(x) = [\boldsymbol{x}^T W(x)\boldsymbol{x}]^{-1}\boldsymbol{x}^T W(x)\boldsymbol{y} \tag{13}$$

对于拟合良好的元模型，通过对实际复杂结构进行大量的有限元分析，将实际拟合量降至最小，从而获得权重函数参数的最佳选择。因此，参数是基于试验设计点上的可用响应获得的，这样可以避免额外的计算成本。为此，以广义均方根误差（root-mean-squared error，GRMSE）代替，采用遗漏交叉验证法得到广义均方根误差，即

$$\text{GRMSE} = \sqrt{\frac{1}{p}\sum_{i=1}^{p}(f_i - \hat{f}_i^{\,i-1})^2} \tag{14}$$

式中，p 为样本量；$\hat{f}_i^{\,i-1}$ 是除了第 i 个示例外基于所有的采样点获得模型后在第 i 个样本点的预测响应；f_i 代表从非线性动力分析获得相关系统数值模型的第 i 个样本点后实际的响应。

3.3 基于人工神经网络元建模

神经网络是目前最流行的一种启发式计算方法，可以将它看作一种遵循人脑神经结构的模型，或一种简单表示生物神经系统的数学思想。基本上，人工神经网络提供了输入 $\boldsymbol{X} = (x_1, x_2, \cdots, x_n)$ 与输出 $\boldsymbol{Y} = (y_1, y_2, \cdots, y_n)$ 之间的数学关系，即 $f: \boldsymbol{X} \to \boldsymbol{Y}$，其中 f 表示函数关系。一般来说，一个人工神经网络结构有多个层次，而每层都有多个神经元，更多细节可以在相关文献见到[29]。本文提出一种多层前馈神经网络结构，并通过反向传播算法对其进行训练。第 k 个负荷向量的元模型可以表示为 $y_k = g_k(\boldsymbol{X})(k = 1, 2, \cdots, m)$。在一般人工神经网络算法下，对于响应 $y(\boldsymbol{X})$ 的估计函数 $g_k(\boldsymbol{X})$ 可以表示为

$$g_k(\boldsymbol{X}) = y_k(\boldsymbol{X}) = f\left(\sum_{m=0}^{J} W_{kj} f\left(\sum_{i=0}^{N} W_{ji}\right)\right) \tag{15}$$

式中，$y_k(\boldsymbol{X})$ 为输入向量 x 从非线性动力分析得到的响应；$g_k(\boldsymbol{X})$ 为人工神经网络近似值；f 为指定的传递函数；W_{kj}、W_{ji} 为权值。人工神经网络的开发包括确定其拓扑结构，对其进行训练，最后进行交叉验证和测试，并将整个训练数据适当地划分为三个部分。拓扑分析过程涉及确定隐藏层的数量和每层的神经元数量，这基本上是一个反复试验的过程。这里我们采用的是结构可靠性分析中常用的反向传播训练算法。该算法主要是将误差反复最小化，直到神经网络的输出达到目标值，即达到期望的精度。在完成人工神经网络架构后，将它们与结构可靠性分析的蒙特卡罗仿真算法进行连接。这个过程很简单，即为人工神经网络模型中的所有变量生成一组随机样本，并通过调用训练过的人工神经网络模型对极限

状态函数进行评估[30]。

3.4 克里格元建模

克里格模型是一种插值方法,其基本原理是利用数据样本的响应值之间存在空间相关性。系统第一次加载时的响应与输入变量之间的关系可以用克里格插值表示为[31]

$$y_k(X) = f(X)^T \beta + Z(X) \tag{16}$$

式中,$f(X)$ 为基函数和的 L 个向量,向量包含未知系数 β;随机过程 $Z(X)$ 是具有零均值和协方差 $COV(X^i, X^j) = \sigma^2 R(X^i, X^j)$ 的高斯函数,这里 σ_2 和 $R(X^i, X^j)$ 分别代表随机过程的方差和相关性[5]。在式(16)中,$f(X)^T\beta$ 描述了一个模型的随机输入变量,且类推于上节中讨论的 P – 响应面法。随机过程 $Z(X)$ 模型的偏差从 $f(X)^T\beta$ 输出中响应。

对于某一试验设计,生成一组试验点,即 $S = [S_1, \cdots, S_P]^T$。试验设计点的确定性输出为 $Y_S = [y(S_1), \cdots, y(S_p)]^T$。回归问题 $F\beta \simeq Y_S$[32] 的广义最小二乘解为[32]

$$\hat{\beta} = (F^T R^{-1} F)^{-1} F^T R^{-1} Y_S \tag{17}$$

方差估计为

$$\hat{\sigma}^2 = \frac{1}{p}(Y_S - F\hat{\beta})^T R^{-1}(Y_S - F\hat{\beta}) \tag{18}$$

式中,$F = [f(S_1), \cdots, f(S_p)]^T$ 是尺寸为 $(p \times L)$ 的设计矩阵;$R = \{R(S_i, S_j)\}(1 \leq i, j \leq p)$ 为 Z 在试验设计点处的随机过程相关矩阵。为了简便起见,这里考虑以下一维乘积相关模型:

$$R(X^i, X^j) = \prod_{k=1}^{n} R_k(X_k^i - X_k^j) \tag{19}$$

式中,X_k^i 和 X_k^j 分别表示 X^i 和 X^j 的第 k 维;n 表示输入空间的维数。最常用的相关函数形式如下:

$$R(\theta, X^i, X^j) = \prod_{k=1}^{n} \exp(-\theta_k |X_k^i - X_k^j|^m) \tag{20}$$

式中,$0 < m \leq 2$,如果 $m = 2$,则称为高斯相关函数(均方意义上具有无穷可微路径的随机过程),适用于响应解析。最后,得到响应的最佳线性无偏预测为

$$\hat{y}(X) = f(X)^T \hat{\beta} + r(X)^T R^{-1}(Y_S - F\hat{\beta}) \tag{21}$$

在上述例子中,$r(X) = [R(S_1, X), \cdots, R(S_P, X)]^T$ 是设计点 Z 与未尝试过的输入兴趣点 X 之间的相关向量。上面描述的基于克里格元模型可以用 DACE 工具箱轻易实现[32]。为了估算 $\hat{\beta}$ 和 $\hat{\sigma}^2$,使用式(17)和(18),需要选择相关函数的第一个参数(θ)。参数的最优选择($\hat{\theta}$)获得的最大似然估计值通过最小化 $\psi(\theta) = |R(\theta)|^{1/p} \sigma(\theta)^2$ 和 DACE 的 dacefit 算法工具箱可以找到指定域的局部最小值[31,32]。

3.5 基于支持向量回归机的元模型

对于用于结构可靠性分析的支持向量回归机,其基本概念可以通过考虑训练数据集 $\{(x_1, y_1), (x_2, y_2), \cdots, (x_p, y_p)\}$ 获得某种分布:$P(x, y)(x \in R^n, y \in R)$。现在,让我们考虑一组函数,$F = \{f(x, w), w \in \Lambda | f: R^n \to R\}$,$\Lambda$ 是一组参数,w 是需要确定的未知参数向量。将空间 R^n 中的一个点映射到空间 R 上,那么回归就是期望风险最低的函数 $f \in F$,得到

$$R(f) = \int e(y - f(x, w)) dP(x, y) \tag{22}$$

式中,$e(y - f(x, w))$ 为一个误差函数,在支持向量回归机中定义为

$$e(y - f(\boldsymbol{x}, \boldsymbol{w})) = \max\{0, |y - f(\boldsymbol{x}, \boldsymbol{w})| - \varepsilon\}, \varepsilon > 0 \tag{23}$$

如果 $f(\boldsymbol{x}, \boldsymbol{w})$ 和 y 之间的差额小于 ε，那么以上的 ε – insensitive 损失函数可以忽略错误，更多的细节可以在文献[33]中看到。支持向量回归机中的函数 f 是通过线性或非线性回归得到的。

3.5.1 用于线性回归的支持向量回归机

在线性支持向量回归机中，函数为 $f(\boldsymbol{x}) = <\boldsymbol{w} \cdot \boldsymbol{x}> + \mathrm{b}$，其中 $<\boldsymbol{w} \cdot \boldsymbol{x}>$ 表示点积。如果这样的函数可以适当近似 $y_i \pm \varepsilon$ 以内所有的样品，则以下优化问题可得到其参数 w：

$$\text{Minimize } \frac{1}{2} \| \boldsymbol{w} \|^2 \text{ Subject to}, \begin{cases} y_i - \langle \boldsymbol{w} \cdot \boldsymbol{x}_i \rangle - b \leqslant \varepsilon \\ \langle \boldsymbol{w} \cdot \boldsymbol{x}_i \rangle + b - y_i \leqslant \varepsilon \end{cases} \tag{24}$$

然而，这可能并不适用于所有的训练数据，通过允许一些错误的划分，我们希望对式(24)留有一定的裕度。因此，通过引入两个松弛变量 ξ_i、ξ_i^*（如图1），提出如下修正优化问题[33-35]，其中 C 为正则化常数。

$$\text{Minimize } \frac{1}{2} \| \boldsymbol{w} \|^2 + C \sum_{i=1}^{p} (\xi_i + \xi_i^*) \text{ Subject to}, \begin{cases} y_i - \langle \boldsymbol{w} \cdot \boldsymbol{x}_i \rangle - b \leqslant \varepsilon + \xi_i \\ \langle \boldsymbol{w} \cdot \boldsymbol{x}_i \rangle + b - y_i \leqslant \varepsilon + \xi_i^* \\ \xi_i, \xi_i^* \geqslant 0 \end{cases} \tag{25}$$

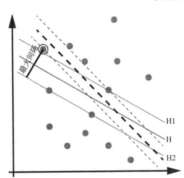

图1 线性支持向量回归机松弛变量

通过应用 Karush – Kuhn – Tucker(KKT)条件得到相关的拉格朗日函数，拉格朗日乘数法的优化问题 (α_i, α_i^*) 可以表示为[33,34]

$$\text{Maximize} - \frac{1}{2} \sum_{i=1}^{p} \sum_{j=1}^{p} (\alpha_i - \alpha_i^*)(\alpha_j - \alpha_j^*)\langle \boldsymbol{x}_i \cdot \boldsymbol{x}_j \rangle - \varepsilon \sum_{i=1}^{p} (\alpha_i + \alpha_i^*)$$

$$+ \sum_{i=1}^{p} y_i(\alpha_i - \alpha_i^*) \text{ Subjected to}, \begin{cases} \sum_{i=1}^{p} (\alpha_i - \alpha_i^*) = 0 \\ \alpha_i, \alpha_i^* \in [0, C] \end{cases} \tag{26}$$

权值因子和近似函数为

$$\boldsymbol{w} = \sum_{i=1}^{p} (\alpha_i - \alpha_i^*)\boldsymbol{x}_i, f(\boldsymbol{x}) = \sum_{i=1}^{p} (\alpha_i - \alpha_i^*)\langle \boldsymbol{x}_i \cdot \boldsymbol{x} \rangle + b \tag{27}$$

3.5.2 用于非线性函数的支持向量回归机

非线性回归的关键思想是将输入 $\boldsymbol{x}$ 映射到空间 $\boldsymbol{z}$, $\boldsymbol{z}$ 是一个高维特征空间。从概念上讲，这可以由一个函数 $\boldsymbol{\Phi}(\boldsymbol{x})$ 代表，即 $\boldsymbol{z} = \boldsymbol{\Phi}(\boldsymbol{x})$，相关解释如图2所示。然后，在空间 $\boldsymbol{z}$ 中进

行线性回归的求解[33-35]。因此,线性支持向量回归机优化问题的点积$\langle \boldsymbol{x}_i \cdot \boldsymbol{x}_j \rangle$现在需要替换$\langle \boldsymbol{\Phi}(\boldsymbol{x}_i) \cdot \boldsymbol{\Phi}(\boldsymbol{x}_j) \rangle$。但显式计算$\langle \boldsymbol{\Phi}(\boldsymbol{x}_i) \cdot \boldsymbol{\Phi}(\boldsymbol{x}_j) \rangle$计算代价很大。所以,通过引入核函数的概念可以简化它。映射函数的选择和计算$\langle \boldsymbol{\Phi}(\boldsymbol{x}_i) \cdot \boldsymbol{\Phi}(\boldsymbol{x}_j) \rangle$不再是必要的。本文中核函数选取高斯径向基函数(GRBF)核:

$$K(\boldsymbol{x}_i, \boldsymbol{x}_j) = \exp\left(-\frac{\| \boldsymbol{x}_i - \boldsymbol{x}_j \|^2}{2\sigma^2} \right) \tag{28}$$

式中,σ为高斯径向基函数内核的宽度,可以用来调节支持向量回归机函数。

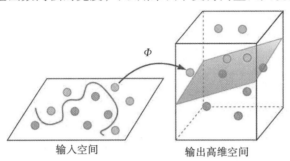

图2　输入空间到高维特征空间的映射

现在,可以将$\langle \boldsymbol{x}_i \cdot \boldsymbol{x}_j \rangle$替换为$K(\boldsymbol{x}_i, \boldsymbol{x}_j)$来修改优化问题的对偶形式,非线性的支持向量回归机可以近似为

$$f(\boldsymbol{x}) = \sum_{i=1}^{p} (\alpha_i - \alpha_i^*) K(\boldsymbol{x}_i \cdot \boldsymbol{x}) + b \tag{29}$$

为了避免进一步计算,支持向量回归机模型的三个参数(即C、ε和σ)仅利用试验设计点的可用响应来获得。为此,本文提出一种基于均值平方误差最小化的交叉验证算法。最优高斯径向基函数内核参数σ最小化ε和C的不同组合,直到最佳广义均方根误差的值没有实质性变化为止[35-37]。MATLAB[38]中的Gunn工具箱可以方便地对这一过程进行数值实现。

4　元模型构建的试验方案设计

构建元模型最常用的方法有饱和设计、因子设计、中心复合设计等。然而,当试验设计数据中存在大量随机噪声且近似方差基本最小时,这些经典方法是适用的。因此,这些设计更适合于物理试验。但本文的工作是通过计算机辅助数值结构分析来获得非线性动力响应,从而让试验设计训练中不会有这样的差异,只会存在一些偏差。支持不同设计方法的空间填充设计,如球体填充、统一设计、拉丁超立方体、最小势能、最大熵等,都适用于约束偏差。其中,我们广泛使用统一设计(UD)和拉丁超立方体(LH)。拉丁超立方体设计行为的传播目的更像球体填充设计。但是,统一设计的差异最小(最好),而球体填充设计的差异最大(最差),拉丁超立方体的差异取中间值。因此,本研究采用统一设计法[39]。

5　数值计算案例

以一个简单的弹簧-质量SDOF系统为例,我们用数值方法说明在随机动力荷载作用下,采用直接响应近似法的各种元模型方法性能。弹簧-质量系统由一个非线性弹簧和一个连接到地面的集中质量来描述[30,35]。在MATLAB平台上,利用Newmark方法计算系统在地震作用下各时间步长的响应。由于它很简单,因此用更精确的蒙特卡罗仿真来获得随机系统特性和可靠度分析所需地震输入系统响应集合在计算上是可行的。如前所述,为了考虑地震运动的随机性,需要考虑一组地震记录。该容器由 40 个加速度图组成,即为 Guwahati 市生成的 20 个人工的和 20 个合成的加速度图[40]。假设随机参数是统计独立的高斯分布,并作为输入变量来构造元模型,详细情况见表 1。以 PGA 为控制变量,控制范围为 0.1 ~ 1.0 g。基于统一设计方案构造随机变量的 20 点。从统一设计表中获得 5 个因素的 20 个层级,并相应地转换为物理值。

表 1　随机参数的详细情况

随机参数	频率 $\omega(X_1)$	衰减 $\xi(X_2)$	屈服力 $Fy(X_3)$	后屈服弹性刚度比 $\alpha(X_4)$
上限	9.27	0.03	2.913	0.075
下限	3.29	0.01	1.035	0.025
平均值	6.28	0.02	1.974	0.05
变异系数	0.2	0.25	0.2	0.25

对于结构可靠性分析,根据不同的地面运动水平,将蒙特卡罗仿真应用于每个元模型。根据每个随机参数的关联概率密度函数,随机生成不确定参数。现在,这些参数以随机的方式组合起来,得到一个非线性弹簧 – 质量系统的集合。这里总共有 3 万个样本用于数值研究。

每个系统的最大响应是通过从容器中随机选择一个元模型来获得的,该模型有 40 个元模型,这些元模型是为容器的每个地面运动构造的。为了应用对偶响应面法,我们执行非线性动力分析,系统对所有加速度图的响应在试验设计点处获得。现在,在所有试验设计点上估计平均值和标准差,从而构建相应的元模型。一旦得到预测响应均值及其标准差的元模型,就可以根据对数正态假设得到最终响应。现在通过直接蒙特卡罗仿真技术来进行结构可靠性分析,加速度图是从容器中随机选择的,并与每个随机模拟的弹簧 – 质量系统相关联,每个组合的最大位移也相应地计算出来。

为了更好地研究直接响应近似法的性能,采用直接蒙特卡罗仿真技术(图中记作 D – MCS),用直接响应近似法和传统的对偶响应面法对 SDOF 系统进行可靠性分析。图 3 显示了 0.4 m 允许响应的可靠性结果比较。与对偶响应面法相比,本文提出的直接响应近似法的性能有了明显的提高。所有元模型的观察结果都是相似的。然而,与其他元模型相比,LSM – 响应面法的精度水平要低得多。

本文比较、评估了这些元模型在近似非线性动力响应和后续可靠性评估中的有效性。随着 PGA 的变化,不同元模型响应的近似均值和标准差变化如图 4 所示。此外,为了比较基于直接响应的各种元模型非线性动态响应的评估能力,本文还预估了两个统计标准,表 2 描述了这些结果。

结构可靠性分析结果如图 5 所示。与 LSM – 响应面法相比,我们可以很容易地从所有 PGA 级别的结果中看出各种采用元模型的响应近似和可靠性评估的改进能力。

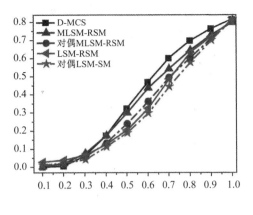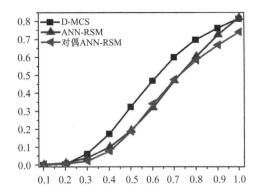

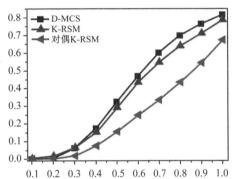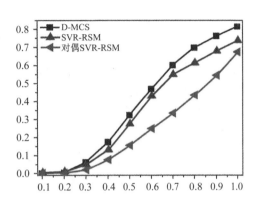

图3　直接和对偶响应面法的可靠性比较

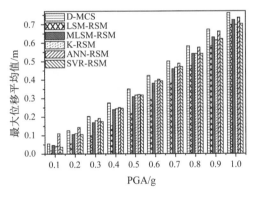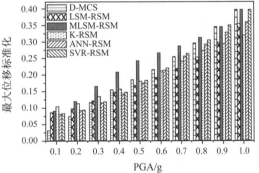

图4　最大位移统计量对比

表2　各种元模型性能比较

PGA	元模型	归一化均方根误差/%	确定系数(R_2)
	LSM – RSM	13.056	0.942 2
	MLSM – RSM	6.011 2	0.987 7
0.5 g	K – RSM	5.968 9	0.987 9
	人工神经网络 – RSM	6.039 6	0.987 6
	SVR – RSM	5.961 1	0.987 9

表2(续)

PGA	元模型	归一化均方根误差/%	确定系数(R_2)
0.3 g	LSM – RSM	13.140 7	0.950 2
	MLSM – RSM	10.030 4	0.971 0
	K – RSM	9.964 7	0.971 4
	人工神经网络 – RSM	10.296 7	0.969 5
	SVR – RSM	9.874 1	0.971 9

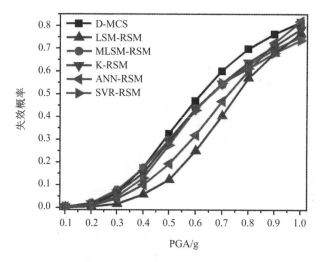

图5　可靠性与变异 **PGA** 的比较

6　总结

在蒙特卡罗仿真的框架下,本文研究了各种元模型方法对非线性随机系统响应的预测和后续可靠性评估的有效性。作为传统双曲响应面法的一个替代方案,元模型的构建是可以直接进行的,因此在不涉及额外计算的情况下,不需要对结构响应的概率分布进行假设。从响应的估计均值、标准差及故障概率来看,各种自适应元模型方法对近似非线性动力响应的改进是相当明显的。通过将各种自适应元模型的失效概率评估结果与最被广泛使用的极限状态 – 响应面法所获得的相似结果进行比较,可以明显地比较这些结果与直接利用蒙特卡罗仿真技术所能获得的最精确结果之间的差异。但是取决于模型参数,各种自适应元模型的精度在很大程度上各不相同。该模型的有效性取决于权重函数参数的合理选择。即使解决了试验设计方案,确定最被接受的人工神经网络体系结构也需要大量的试验。因此,基于人工神经网络的元模型所需总时间要多得多。克里格插值方法的成功与否基本上取决于相关函数及其参数的选择,而相关函数的选择没有通用的方法。支持向量回归机 – 响应面法的优点是基于结构风险最小化,提高了高维隐式映射的预测能力,而且需要的训练数据相对较少。与其他元模型相比,支持向量回归机 – 响应面法的增强响应通常被认为是可靠的。然而,涉及非线性动力响应的、基于蒙特卡罗仿真的可靠性分析需要大量的时间和精力,可能不适用于大型复杂系统。因此,最佳的做法是使用另一个自适应元模型作为补充,以提高基于支持向量回归机 – 响应面法的结果可信度。虽然这里提出的研究是针对特定区域的特定分析,但是这一程序在本质上是通用的,可以很容易地应用于其他结构系统。

参考文献

[1]　NIGAM N C, NARAYANAN S. Applications of random vibrations[M]. NewDelhi: NAROSA,1994.

[2]　LIN Y K, CAI G Q. Probabilistic structural dynamics: Advanced theory and applications[M]. McGraw – Hill, New York, 1995.

[3]　LI J, CHEN J. Stochastic dynamics of structures[M]. Asia: Wiley,2009.

[4]　LUTES L D, SARKANI S. Random vibrations: Analysis of structural and mechanical systems[M]. Burlington, MA, USA: Elsevier Butterworth – Heinem, 2004.

[5]　PINTO P E. Reliability methods in earthquake engineering[J]. Progress in Structural Engineering and Materials, 2001, 3: 76 – 85.

[6]　BURATTI N, FERRACUTI M, SAVOIA M. Response surface with random factors for seismic fragility of reinforced concrete frames[J]. Structural Safety, 2010, 32(1): 42 – 51.

[7]　KWON O S, ELNASHAI A. The effect of material and ground motion uncertainty on the seismic vulnerability curves of RC structure [J]. Engineering Structures, 2006, 28 (2): 289 – 303.

[8]　BOX G E P, WILSON K B. The exploration and exploitation of response surfaces: some general considerations and examples[J]. Biometrics, 1954, 10(1): 16 – 60.

[9]　FARAVELLI L. Response – surface approach for reliability analysis[J]. ASCE Journal of Engineering Mechanics, 1989, 115(12): 2763 – 2781.

[10]　BUCHER G C, BOURGUND U. A Fast and efficient response surface approach for structural reliability problems[J]. Structural Safety, 1990, 7(1): 57 – 66.

[11]　RAJASHEKHAR M R, ELLINGWOOD B R. A new look at the response surface approach for reliability analysis[J]. Structural Safety, 1993, 12(3): 205 – 220.

[12]　ROUSSOULY N, PETITJEAN F, SALAUN M. A new adaptive response surface method for reliability analysis[J]. Probabilistic Engineering Mechanics, 2013, 32: 103 – 115.

[13]　GOSWAMI S, GHOSH S, CHAKRABORTY S. Reliability analysis of structures by iterative improved response surface method[J]. Structural Safety, 2016, 60: 56 – 66.

[14]　CHOJACZYK A A, TEIXEIRA A P, NEVES L C, et al. Review and application of artificial neural networks models in reliability analysis of steel structures[J]. Structural Safety, 2015, 52: 78 – 89.

[15]　KAYMAZ I. Application of Kriging method to structural reliability problems[J]. Structural Safety, 2005, 27(2): 133 – 151.

[16]　SUDRET B, BLATMAN G. An adaptive algorithm to build up sparse polynomial chaos expansions for stochastic finite element analysis[J]. Probabilistic Engineering Mechanics, 2010, 25: 183 – 197.

[17]　LI H S, LÜ Z Z, YUE Z F. Support vector machine for structural reliability analysis

[J]. Applied Mathematics and Mechanics,2006,27(10):1295 – 1303.

[18] KROETZ H M,TESSARI R K,BECK A T. Performance of global metamodeling techniques in solution of structural reliability problems[J]. Advances in Engineering Software, 2017,114:394 – 404.

[19] GHOSH S,CHAKRABORTY S. Simulation based improved seismic fragility analysis of structures[J]. Earthquake and Structures,2017,12(5):569 – 581.

[20] GHOSH S, CHAKRABORTY S. Seismic reliability analysis of reinforced concrete bridge pier using efficient response surface method – based simulation[J]. Advances in Structural Engineering,2018.

[21] LAGAROS N D, TSOMPANAKIS Y, PSARROPOULOS P N, Georgopoulos E C. Computationally efficient seismic reliability analysis of geostructures[J]. Computers & Structures, 2009,87(19):1195 – 1203.

[22] GIDARIS I, TAFLANIDIS A A, MAVROEIDIS G P. (Kriging metamodeling in seismic risk assessment based on stochastic ground motion models. Earthquake Engineering & Structural Dynamics,2015,44(14):2377 – 2399.

[23] KHATIBINIA M, FAEAEE M J, SALAJEGHEH J, et al. Seismic reliability assessment of RC structures including soil – structure interaction using wavelet weighted least squares support vector machine[J]. Reliability Engineering & System Safety,2013,110:22 – 33.

[24] LIN D K J, TU W. Dual response surface optimization [J]. Journal of Quality Technology,1995,21(1):34 – 39.

[25] TOWASHIRAPORN P. Building seismic reliability using response surface metamodel [M]. USA:Georgia Institute of Techology Ph. D. Thesis,2004.

[26] SAHA S K, MATSAGAR V, CHAKRABORTY S. Uncertainty quantification and seismic fragility of base – isolated liquid storage tanks using response surface models [J]. Probabilistic Engineering Mechanics,2016,43:20 – 35.

[27] CHAKRABORTY S,SEN A. Adaptive response surface based efficient finite element model updating[J]. Finite Elements in Analysis and Design,2014,80:3 – 40.

[28] TAflANIDIS A A, CHEUNG S H. Stochastic sampling using moving least squares response surface approximations [J]. Probabilistic Engineering Mechanics, 2012, 28 (2012):216 – 224.

[29] ELHEWY A H,MESBAHI E,PU Y. Reliability analysis of structures using neural network method[J]. Probabilistic Engineering Mechanics,2006,21:44 – 53.

[30] GHOSH S,MITRA S,GHOSH S,et al. Seismic reliability analysis in the framework of metamodeling based Monte Carlo simulation[M]. Hershey PA,USA:IGI Global,In Modeling and simulation techniques in structural engineering,2017,6:192 – 208.

[31] SACKS J,SCHILLER S B,WELCH W J. Design for computer experiment [J]. Technometrics,1989,31(1):41 – 47.

[32] NIELSEN H B,LOPHAVEN S N,SØNDERGAARD J. DACE,A MATLAB Kriging toolbox [R]. Lyngby – Denmark:Technical University of Denmark, DTU, In Informatics and mathematical modelling. ,2002.

［33］　VAPNIK V N. Statistical learning theory［M］. New York:Wiley,1998.

［34］　SMOLA A J, SCHÖLKOPF B. A tutorial on support vector regression ［R］. NeuroCOLT2 Technical Report Series,NC2 – TR – 1998 – 030,Berlin,Germany,1998.

［35］　GHOSH S, ROY A, CHAKRABORTY S. Support vector regression – based metamodeling for seismic reliability analysis of structures［J］. Applied Mathematical Modelling, 2018,64:584 – 602.

［36］　LI H S,LÜ Z Z,YUE Z F. Support vector machine for structural reliability analysis ［J］. Applied Mathematics and Mechanics,2006,27(10):1295 – 1303.

［37］　ROY A, CHAKRABORTY S. Support vector regression based metamodeling for structural reliability analysis［J］. Probabilistic Engineering Mechanics(in revision).

［38］　GUNN S R. Support vector machines for classification and regression［R］. University of Southampton,UK,1997.

［39］　FANG K T,LIND K,WINKER P,ZHANG Y. Uniform design :Theory &application ［J］. Technometrics,2000,42(3):237 – 48.

［40］　GHOSH S,CHAKRABORTY S. Probabilistic seismic hazard analysis and synthetic ground motion generation for seismic risk assessment of structures in the Northeast India［J］. International Journal of Geotechnical Earthquake Engineering,2017,8(2):39 – 59.

可靠性和相关数学原理在工程中的应用

Chandrasekhar Putcha

摘要 可靠性分析在工程设计中起着重要的作用。可靠性分析基于概率和统计原理,在此过程中,数学原理在可靠性和风险分析中被大量使用。可以肯定地说,数学在解决各种学科的物理问题时起着重要的作用。在任何学科中,解决任何物理问题的第一步都是建立一个等效的数学模型,并做出一些现实的假设。然后,使用现有工具求解数学模型。如果做出大量简化假设,那么模型虽然容易求解但它却离实际物理模型差距太大,不会产生有意义的结果;如果没有做出足够的假设,那么模型可能过于复杂而无法求解。因此,科学家和工程师面临的挑战是为一个物理问题推导出一个良好的数学模型,然后使用现有数学工具解决它。这一基本原则在任何一门工程或非工程学科(如政治学、社会学、运动学或医学等学科)中都是通用的。本文将讨论如何以数学为共同基础进行跨学科研究,应用到各种学科,如社会学贫困指数的计算、医学领域中硬脑膜下血肿的数学分析、腰椎运动机能的风险分析等。

关键词 数学原理;物理模型;风险分析;可靠性

1 简介:如何进行跨学科研究

开展跨学科研究的基本步骤如下:

a. 识别正在研究的系统。

b. 基于实际假设,建立相应的数学模型。

c. 确定数学工具来求解数学模型。

d. 求解数学模型。

e. 得到结果。

f. 将其与所研究的物理系统联系起来。

人们在建立数学模型时必须小心谨慎。一方面,如果我们做太多的假设,那么数学模型将几乎与物理模型没有联系,结果也将是不相关的;另一方面,如果我们做的假设太少,那么所建立的数学模型可能很难求解。虽然物理系统可能不同,但是无论该物理系统是不是工程问题(例如在社会学、政治学、经济学、医学、运动机能学和农业等领域),我们一旦创建对应的数学模型,那么用于解决数学模型的工具是相同的。在本文中,我们将以上基本原理应用于以下学科的成果,包括社会学、土木工程学和运动机能学。

2 案例1:贫困指数的数学公式(社会学领域)

"贫穷"的定义并不统一,它因国家而异。为了进行合理的比较,可以使用人类贫困指数或简单贫困指数等指标。贫困指数可以被看作体现一个国家生活水平的指标。贫困指数的量化是一个复杂的问题,这是因为它是一个包含很多参数的函数。联合国已经制定了一份定义人类贫困指数(HPI)的文件。它由 P_1、P_2、P_3 三个因子表达如下:

$$HPI = \left[\{1/3\}\left(P_1^\alpha + P_2^\alpha + P_3^\alpha\right)\right]^{1/\alpha} \tag{1}$$

式中,P_1 为出生后活不到 40 岁的概率;P_2 为成人文盲率;P_3 代表无法持续获得改善的水源以及儿童体重与年龄不符的未加权的平均人口;α 的值为 3。

在笔者看来,这种提法并不能真实地代表贫困指数。它忽略了家庭经济和家庭规模等重要因素,但包括成人文盲率和可持续获得改善的水源以及儿童体重不足等不重要因素。

我们可以这样认为,由于识字与家庭的经济水平直接相关,因此文盲与贫穷有关。另一方面,很难证明人类贫穷指数与可持续获得改善的水源之间有紧密的联系。同样,文献[1][2]也给出了贫困指数的其他定义。例如,Bhattacharya 等提出的基尼系数将平均收入与人口规模联系起来,计算结果如下:

$$G(y) = 1 + \left(\frac{1}{n}\right) - \left(\frac{2}{nz}\right)\sum_{i=1}^{n}(n + 1 - i)y_i \tag{2}$$

式中,$G(y)$ 为基尼系数;z 为平均收入;n 为人口规模。

但是,这些模型都没有抓住不同规模家庭贫困指数的实质。这方面的一些文献将贫困水平与糖和大米等商品的价格联系起来,但是应当指出,这些是影响贫穷水平的间接参数。此外,联合国建议的相关方程是一个不易使用的非线性方程。因此,有必要制订一个新的贫穷指数。

2.1 新模型的描述

$$PI = kf/e \tag{3}$$

式中,PI 为贫困指数;e 为经济水平(家庭收入);f 为家庭规模;k 为比例常数。

上述关系基于一个固有现实的假设,即 PI 与经济水平(e)或家庭收入成反比,与家庭规模(f)成正比。

新模型的公式推导如下:

$$PI \propto 1/e \tag{4}$$
$$PI \propto f \tag{5}$$

从而我们可以写出以下等式:

$$PI = k_1/e \tag{6}$$
$$PI = k_2 f \tag{7}$$

结合以上两个方程,可得

$$PI = kf/e \tag{8}$$

式中

$$k = k_1 k_2 \tag{9}$$

式中,k_1 和 k_2 为与家庭收入(e)和家庭规模(f)相关的比例常数;k 为组合比例常数。需要注意的是,式(8)与式(3)实际上是同一个方程。比例常数可以根据实际数据来计算。家庭规模和家庭收入的数据可以是中位数,也可以是平均值。可以说,这是计算贫困指数的一种简单而现实的方法。需要注意的是,计算贫困指数的式(2)虽然本质上是非线性的,但使用起来很简单。

2.2 新模型的验证

对上述模型(如式(2)所示),可以利用文献中的实际数据进行验证。

2.3 数据分析

利用表 1 所列的数值,贫困指数可由式(6)计算得到,即

$$PI = \{k_1 k_2 (f/e)\} \tag{10}$$

表 1　过去 12 个月的家庭收入中位数

美国各州	收入中位数/美元	误差幅度
阿拉巴马州	49 207	±747
阿拉斯加州	69 872	±2 371
亚利桑那州	55 709	±646
阿肯色州	45 093	±813
加利福尼亚州	64 563	±413
科罗拉多州	64 563	±524
康涅狄格州	78 154	±951
特拉华州	62 623	±2 217
哥伦比亚特区	61 015	±4 029
佛罗里达州	54 445	±402
乔治亚州	56 112	±609
夏威夷州	70 277	±1 454
爱达荷州	51 640	±1 028
伊利诺斯州	63 121	±529
印第安纳州	55 781	±459
爱荷华州	55 735	±577
堪萨斯州	56 857	±698
肯塔基州	48 726	±682
路易斯安那州	48 261	±794
缅因州	52 793	±973
马里兰州	77 839	±851
马萨诸塞州	74 463	±753
密歇根州	57 996	±535
明尼苏达州	66 809	±485
密西西比州	42 805	±1 008
密苏里州	53 026	±561
蒙大拿州	51 006	±829
内布拉斯加州	56 940	±649

表1(续)

美国各州	收入中位数/美元	误差幅度
内华达州	61 466	±837
新罕布什尔州	71 176	±1 111
新泽西州	77 875	±649
新墨西哥州	48 199	±1 132
纽约州	62 138	±364
北卡罗来纳州	52 336	±481
北达科他州	55 385	±1 467
俄亥俄州	56 148	±388
俄克拉荷马州	47 955	±776
俄勒冈州	55 923	±757
宾夕法尼亚州	58 148	±361
罗得岛州	64 733	±1 971
南卡罗来纳州	50 334	±657
南达科他州	53 806	±936
田纳西州	49 804	±564
得克萨斯州	52 355	±275
犹他州	58 141	±835
佛蒙特州	58 163	±1 411
弗吉尼亚州	66 886	±623
华盛顿州	63 705	±650
西弗吉尼亚州	44 012	±823
威斯康辛州	60 634	±462
怀俄明州	57 505	±1 708
波多黎各州	20 425	±414

HHS 给出了贫困指南[3],这些数据见表2。

表2 2007 HHS 贫困指南

家庭成员	48 个相邻的州和特区/美元	阿拉斯加州/美元	夏威夷州/美元
1	10 210	12 770	11 750
2	13 690	17 120	15 750
3	17 170	21 470	15 750
4	20 650	25 820	23 750
5	24 130	30 170	27 750

表 2（续）

家庭成员	48 个相邻的州和特区/美元	阿拉斯加州/美元	夏威夷州/美元
6	27 610	34 520	31 750
7	31 090	38 870	35 750
8	34 570	43 220	39 750

由表 1 可以得到美国各州家庭收入中位数，这包括表 2 涉及的 48 个相邻的州和特区，以及阿拉斯加州和夏威夷州。由表 2 可以得到对应状态的 k_1 值。家庭规模的中位数不存在像表 1 所示的家庭收入中位数一样的具体数据。根据文献中已有的数据，间接得出的中位家庭规模为 4.5。这意味着 50% 的家庭人口规模大于 4.5，小于 50%。由于这个数字似乎很高，因此计算贫困指数时取家庭规模中位数为 2（$k_2f=2$）。kf 用比例常数表示实际 f 的修正值。

2.4 贫困指数优化原则的应用

为了得到贫困指数的最优值，可以将非线性规划问题（NLPP）的原理应用于非线性方程中[8]。非线性规划问题（NLPP）可以通过线性规划问题（LPP）的逐次线性化来求解。解决标准和非标准 LPP 问题的技术有几种[4,5]。其中一种方法是利用拉格朗日乘数原理得到贫困指数的初始最优值，在此基础上利用 NLPP 的标准技术对贫困指数进行细化。为此，优化问题可表示为

$$最小化\ p = k_1k_2f/e,f \leqslant 8,e \geqslant 13\ 690 \tag{11}$$

数字 2 和 8 是根据 HSS 挑选的[3]。对应的拉格朗日函数 L 可以写成

$$L = p + \lambda_1(f-8) + \lambda_2(e-13\ 690) \tag{14}$$

上述优化问题的解决方案可以通过联立方程来解决，通过偏导数方程（式（14））可以求得 p、e、λ_1、λ_2。这将得出贫困指数的最优值、家庭收入（e）的最优值和最小贫困指数的家庭规模。

2.5 结果

表 3 列出了美国各州的贫穷指数。

表 3 美国各州的贫困指数

美国各州	贫困指数
阿拉巴马州	0.55
阿拉斯加州	0.49
亚利桑那州	0.49
阿肯色州	0.6
加利福尼亚州	0.42
科罗拉多州	0.42

表 3（续 1）

美国各州	贫困指数
康涅狄格州	0.35
特拉华州	0.43
哥伦比亚特区	0.44
佛罗里达州	0.5
乔治亚州	0.48
夏威夷州	0.44
爱达荷州	0.53
伊利诺斯州	0.43
印第安纳州	0.49
爱荷华州	0.49
堪萨斯州	0.48
肯塔基州	0.56
路易斯安那州	0.56
缅因州	0.51
马里兰州	0.35
马萨诸塞州	0.36
密歇根州	0.47
明尼苏达州	0.4
密西西比州	0.62
密苏里州	0.52
蒙大拿州	0.53
内布拉斯加州	0.48
内华达州	0.44
新罕布什尔州	0.38
新墨西哥州	0.56
纽约州	0.44
北卡罗来纳州	0.52
北达科他州	0.49
俄亥俄州	0.48
俄克拉荷马州	0.57
俄勒冈州	0.48
宾夕法尼亚州	0.47
罗得岛州	0.42

表3(续2)

美国各州	贫困指数
南卡罗来纳州	0.5
南达科他州	0.54
田纳西州	0.54
得克萨斯州	0.52
犹他州	0.47
佛蒙特州	0.47
弗吉尼亚州	0.4
华盛顿州	0.42
西弗吉尼亚州	0.62
威斯康辛州	0.45
怀俄明州	0.47
波多黎各州	1.34

2.6 结论

综上,我们使用新模型计算了美国各州的贫困指数。根据表3中的贫困指数可知,美国最贫困的州是波多黎各州,其次是西弗吉尼亚州。该模型是一个稳定的、通用的模型,虽然在本研究中被用于研究美国各州的贫困水平,但该模型也可用于确定世界其他国家的贫困指数且不失概括性。

3 案例2:十字路口信号周期长度的概率分析(交通运输领域)

十字路口的设计在运输工程中至关重要,这个交叉处由几个流量流共享,即在东、南、西、北等方向涉及右转(RT)、左转(LT)、直行等车辆行驶路线的组合。十字路口的实际设计描述了参数集,这反过来又会定义一个十字路口信号的操作。这意味着一旦一个信号交汇点被设计出来,它将设置信号灯(绿色、黄色和红色)来控制各个时段通过任意方向的时间。任何信号灯的实际周期长度都可以由韦氏公式[6]得出,即

$$C_0 = (1.5L + 5)/(1 - CS) \tag{15}$$

式中,C_0 为最优周期长度;L 为在一个循环中失去的总时间,由启动延迟及黄色信号灯时长组成;CS 为临界流动流量比的总和。

式(15)基本上是一个确定性方程。众所周知,在确定性分析中,数学模型的所有变量都应该有一个固定值。此外,在概率分析中有与每个变量相关联的不确定性,因此每个变量都被看作一个随机变量(RV)。该随机变量应该有特定的分配,这是基于函数的功能而确定的,并可以进行测试验证。在本研究中,利用概率法计算周期长度,然后根据文献[7]中讨论的一次二阶矩(FOSM)方法计算相应的安全指数(β 值)。在本研究中,只有 CS 被视为随机变量,而 L 则被视为确定性变量。

3.1 方法

根据文献[6]中饱和流的可用值,计算出的统计参数 μ_s 和 σ_s 分别为

$$\mu_s = 1\ 700 \tag{16}$$

$$\sigma_s = 100 \tag{17}$$

利用偏导数的方法,得出它们的值为

$$\mu_{co} = 26.53 \tag{16}$$

$$\sigma_{co} = 22.34 \tag{17}$$

相应的安全因子可以表示为[7]

$$\beta = \frac{\mu_{co}}{\sigma_{co}} = 1.19$$

3.2　结果和相关讨论

饱和流的均值和标准差可以由式(16)和(17)得到,μ_{co} 和 σ_{co} 的值分别为 26.53 和 22.34。

相应的安全指数 β 为 1.19。这意味着失败概率为 0.111 1,即失败的概率很高。因此,必须调整交通参数,以增加安全指数从而降低故障的概率。从结果中可以看出,对于这个问题,得到了较高的安全指数 β。

3.3　结论

一次二阶矩(FOSM)可靠性方法已成功应用于周期长度问题,可以使结果更加现实。

4　案例3:在腰椎模型中使用多重支持的受力计算(运动学领域)

这项研究始于 2005 年。图 1 所示的基本腰椎模型[8]就是为此目的而设计的,其等效模型如图 2 所示。

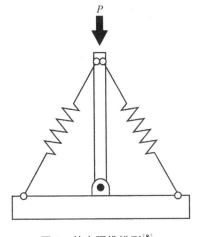

图1　基本腰椎模型[8]

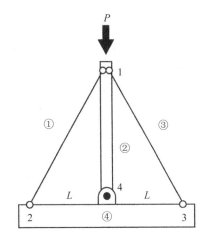

图2　腰椎等效模型

测定腰椎受力的方法为直接刚度法[9],使用的基本方程如下:

$$\{A_D\} = \{A_{DL}\} + [S]\{D\} \tag{20}$$

式中,$\{A_D\}$ 为对应原结构未知位移的作用矢量;$\{A_{DL}\}$ 为对应于载荷引起的未知位移的作用矢量;$[S]$ 为刚度矩阵;$\{D\}$ 为未知位移矢量。

在这个分析中,$\{A_{DL}\}$ 向量是一个空向量,因为没有荷载作用在构件上。该结构的运动学不确定性(KI)为1;同时,未知位移$\{D\}$为椎体L上节点的位移。由于其他椎体上节的位移与该位移成比例,故分析中唯一未知的为$\{D\}$。

刚度矩阵(本例中为1个单元)的表达式为

$$[S] = EA(2 + 1.414)/(2L) \tag{21}$$

式中,E和A为每根绷绳的弹性模量和横截面积(假设所有绳的面积和弹性模量相同),则位移表达示为

$$D = PL(2 - 1.414)/(EA) \tag{22}$$

对应5根叠层拉线模型的位移表达式为

$$D = PL(2 - 1.414)/(5EA) \tag{23}$$

由式(22)和(23)可以看出,5根叠层拉线模型的位移是单套绳模型[10]对应值的20%。腰椎和拉线受力计算基本公式为

$$\{A_M\} = \{A_{ML}\} + [A_{MD}]\{D\} \tag{24}$$

式中,$\{A_M\}$为成员受力;$\{A_{ML}\}$为由于载荷而导致的成员受力;$\{A_{MD}\}$为由于移位而导致的成员受力;$\{D\}$为结构的移位向量。

在这个分析中,由于没有考虑外部负载作用于成员,所以$\{A_{ML}\}$是一个空向量。对于任何成员i,A_{MD}的一般表达式为

$$A_{MD_i} = EA/L_i \sin \gamma_i \tag{25}$$

式中,L_i为被考虑成员的长度;同样,γ_i为成员与水平轴的角度。

由式(24)和(25)计算的腰椎和拉线受力如下:

$A_{M1} = A_{M3} = 0.292P$;

$A_{M2} = 0.585P$;

$A_{M4} = 0.207P$。

这意味着腰椎的力是施加载荷的58.5%。

4.1　精制腰椎模型

本节将讨论具有多种支撑的精制腰椎模型,如图3所示。

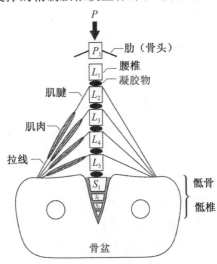

图3　精制腰椎模型

在分析中做了以下假设：

a. 假设腰椎被分成 5 个相等的节段。

b. 有 5 根堆叠的金属线，每根都从一节腰椎发出。

c. 每块椎骨的位移与每块椎骨与骨盆的距离成正比。

d. 该模型被视为一个桁架，其中的旋转在关节中被忽略。

e. 改进后模型中未知数的总数为 2，即顶部节点的水平位移和垂直位移。

采用多支撑柱的等效精制腰椎模型如图 4 所示。对这个精制腰椎模型的分析遵循与一对支柱相同的路线。

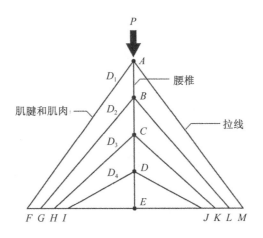

图 4　采用多支撑柱的等效精制腰椎模型

刚度单元表达式为

$$S = \left[\left\{ (2.5EA/L)(2+\sqrt{2}) \right\} \right] \tag{26}$$

对应位移 D 为

$$D = PL(2-\sqrt{2})(5EA) \tag{27}$$

基于上述假设可得

$$D_1 = D \tag{28}$$
$$D_2 = 3D/4 \tag{29}$$
$$D_3 = D/2 \tag{30}$$
$$D_4 = D/4 \tag{31}$$
$$D_5 = D/5 \tag{32}$$

对位移 D_1 至 D_5 的描述见图 4。通过各种数学计算和推导，可以推导出腰椎受力的最终表达式。相应的表达式为

$$\{A_M\}_{\text{lumber spine}} = P(2.0-1.414)/5 + 4P(2-1.414)/25 + 3P(2-1.414)/25 + 2P(2.0-1.414)/25 + P/25(2-1.414) \tag{33}$$

简化上述表达，腰椎受力为 $0.363P$。这意味着，如果不使用拉线，腰椎的力会减少 60.0%。需要注意的是，使用一组拉线得到的对应值为 $0.585P$，可以同时参考文献[10]。这意味着，使用堆叠的拉线比使用一组拉线更能减少腰椎的受力。

4.2　结论

在本文中，我们展示了数学模型在社会学、医学、土木工程和运动学等领域的应用。同

样,工程和数学原理也可以应用于其他领域。这一过程肯定会经历波折,但是最终一定会有好的结果。

参考文献

[1] BHATTACHARYA N,COONDOO D,MUKHERJEE R. Poverty,inequality and prices in rural India[M]. London:Sage Publications,1991.

[2] KRISHNASWAMY K S. Poverty and income distribution [M]. Bombay：Oxford University Press,1990.

[3] The 2007 HHS Poverty Guide Lines. United States Department of Health & Human Resources.

[4] HILLIER F S,LIEBERM G J. Introduction to operations research[M]. 7th ed. New York:Mc Graw Hill,2004.

[5] PUTCHA C S. Development of a new optimization method to problems in Engineering Design[J]. To be published in International Journal of Modelling and Simulation,2007.

[6] PAPACOSTA C S,PREVEDOUROS P D. Transportation Engineering and Pling[M]. Prentice Hall ,2001.

[7] ELLINGWOOD B, GALAMBOS T V, MACGREGOR J G, et al. Development of a robability – based load criterion for american national standard A58[R]. Washington,DC:NBS Special Publication 577,National Bureau of Standards,1980.

[8] MCGILL. Low back disorders:evidence – based prevention and rehabilitation[M]. Champaign,IL:Human Kinetics,2002.

[9] WEAVER W JR, GERE J M. Matrix analysis of structures [M]. Van Noostrand Reinhold,1990.

[10] HODGDON J A,PUTCHA C S. Estimation of forces in lumbar spine and associated guy wires[J]. J Biomech,2006.